MÜNCHENER GEOGRAPHISCHE ABHANDLUNGEN

REIHE A

in

MÜNCHENER UNIVERSITÄTSSCHRIFTEN

FAKULTÄT FÜR GEOWISSENSCHAFTEN

Münchener Universitätsschriften

Fakultät für Geowissenschaften

MÜNCHENER GEOGRAPHISCHE ABHANDLUNGEN

REIHE A

Herausgegeben von
Prof. Dr. H.-G. Gierloff-Emden und Prof. Dr. F. Wilhelm
Schriftleitung: Dr. F.-W. Strathmann

Band A 40

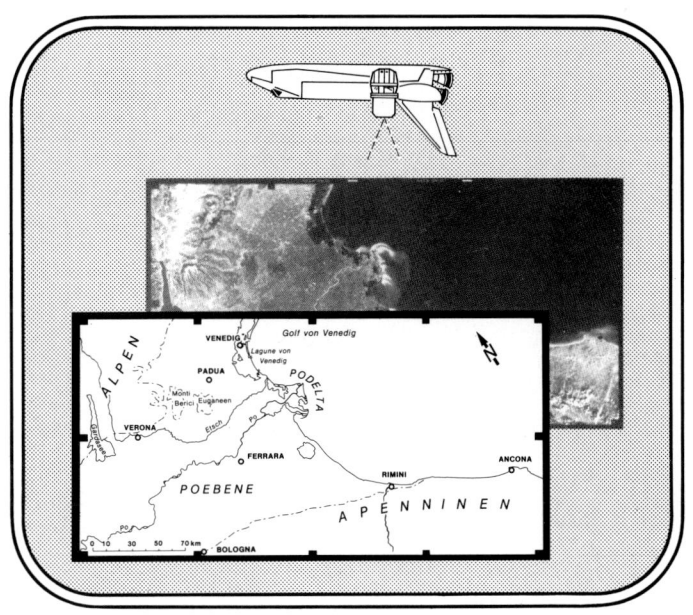

H.-G. GIERLOFF-EMDEN und F. WIENEKE (Hrsg.)

Analysen von Satellitenaufnahmen der Large Format Camera

Arbeiten beim Lehrstuhl für Geographie und Geographische Fernerkundung
(Prof. Dr. rer. nat. H.-G. Gierloff-Emden)

Mit 118 Abbildungen und 25 Tabellen

1988

Institut für Geographie der Universität München

Kommissionsverlag: GEOBUCH-Verlag, München

Das diesem Bericht zugrundeliegende Vorhaben wurde mit Mitteln des Bundesministers für Forschung und Technologie unter dem Kennzeichen 01 QS 85090 gefördert. Die Förderung beinhaltete auch den Druck dieses Abschlußberichtes. Die Verantwortung für den Inhalt dieser Veröffentlichung liegt bei den Autoren.

Arbeiten beim Lehrstuhl für Geographie und Geographische Fernerkundung:
Projektleitung: Prof. Dr. rer. nat. H.-G. Gierloff-Emden

Redaktion: K.R. Dietz, H.J. Mette, F.-W. Strathmann
Englische Übersetzungen: K.R. Dietz
Kartographie: H.J. Mette, P. Schade
Reprotechnik: V. Erfurth
Desktop-Publishing: H.J. Mette

Autoren:
Prof. Dr. H.-G. Gierloff-Emden
Prof. Dr. Friedrich Wieneke
Dr. Klaus R. Dietz
Dr. Peter Kammerer
Dipl.-Geogr. Werner Stolz
Dr. Frank-W. Strathmann
Thomas Bayer
Harald Mehl
Hans Jobst Mette

Institut für Geographie der Universität München
Luisenstraße 37, 8000 München 2

Rechte vorbehalten

Ohne ausdrückliche Genehmigung der Herausgeber ist es nicht gestattet, das Werk oder Teile daraus nachzudrucken oder auf photomechanischem Wege zu vervielfältigen.

Die Ausführungen geben Meinungen und Korrekturstand der Autoren wieder.

Ilmgaudruckerei, 8068 Pfaffenhofen/Ilm, Postfach 86

Anfragen bezüglich der Drucklegung von wissenschaftlichen Arbeiten und Tauschverkehr sind zu richten an die Herausgeber im Institut für Geographie der Universität München, 8 München 2, Luisenstraße 37

Zu beziehen durch den Buchhandel

Kommissionsverlag: GEOBUCH-Verlag, München

ISBN 3 925308 62 8

Glückwunsch

Der vorliegende Band stellt die am Lehrstuhl von H.-G. Gierloff-Emden von der dortigen Arbeitsgruppe unter seiner Leitung durchgeführten Analysen von Weltraumphotos der Large Format Camera der Öffentlichkeit vor. Er präsentiert einen Bericht aus der laufenden Forschung an diesem Lehrstuhl zu einem besonderen Zeitpunkt: H.-G. Gierloff-Emden wird 65 Jahre.

Die hier vereinten Arbeiten zur Satellitenbildanalyse, sowohl von ihm selbst als auch von Schülern und Kollegen verfaßt, stehen in einer nunmehr langen und reichen Forschungstradition. Schon in seiner Hamburger Zeit hat H.-G. Gierloff-Emden die Fernerkundung in der Geographie in Forschung und Lehre gefördert; seit seiner Berufung nach München 1965 hat er zielstrebig und beharrlich am hiesigen Institut diese Forschungs- und Ausbildungsrichtung ausgebaut. Dem hat das Bayerische Staatsministerium für Unterricht und Kultus mit der Benennung seines Lehrstuhles Rechnung getragen - für Geographie und Geographische Fernerkundung. Dies führte zur Einrichtung des Wahlfachstudienganges Geowissenschaftliche Fernerkundung.

Neben diesem Auf- und Ausbau der Fernerkundung in der Geographie hat H.-G. Gierloff-Emden die Geographie der Meere und Küsten sowie die Länderkunde Mexicos, Zentral- und Nordamerikas schwerpunktmäßig in Forschung und Lehre vertreten. Auf allen seinen hier kurz angerissenen Arbeitsgebieten hat er zahlreiche Schüler angeregt. Hierfür ist die Schriftenreihe, in der dieser Band erscheint, die Münchener Geographische Abhandlungen, der beredte Beleg.

Ob er es will oder nicht, der 65. Geburtstag ist qua traditione ein Einschnitt im akademischen Leben eines Lehrstuhlinhabers. Viele würden zu diesem Zeitpunkt eine Festschrift erwarten, jedoch entspricht eine Festschrift nicht dem Stil H.-G. Gierloff-Emdens. Ein Werkstattbericht aus von ihm angeregter und mitgestalteter Forschung entspricht ihm viel mehr.

Daher möchten wir ihm zusammen mit diesem Band anstelle einer Festschrift unsere Glückwünsche übermitteln. Wir wünschen H.-G. Gierloff-Emden, unserem akademischen Lehrer, dem wir als Kollegen eng verbunden geblieben sind, Gesundheit, geistige Frische und wissenschaftliche Leistungsfähigkeit ad multos annos sowie einen erfolgreichen Fortbestand all dessen, was er am Institut für Geographie der Universität München begründet und aufgebaut hat.

München, im Mai 1988

Uwe Rust   Ulrich Wieczorek   Friedrich Wieneke

Analysen von Satellitenaufnahmen der Large Format Camera

Übersicht

Inhaltsverzeichnis 5

Allgemeine Beiträge

H.-G. Gierloff-Emden & F. Wieneke	Einführung in die Studie	11
K.R. Dietz	Technische Daten zum Experiment	13
P. Kammerer	Bildauswertung mit Hilfe der Computerkartographie	23

Bildanalysen in Norditalien und Griechenland

H.-G. Gierloff-Emden	Landnutzungsmuster in der Region Noale-Musone	33
H. Mehl & W. Stolz	Vorbemerkungen zum Kartierungsprogramm Po-Delta	49
H.J. Mette	Kartierung linearer Elemente im Po-Delta	55
H. Mehl	Kartierung punktförmiger und flächenhafter Elemente im Po-Delta	67
W. Stolz	Eignung für die Seekartographie im Golf von Venedig	79
F. Wieneke	Eignung für Küstenformen der Adria	97
T. Bayer	Kartierung geomorphologischer Strukturen im Gardasee-Gebiet	117
F.-W. Strathmann	Eignung für griechische Inselkarten (Kithira)	123

Bildanalysen in den USA

F.-W. Strathmann	Bildausschnitt: Boston Metropolitan Area	131
K.R. Dietz	Thematische Kartierung der Black Hills	149
K.R. Dietz	Thematische Kartierung der Snake River Plain, Idaho	163

Tabellarische Übersicht der Ergebnisse 175

Index 177

Inhaltsverzeichnis

Einführung in die Studie zur Auswertung von Large-Format-Camera-Aufnahmen   **11**
H.-G. Gierloff-Emden und Friedrich Wieneke

Technische Daten zum Large-Format-Camera-Experiment   **13**
Klaus R. Dietz

1. Allgemeine Angaben   13
2. Eingesetzte Filme   14
3. Mittlere Bildmaßstäbe und Flächenäquivalente in der Natur   14
4. Stereoskopische Auswertemöglichkeiten   14
5. Auswirkungen von Relief und Erdkrümmung auf Punktverschiebungen im LFC Bild   15
6. Aufgenommene Flugstreifen und Bewölkung   18
7. Verfügbarkeit der LFC Bilder   18
8. Vertrieb der LFC Bilder   19
9. Zeitlicher Ablauf der LFC Studie   20
10. Literaturverzeichnis   21

Auswertung von LFC-Bildern mit Hilfe der Computerkartographie   **23**
Peter Kammerer

1. Einführung - Problemstellung   23
2. Anforderungen an die Hardware aus kartographischer Sicht   24
3. Anforderungen an die Software   25
4. Grundsätzliche Anforderungen   25
    4.1 Spezielle graphische Anforderungen in der Kartographie   25
    4.2 Erfahrungen bei der Digitalisierung von LFC Weltraumbildern   27
5. Zusammenfassung   31
6. Literatur   31

Large-Format-Camera-Bildanalyse zur Kartierung von Landnutzungsmustern der Region Noale - Musone; Po-Ebene, Norditalien   **33**
H.-G. Gierloff-Emden

1. Allgemeine Bemerkungen   33
    1.1 Geographische Lage und LFC-Bildumfang   33
    1.2 LFC Po-Ebene, Norditalien: Bilddaten   34
    1.3 Charakteristika des LFC-Films   34
2. Bedingungen und Methode zur Bildanalyse   35
    2.1 Faktoren und Einflußparameter   35
    2.2 Methode der Bildanalyse   35
3. LFC-Orbital-Photographie im Vergleich zu anderen Fernerkundungssystemen   36
4. Das Untersuchungsgebiet, geographisch   37
    4.1 Die Landnutzungsmuster nördlich von Padua   37
    4.2 Die LFC-Aufnahme Po-Ebene und die Testareale   39
5. Vergleich der LFC-Aufnahme mit topographischen Karten, Luftbild und Standphotos   40

5.1	Vergleich LFC-Bildausschnitt mit topographischer Karte im Maßstab 1 : 100.000	40
5.2	Vergleich LFC-Bildausschnitt mit Luftbild im Maßstab 1: 50.000	42
5.3	Vergleich LFC-Bildausschnitt mit topographischer Karte im Maßstab 1 : 50.000	43
5.4	Bodentestareale in topographischer Karte, LFC-Bildausschnitte 1 : 25.000 und Standphotos	44
6.	Ergebnis	46
7.	Literatur	47

Vorbemerkungen zum Kartierungsraum "Po-Delta" — 49

Harald Mehl und Werner Stolz

1.	Technische Daten	49
2.	Witterungsverhältnisse zum LFC-Aufnahmezeitpunkt	50
3.	Die naturräumliche Gliederung	52
	3.1 Bodennutzung	53
	3.2 Historisch bedingte Strukturen der Landwirtschaft	53
	3.3 Feldformen des Polderlandes	54
	3.4 Geologie	54
4.	Literaturverzeichnis	54

Kartographische Aspekte der Auswertung linearer Elemente aus dem LFC-Bild "Po-Delta" — 55
Zur Nachführung topographischer Karten 1:50.000 und 1:100.000

Hans Jobst Mette

1.	Kartierung linearer Elemente aus einem LFC-Bild	55
	1.1 Themeneingrenzung	55
	1.2 Testareale der Kartierung	55
2.	Methodische Aspekte der kartographischen Auswertung	56
3.	Ergebnisse der Kartierungsarbeit	59
	3.1 Auswertung der LFC-Aufnahme für das Testgebiet 1 "Mesola"	59
	3.2 Auswertung der LFC-Aufnahme für das Testgebiet 2 "Valle Bertuzzi"	61
4.	Methodik und Ergebnisse der Untersuchung der Einflußfaktoren	63
5.	Zusammenfassung	66
6.	Literaturverzeichnis	66

Bildanalyse punktförmiger und flächenhafter Elemente im LFC-Bild "Po-Delta" zur Nachführung topographischer Karten im Maßstab 1:50.000 und 1:100.000 — 67

Harald Mehl

1.	Testareale der Kartierung	67
2.	Kartierung punktförmiger Elemente	68
	2.1 Test-Methode	68
	2.2 Allgemeine Testergebnisse	70
	2.3 Ergebnisse hinsichtlich der Nachführbarkeit	72
3.	Kartierung flächenhafter Elemente	73
	3.1 Testergebnisse der Kartierung "Piano"	73
	3.2 Testergebnisse der Kartierung "Volano"	77
4.	Zusammenfassung	78
5.	Literatur	78

Anwendungsmöglichkeiten von Satellitenphotos der Large-Format-Camera in der Seekartographie (Beispiel: Golf von Venedig)   **79**

Werner Stolz

1.	Einführung	79
2.	Das Untersuchungsgebiet	80
3.	Das Bildmaterial	81
	3.1 Maßstabsbestimmung	81
	3.2 Bildgeometrie	82
4.	Der Informationsgehalt von Seekarten	82
	4.1 Nachführung und Aktualisierung von Seekarten	83
5.	Auswertung des Bildmaterials	84
	5.1 Methode	84
	5.2 Die Kartierung der Küstenlinie	85
	5.2.1 Vorbereitende Überlegungen zur Kartierung der Küstenlinie	85
	5.2.2 Die Erfassung der Grenzlinie Land-Meer im LFC-Bild	87
	5.3 Die Erfassung der topographischen Situation im Küstenbereich	89
	5.3.1 Beispiel Segelkarten	89
	5.3.2 Beispiel Küstenkarten	91
6.	Schlußfolgerung	94
7.	Literaturverzeichnis	95
8.	Kartenmaterial	

Eignung von LFC-Aufnahmen des Space Shuttle für die Kartierung natürlicher und anthropogener Küstenformen – untersucht am Beispiel der italienischen Adriaküste zwischen Lido di Volano und Gabicce Monte   **97**

Friedrich Wieneke

1.	Fragestellung	97
2.	Untersuchungsgebiet	98
	2.1 Allgemeines	98
	2.2 Küstenformen der nordwestlichen Adria	99
	2.3 Testlokalitäten	103
3.	Verwendete Daten	104
4.	Methoden und Techniken	107
5.	Auswertungen	107
	5.1 Wahrnehmung und Identifizierbarkeit	107
	5.2 Überstrahlung und Verdrängung	108
	5.3 Klassifikationsschlüssel	112
	5.4 Kartenlegenden	113
6.	Untersuchungsergebnisse	114
	6.1 Eignung für topographische Karten	114
	6.2 Eignung für thematische Karten	114
	6.3 Planerische Verwendbarkeit	114
7.	Zusammenfassung	115
8.	Literatur	115

Stereoskopische Kartierung geomorphologischer Strukturen im Gardasee-Gebiet aus Large-Format-Camera-Aufnahmen   **117**

Thomas Bayer

1. Verwendetes Bildmaterial   117
2. Auswertungsmethodik   117
3. Geomorphologische Beschreibung des untersuchten Gebietes   119
4. Ergebnisse der Kartierung geomorphologischer Strukturen   120
   - 4.1 Kartierung der Moränenwälle   120
   - 4.2 Kartierung der Terrassenkanten   121
   - 4.3 Kartierung des Gewässernetzes   121
5. Zusammenfassung   121
6. Literatur   121

Eignung von Large-Format-Camera-Aufnahmen zur Verbesserung griechischer Inselkarten   **123**
Das Beispiel Kithira

Frank-W. Strathmann

1. Einführung   123
2. Methodische Vorbemerkungen   123
3. Erfassung der Bildphysiognomie   123
4. Das Beispiel Kithira   126
   - 4.1 Landeskundliche Grundinformation   126
   - 4.2 Verfügbares Bildmaterial und reprotechnische Aspekte   126
   - 4.3 Meteorologische Aspekte   126
5. Kartographische Anwendungen   127
   - 5.1 Küstenlinien-Kartierung   127
   - 5.2 Landeskundliche Kartierung   127
   - 5.3 Herstellung von Bildkarten   127
6. Bewertung   130
7. Literatur   130
8. Karten   130

Analyse des Large-Format-Camera-Bildausschnittes "Boston Metropolitan Area"   **131**

Frank-W. Strathmann

1. Einführung   131
2. Ziel und Methodik der Untersuchung   131
3. Grundlagen der Bildanalyse   132
   - 3.1 Bildgeometrie und Geländebeleuchtung   132
   - 3.2 Repro- und arbeitstechnische Aspekte   132
   - 3.3 Meteorologische Aspekte   135
   - 3.4 Regionalgeographische Aspekte   135
4. Aufbau der Bildphysiognomie   135
   - 4.1 Spektrale Information   135
     - 4.1.1 Überstrahlung (Ü-Effekt)   135
     - 4.1.2 Kontrastverhälnis zur Umgebung (K-Effekt)   137
     - 4.1.3 Schatten   137
     - 4.1.4 Verschmelzung/Vermischung von Bildobjekten (V-Effekt)   137
     - 4.1.5 Grautongemenge   137

4.2	Geometrische Information	138
	4.2.1 Detailunschärfe und bildwirksame Flächengrößen	138
	4.2.2 Lagemerkmale	138
4.3	Informationsvergleich UHAP-LFC	138
5.	Anwendungspotential für die Kartographie	138
5.1	Erfassung von Straßen	139
	5.1.1 Autobahnen und Hauptverkehrsstraßen	139
	5.1.2 Wohngebietsstraßen (Beispiel Peabody)	139
5.2	Erfassung von Eisenbahnlinien	142
5.3	Erfassung von Flächennutzungen	142
5.4	LFC-Bildinhalt versus Karteninhalt	142
5.5	Herstellung und Fortführung von Topographischen Karten	43
5.6	Herstellung von Bildkarten	143
6.	Anwendungspotential für die Regionalplanung	143
6.1	Realnutzungskartierung	146
6.2	LFC-Bildinhalt versus Census-Daten	146
7.	Bewertung	146
8.	Literatur und Referenzmaterialien	147
8.1	Literatur	147
8.2	Karten	147
8.3	Luftbilder	147

Large-Format-Camera-Photos von den Black Hills, USA, und ihre Eignung für thematische Kartierungen im Maßstab 1 : 100.000   149

Klaus R. Dietz

1.	Einleitung	149
1.1	Methode	149
1.2	Angaben zu den LFC-Bildern	150
1.3	Meteorologische Verhältnisse zum Aufnahmezeitpunkt	150
2.	Untersuchungen zu den einzelnen Testgebieten	151
2.1	Testgebiet Kube Table - Cheyenne River (Nr. 1)	151
	2.1.1 Geomorphologisch-geologische Kartierung	151
	2.1.1.1 Ergebnis	151
	2.1.2 Kartierung der Landnutzung/Vegetationsdecke	152
	2.1.2.1 Ergebnis	154
	2.1.3 Kartierung der Kartensituation	154
	2.1.3.1 Ergebnis	155
2.2	Testgebiet Bear Butte - Sturgis (Nr. 2)	155
	2.2.1 Geomorphologisch-geologische Kartierung	155
	2.2.1.1 Ergebnis	158
	2.2.2 Kartierung der Landnutzung/Vegetationsdecke	158
	2.2.2.1 Ergebnis	158
	2.2.3 Kartierung der Kartensituation	158
	2.2.3.1 Ergebnis	160
2.3	Testgebiet Terry Peak - Lead (Nr. 3)	160
	2.3.1 Kartierung der Geomorphologie/Geologie	160
	2.3.1.1 Ergebnis	160
	2.3.2 Kartierung der Landnutzung/Vegetation	160
	2.3.2.1 Ergebnis	161
	2.3.3 Kartierung der Kartensituation	161
	2.3.3.1 Ergebnis	161
3.	Zusammenfassung	161
4.	Literaturverzeichnis	162

Thematische Kartierung der östlichen Snake River Plain, Idaho   **163**

Klaus R. Dietz

1. Einleitung   163
2. Methode   163
3. Angaben zu den LFC-Bildern   166
4. Geologisch/geomorphologische Einheiten im LFC-Bildausschnitt   166
    4.1 Wapi- und King's Bowl Lava   166
    4.2 Big Hole Basalt   167
    4.3 Löss   168
    4.4 Dünen   168
    4.5 Cedar Butte Basalt   169
    4.6 Ältere Vulkanite südlich des Snake Rivers   169
    4.7 Gebirgsketten des Great Basin   171
5. Landnutzungsstrukturen im Testgebiet   172
6. Literaturverzeichnis   173

Einführung in die Studie zur Auswertung von Large-Format-Camera-Aufnahmen

H.-G. Gierloff-Emden und Friedrich Wieneke

Die vorliegenden wissenschaftlichen Arbeiten wurden von Prof. Dr. rer. nat. H.-G. Gierloff-Emden beim BMFT in Fortsetzung der Arbeiten zur Fernerkundungskartographie initiiert. Diese **Studie zur Auswertung von Large-Format-Camera-Aufnahmen** für Zwecke der topographischen und thematischen Kartierung verdeutlicht das breite Anwendungsspektrum von hochauflösenden Satellitenaufnahmen.

Die **Methodik** der Bildanalysen und Fernerkundungskartographie umfaßt hier die Schritte von der Detailanalyse einzelner Punkt- und Linienelemente über die geometrische und radiometrische Analyse von Texturen und Bildmustern bis zur flächendeckenden Informationsgewinnung, u.a. auch mittels stereoskopischer Bildauswertung. Um zuverlässige, den kartographischen Erfordernissen entsprechende Ergebnisse zu erhalten, ist die Nutzung von Auswerteinstrumenten und die Verfügbarkeit einer gut ausgestatteten Kartographie und Reprotechnik zur Herstellung von Kartenproben unbedingt erforderlich. Wichtige Stützpfeiler für die wissenschaftliche Auswertung waren methodisch und regional gut vorbereitete Geländearbeiten zur Analyse der Bildstruktur. Aufgrund der systembedingten, sehr großen Aufnahmefläche war die Geländedokumentation arbeitsaufwendig und zeitintensiv.

Die **Geographie** als Raumwissenschaft leistet die Bodenreferenz. Sie studiert in der Verknüpfung mit der Fernerkundung als Arbeitsmethode die Charakteristik und Vergesellschaftung von Objekten in der Landschaft. Somit leistet sie interdisziplinär im fruchtbaren Kontakt mit der Geodäsie, Photogrammetrie und Kartographie wichtige Grundlagenforschung für zukünftige Fragen der Raumplanung, Umweltkontrolle und Landschaftsgestaltung. Dementsprechend reichen die Themen dieser Studie von der Erfassung anthropogener Einflüsse in Küstengebieten (Wieneke) und der Verbesserung der kartographischen Darstellung von Küstenlinien (Stolz, Strathmann) über die Analyse und Kartierung von Landnutzungsmustern (Gierloff-Emden) und Siedlungsstrukturen (Mehl, Strathmann), die Herstellung von Basiskarten als Generalisierungsreferenz (Mette) bis zur geomorphologischen Interpretation (Bayer, Dietz) und computerunterstützten Auswertung (Kammerer). Die Untersuchungen erstrecken sich auf die Verwendung von Topographischen Karten, Thematischen Karten, Basiskarten, Seekarten und Touristenkarten.

Zur **Herstellung von Kartenwerken** müssen außer den aus den Satellitenaufnahmen extrahierbaren Bildinhalten noch andere Informationsquellen, insbesondere vorhandene Topographische Karten und Luftbilder sowie Dokumentationsmaterial von Ämtern, Verwendung finden. Diese Kombination von Bildinformation und weiterer raumbezogener Information wurde visuell-manuell, d.h. analog, geleistet. Die Entwicklung geht zur rechnergestützten digitalen Kombination solcher Daten (Geographische Informationssysteme).

Die **stereoskopische Auswertung** diente in Teiluntersuchungen zur Erfassung der Raumstruktur und zur geomorphologischen Kartierung, da prinzipielle Untersuchungen der stereoskopischen Auswertemöglichkeiten von LFC-Aufnahmen in dem Wissenschaftsfeld der Photogrammetrie durchgeführt werden. In der vorliegenden Studie sind i.w. Einzelbildauswertungen durchgeführt worden.

Diese **Untersuchungen zur LFC-Bildanalyse** konnten in Zielsetzung und methodischer Durchführung auf die bereits am Lehrstuhl für Geographie und Geographische Fernerkundung erarbeiteten Studien zur Auswertung von Hochbefliegungen und Metric-Camera-Aufnahmen, beide gefördert vom BMFT, methodisch aufbauen. Es ist ebenfalls dem BMFT zu verdanken, daß die vorliegende Studie in dieser Themenvielfalt durchgeführt werden konnte.

Im zeitlichen Rahmen der Verbesserung von Bodenauflösungen werden durch diese Untersuchung zum LFC-System **Bezugsgrundlagen** für potentiell zu erwartende Ergebnisse einer MC-2 - Mission mit Forward Motion Compensation geliefert. Noch notwendige Analysen zur operationellen Nutzung von hochauflösenden Weltraumbildern, wie sie seit kurzer Zeit fast flächendeckend von dem MIR-KFA 1000-System der UdSSR angeboten werden, sind dadurch vorbereitet.

Grenzen der Verwendbarkeit und Möglichkeiten der sinnvollen Nutzung werden in dieser Studie aufgezeigt. Dieses bedeutet keine Infragestellung der Verwendbarkeit des Aufnahmesystems, sondern soll die Basis für eine zuverlässige, nutzerorientierte Verwendung in der Erdbeobachtung mit satellitengetragenen Systemen sein.

Eine englische Zusammenfassung steht zu Beginn jeden Kapitels. Eine tabellarische Übersicht der Ergebnisse befindet sich am Ende der Publikation.

Introduction to the Study on the Analysis of Large Format Camera Photography

H.-G. Gierloff-Emden and Friedrich Wieneke

The following BMFT research work was initiated by Prof. Dr. rer. nat. H.-G. Gierloff-Emden in continuation of the studies on remote sensing cartography. The present **study on the analysis of Large Format Camera photos** *for purposes of topographical and thematical mapping illustrates the wide application spectrum of high resolution satellite imagery.*

The **methods** *of image analysis and remote sensing cartography employed here, included the steps from detail analyses of individual point-shaped and linear elements, to geometrical and radiometric analyses of textures and photo patterns, up to the acquisition of areal information, among others by means of stereoscopic photo interpretation. In order to achieve reliable results, which meet the cartographic standards, the application of interpretation instruments and the availability of a well equipped cartographical and reprotechnical department for the production of map samples were absolutely necessary. Methodically and regionally well prepared field work served as an important tool for the scientific evaluation of image patterns. Due to the large areal coverage of the sensor system, the ground documentation was work- and time-consuming.*

Geography, *a science concerned with spatial phenomena, provides the ground reference. Together with the methods of remote sensing, it studies the characteristics and interrelation of objects on the earth. Thus, geography in productive contact with geodesy, photogrammetry and cartography, can provide an important contribution to the fundamental research for future questions of spatial planning, environmental control, and for the shaping of the landscape. Consequently, the subjects of this study range from the detection of human influences on coastal areas (Wieneke), to the improvement of the cartographic presentation of coast lines (Stolz, Strathmann), the analysis and mapping of land use patterns (Gierloff-Emden), of settlement structures (Mehl, Strathmann), the production of base maps as reference for generalisations (Mette), to geomorphological interpretations (Bayer, Dietz), and computer-aided evaluation (Kammerer). The studies cover the applicability for topographical and thematical maps, base maps, nautical charts, and touristical maps.*

Apart from the extractable content of satellite images, the **production of maps** *requires also the inclusion of other data sources, especially of available topographical maps and aerial photographs, and of documentation materials from offices and departments. This combination of image content with other spatial information was achieved visually - manually, that is by analogue procedures. The development goes towards computer-aided combinations of such data (Geographical Information Systems).*

In some of the studies, the **stereoscopic evaluation** *served to detect spatial structures and to assist the geomorphological mapping. The fundamental analysis of the stereoscopic evaluation of LFC photos, however, has to be carried out by the photogrammetric science. Thus, most of the present studies are only concerned with the evaluation of single photographs.*

The aims and the methodology of this **study on LFC images** *were based on previous studies, which had been carried out at the Chair for Geography and Geographical Remote Sensing, as for instance the analyses of High Altitude Photography and of Metric Camera images. These former studies had been promoted by the BMFT, and also the present study owes its wide range of subjects to the financial support from the BMFT.*

This study on the LFC system intends to report the **state of art of space photography** *as a reference level for future, expected results of a MC-2 mission with forward motion compensation and with improved ground resolution. It also serves as a preparation for the necessary analyses of the operational application of high resolution space photography, which has become available recently from the Soviet Union's MIR KFA 1000 system for large areas.*

The **limitations** *as well as the possibilities of a reasonable application of the LFC system are presented in this study. It is not intended to dispute the applicability of this system, but rather to provide a basis for a reliable, user-oriented application in spaceborne earth observation.*

English summaries can be found in front of the individual chapters. A table with an overview of the results is presented at the end of the publication.

Technische Daten zum Large Format Camera Experiment

Klaus R. Dietz

SUMMARY

The Large Format Camera (LFC) was developed in 1977 by ITEK Optical Systems, and delivered to NASA in 1980. The camera was operated during the Space Shuttle Mission 41-G from 5th - 13th October, 1984. The mission parameters and camera characteristics are described in Tab. 1. Four types of films (Tab. 2) were used, and photos with scales from 1 : 780.000 to 1 : 1.210.000 were taken (Tab.3). The location of the LFC passes is shown in Fig. 5. The various possibilities of stereoscopic evaluation are demonstrated by Fig. 2. In the following, the effects of relief and earth curvature are presented (Figs. 3 and 4, Tabs. 4 - 6). Available LFC products and prices are listed. Finally, the schedule of the present study is outlined.

1. Allgemeine Angaben

Die Entwicklung der Large Format Camera (LFC) wurde seit Oktober 1977 von der NASA finanziert. Die Leitung dieses Projekts lag in Händen des Johnson Space Centers (Project Engineer: Bernard Mollberg), das zusammen mit ITEK Optical Systems, einer Abteilung der Litton Industries, die Kamera konstruierte und baute. Sie wurde 1980 an die NASA ausgeliefert (DOYLE, 1985). Die Bilder der LFC besitzen ein Bildformat von 23 x 46 cm. Eine eingebaute Bewegungskompensation ermöglicht den Einsatz hochauflösender Filme.

Das eigentliche LFC Experiment wurde dann im Oktober 1984 im Rahmen der Space Shuttle Mission 41-G auf der Raumfähre Challenger durchgeführt. Ziel des Experiments war die Erprobung eines hochauflösenden Aufnahmesystems mit minimaler geometrischer Verzeichnung für kartographische Aufgabenstellungen (NOAA, 1985). Fig. 7 zeigt einen Vergleich des LFC-Systems mit konventionellen und Hochbefliegungssystemen. In Tab. 1 sind Missions- und Kameraparameter aufgelistet.

Missionsparameter:
Flugdauer: 5. - 13. Oktober 1984
Inklination: 57°
Flughöhen: Orbit 001 - 022   370 km
Orbit 023 - 036   270 km
Orbit 037 - 128   240 km

Angaben zur Aufnahmekammer:
Kammerfabrikat: ITEK Large Format Camera
Objektiv: Metritek-30
Brennweite: 305 mm (Kalibrierte Kammerkonstante: 305.882 mm)
Blende: f/6.0
Spektralbereich: 400 - 900 nm
Verzeichnung: 10 µm (Durchschnitt)
Auflösung: 80 lp/mm AWAR
Verschluß: 3-Lamellen Rotationsverschluß
Verschlußzeiten: 4 - 32 msec
Filter: Antivignettierfilter, austauschbare Dunst und Gelbfilter

Angaben zum Magazin:
Bildformat: 23 x 46 cm (Längsseite in Flugrichtung)
Gesichtsfeld in Flugrichtung: 73.7°
Gesichtsfeld quer zur Flugrichtung: 41.1°
Rahmenmarken: 12, optisch
Reseau: 5 x 5 cm, eingeblendet
Einstellbare Bewegungskompensation: 11 - 41 mrad/sec
Längsüberlappung: 10%, 60%, 70% und 80 %
Aufnahmebasis - Flughöhenverhältnisse: 0.3 - 1.2
Filmbreite: 24.1 cm
Filmlänge: 1.220 m
Aufnahmen pro Film: 2.500

Sonstige Daten:
Fluggewicht LFC: 435.1 kg
Orbiter Kamera: 618.9 kg (Nutzlastsystem mit Stellar Kamera)

Tab. 1:   DOYLE, 1985; EARSeL, 1985; KOSTKA, 1987

2. Eingesetzte Filme

Im Rahmen der LFC Mission wurden 4 verschiedene Filmtypen eingesetzt:

In der vorliegenden Studie wurden vorwiegend Bilder des Kodak 3414 High Definition Aerial Films analysiert. Das Testgebiet Boston ist mit Kodak 3412 Panatomic-X Aerocon-Film aufgenommen worden.

Filmtyp:	Auflösung bei hohem - schwachem Kontrast [lp/mm]	
Kodak 3412 Panatomic-X Aerocon (Neg.) Panchromatisch	400	125
Kodak 3414 High Definition Aerial (Neg.) Panchromatisch	800	250
Kodak SO-131 High Definition Aerochrochrome Infrared (Pos.) Farbinfrarotfilm	160	50
Kodak SO-242 Aerial Color Film (Pos.) Farbfilm	200	100

Tab. 2:

3. Mittlere Bildmaßstäbe und Flächenäquivalente in der Natur

Aus der Kammerkonstanten und den Flughöhen errechnen sich folgende mittlere Bildmaßstäbe und gerundete Flächenäquivalente in der Natur:

Flughöhe [km]	Bildmaßstabszahl	Flächenäquivalent in qkm in der Natur bei		
		100%	80%	20% des Bildes
370	1.210.000	153.180 = 277x553	122.430 = 277x442	30.740 = 277x111
270	890.000	82.825 = 204x406	66.300 = 204x325	16.524 = 204x81
240	780.000	64.080 = 179x358	51.190 = 179x286	12.710 = 179x71

Tab. 3: nach: KOSTKA, 1987, S. 59 ff.

4. Stereoskopische Auswertemöglichkeiten

Die LFC Bilder wurden jeweils mit Längsüberlappung aufgenommen. Bei einer Sequenz von fünf Bildern ergeben sich stereoskopisch auswertbare Bereiche von 80% bis 20%. Aus dieser variablen Längsüberlappung resultieren Aufnahmebasis-Flughöhen-Verhältnisse zwischen 0,3 und 1,2 und mit abnehmender Überlappung eine Zunahme der Höhenmeßgenauigkeit im Stereomodell (EARSeL, 1985, S.71), (vgl. Fig. 2).

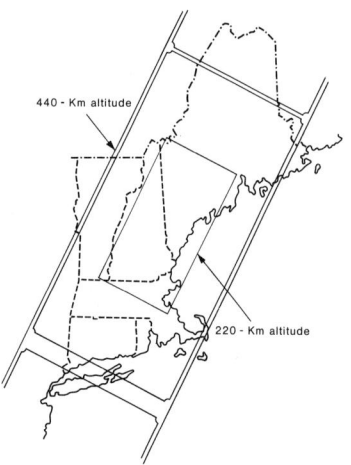

Fig. 1:

Bodenüberdeckungen von LFC-Bildern bei Flughöhen von 220 und 440 km.

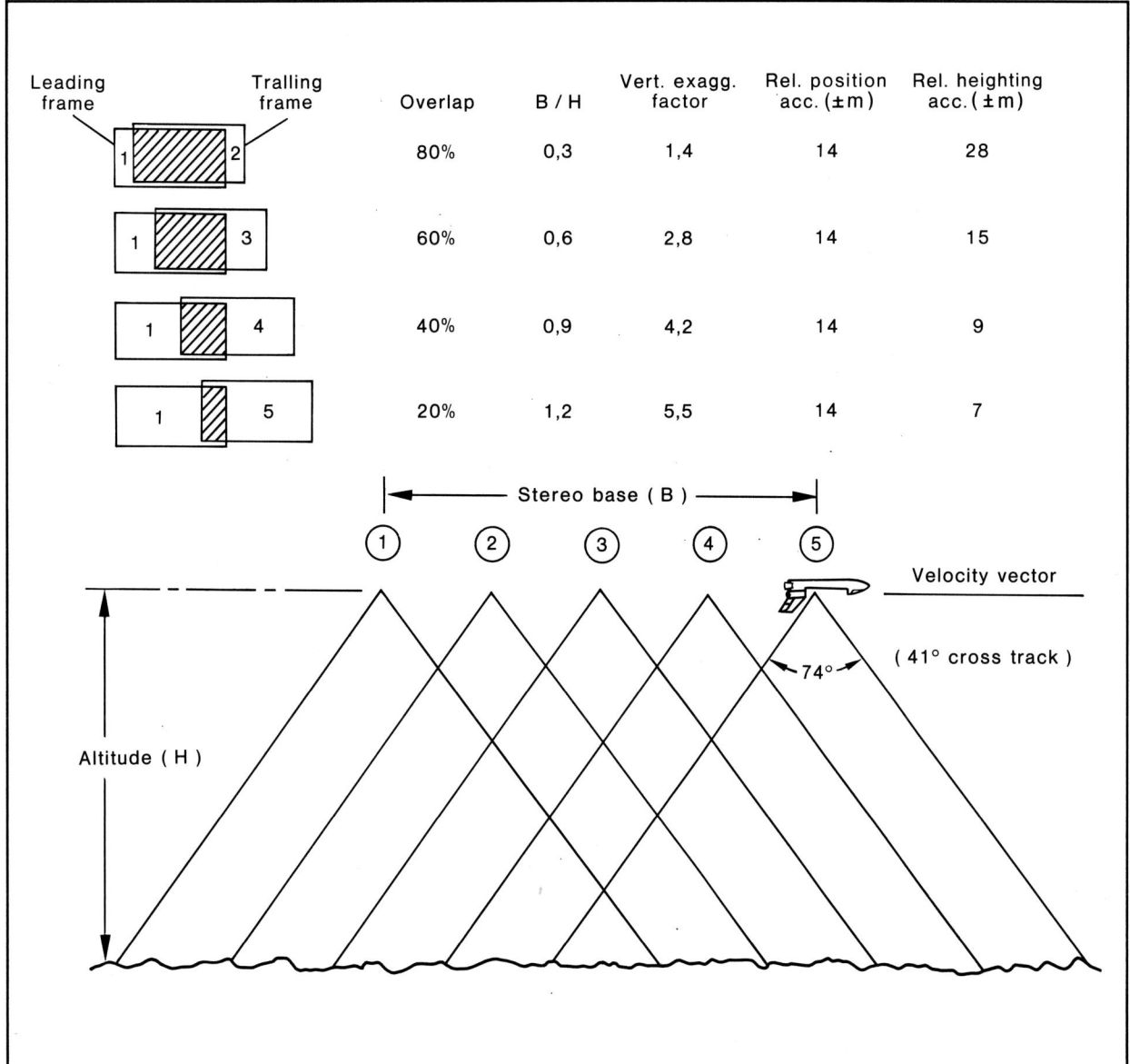

Fig. 2: Stereoskopische Auswertemöglichkeiten von LFC-Bildern bei unterschiedlicher Überlappung.

5. Auswirkungen von Relief und Erdkrümmung auf Punktverschiebungen im LFC Bild

Die radiale Verschiebung ΔR eines Punktes P gegenüber einem um ΔH niedrigeren Punkt P_0 ist proportional dem Abstand R vom Nadirpunkt und reziprok proportional der Bahnhöhe H, kann aber auch, bei gegebener Vertikaldistanz ΔH, von bildbezogenen Größen (Kammerkonstante c und Distanz r eines Bildpunktes zum Bildnadir) abgeleitet werden:

$$\Delta R = \frac{R}{H} \times \Delta H = \Delta H \times \frac{r}{f}$$

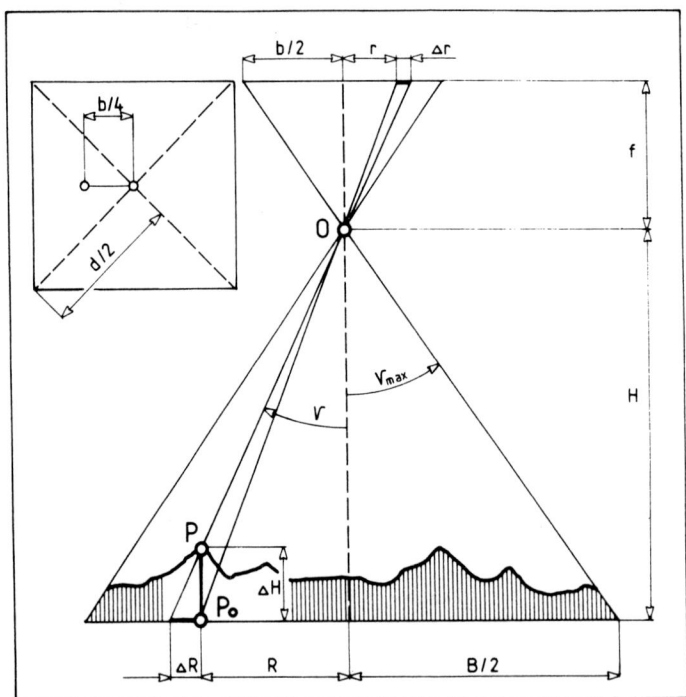

Fig. 3: Der Einfluß von Höhenunterschieden auf die Lage eines Punktes im Meßbild und Flächenäquivalent. Nach: KOSTKA 1987, S. 69

In Tab. 4 ist die maximale Radialverschiebung in den Flächenäquivalenten von LFC Bildern für drei Vertikaldistanzen angegeben:

Flughöhe [km]	Diagonale im Flächenäquivalent [km]	Radialverschiebung Δ R [m] bei Δ H [m]		
		1.000	3.000	6.000
370	622			
270	458	840	2.500	5.000
240	401			

Tab. 4: Radialverschiebung in Abhängigkeit von Vertikaldistanz; nach: KOSTKA, 1987, S. 70.

Tab. 5 zeigt für die drei mittleren Bildmaßstäbe der LFC Bilder die Radien der zentrischen Kreise, für die die Radialverschiebungen im Bild bei angenommenen Vertikaldistanzen im Gelände von 1.000 m und 3.000 m unter 0.25 mm liegen:

Maßstabszahl der LFC Bilder	Radius im Bild [cm] bei dem r < 0,25 mm bei einem Δ H von	
	1.000 m	3.000 m
1.210.000	9.2	3.1
890.000	6.8	2.1
780.000	5.9	2.0

Tab. 5: nach: KOSTKA, 1987, S.70.

Bei der Größe der Flächenäquivalente, die von einer LFC Aufnahme erfaßt werden, spielen auch die Einflüsse der Erdkrümmung eine Rolle für die Bild- und Modellgeometrie. Nimmt man als Projektionsebene der durch die Erdkrümmung verursachten Lagefehler eine Tangentialebene im Nadirpunkt der Aufnahme an, so ergibt sich gemäß Fig. 4 ein Projektionsfehler ΔR von:

$$\Delta R = \overline{P_0 \bar{P}} = \frac{R^3}{2 R_E \times H}$$

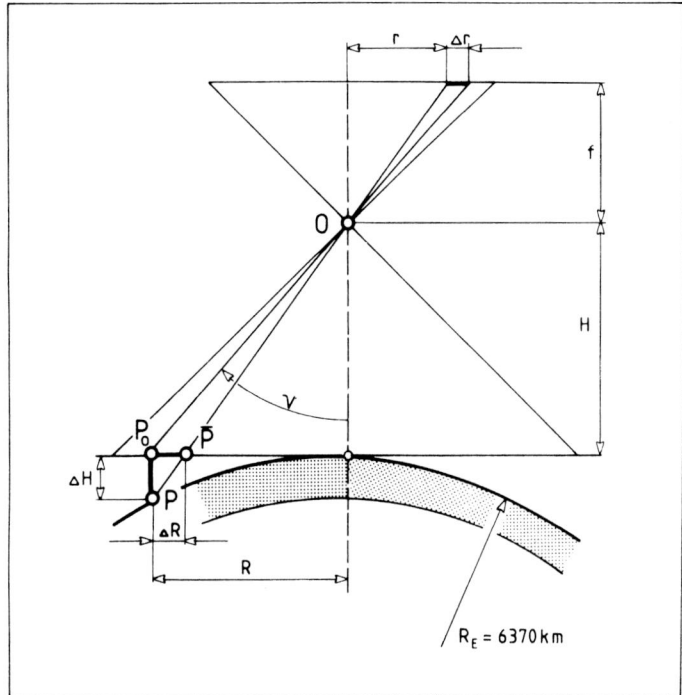

Fig. 4: Einfluß der Erdkrümmung auf Lagefehler im LFC Bild; aus: KOSTKA, 1987, S. 72

Der Einfluß der Erdkrümmung auf Höhenangaben wirkt sich, gemäß Fig. 4, als ΔH aus.

$$\Delta H = \overline{P_0 P} = \frac{R^2}{2R_E}$$

In Tabelle 6 sind die maximalen radialen Verschiebungswerte ΔR und ΔH für die drei mittleren Bildmaßstäbe und Flächenäquivalente der LFC Mission angegeben:

Äquivalent der halben Bildseite B/2 [km]	ΔR max [m] $\Delta r < 0.02$ [mm]	ΔH max [m]
278	4558	6066
205	2504	3299
179	1876	2515

Tab. 6:   nach: KOSTKA (1987, S. 73)

6. Aufgenommene Flugstreifen und Bewölkung

In Fig. 5 sind die Flugstreifen dargestellt, die während der LFC Mission bei insgesamt 79 Aufnahmesequenzen photographiert wurden. Ausgedehnte Bewölkung, besonders über den nordhemisphärischen Aufnahmegebieten in Amerika und Europa, schränkten die Zahl der nutzbaren Aufnahmen beträchtlich ein:

Nur 60% der gesamten belichteten Bilder hatten "annehmbare" Bewölkung (nicht mehr als 30%). Ungefähr 26% der Bilder waren "randlich" von Wolken bedeckt (Bewölkung 40% - 70 %), die restlichen 14% waren aufgrund der Bewölkung "nicht akzeptabel" (EARSeL, 1985, S. 64).

Flächendeckung *Earth Coverage Map*
LARGE FORMAT CAMERA [1 Mission, 05. 10. 84 - 13. 10. 84 (9 Days), 2400 Frames]

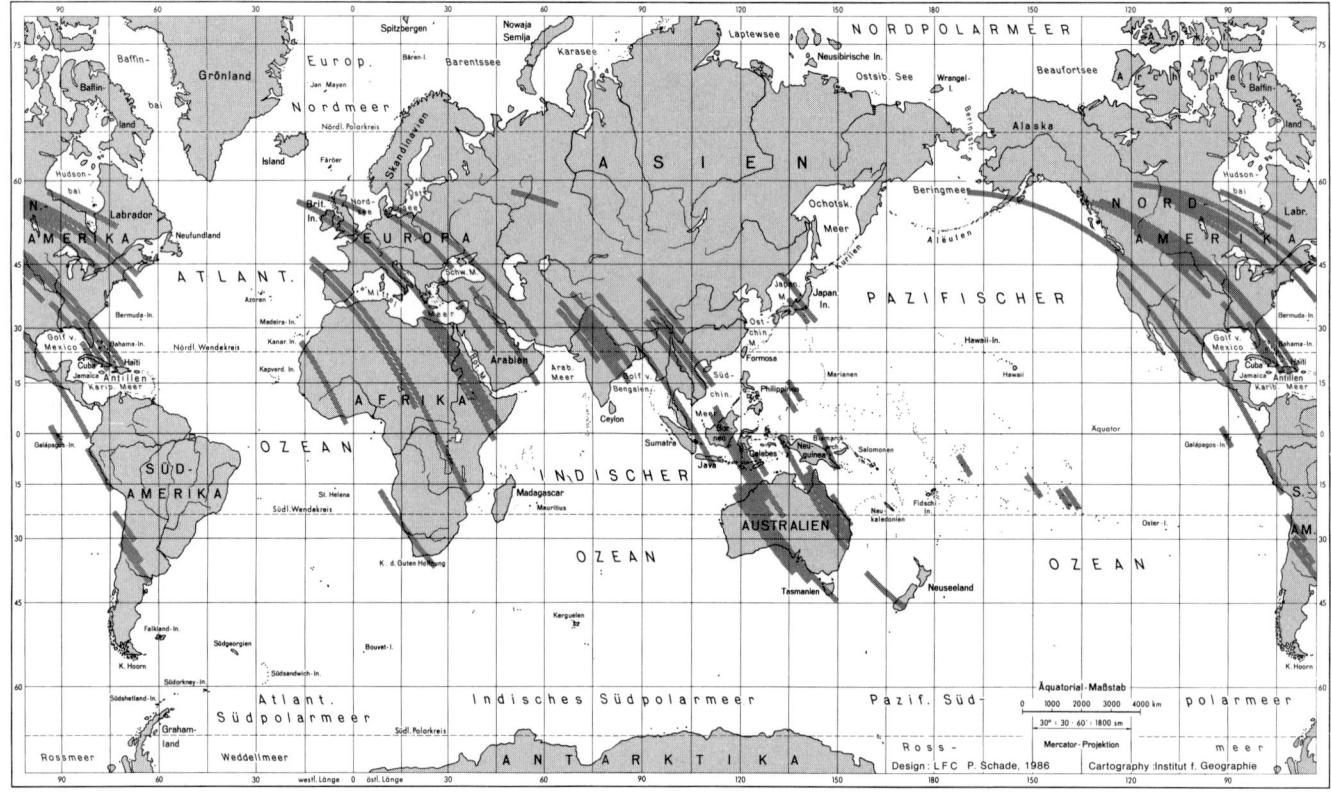

Fig. 5: Flächendeckung der LFC-Bilder

7. Verfügbarkeit der LFC Bilder

Seit 1985 stellte das EROS Data Center (EDC) in Sioux Falls einen Microfiche Katalog mit Angaben zu den LFC Bildern zur Verfügung. Neben einigen allgemeinen LFC Missionsdaten wurden in diesem Katalog die Bildqualitäten in die 4 Klassen:

0 = unbrauchbar, 2 = schlecht, 5 = mäßig, 8 = gut

eingeteilt.

Die Lage der aufgenommenen Bildstreifen und Bildhauptpunkte (=Bildnummer) wurde in Karten des Maßstabs 1 : 10 Mio dargestellt. Daran anschließend wurden im Katalog die LFC Bilder mit folgenden Angaben aufgelistet:

Orbit-Nr., Aufnahmesequenz-Nr., Film, Rolle, Bildnummer, Filmtyp, Bildqualität, Bewölkung in %, geographische Koordinaten des Bildmittelpunkts, Datum, Aufnahmezeitpunkt, Flughöhe in km, relative Geschwindigkeit (mrad/sec), Längsüberlappung, Sonnenhöhe und Microfilm Nr. (identisch mit der Bildnummer).

8. Vertrieb der LFC Bilder

Seit 1986 sind die LFC Bilder über folgende Firma zu beziehen:

LFC Department
CHICAGO AERIAL SURVEY, INC.
2140 Wolf Road
Des Plaines, IL 60018, USA
Telefon: (312) 298-1480 Telex: 754439 UD

Erhältliche Produkte und Preisliste (Stand Dezember 1987)

	Code	Preis in US $
Kontaktabzüge (Papier)		
9 x 9 Zoll, (23 x 23 cm) Schwarzweiß	01	55
9 x 18 Zoll, (23 x 46 cm) Schwarzweiß	02	65
9 x 9 Zoll, (23 x 23 cm) Color	03	70
9 x 18 Zoll, (23 x 46 cm) Color	04	80
Vergrößerungen		
Schwarzweiß, bis incl. 2x oder 18 x 18 Zoll (46 x 46 cm) Größe	05	65
Schwarzweiß, bis incl. 3x oder 27 x 27 Zoll (69 x 69 cm) Größe	06	80
Schwarzweiß, bis incl. 4x oder 36 x 36 Zoll (91 x 91 cm) Größe	07	95
Schwarzweiß, mehr als 4 x oder größer als 36 x 36 Zoll (91 x 91 cm), pro Quadratfuß (= 930 qcm)	08	12
Farbe, bis incl. 2x oder 18 x 18 Zoll (46 x 46 cm) Größe	09	120
Farbe, bis incl. 3x oder 27 x 27 Zoll (69 x 69 cm) Größe	10	150
Farbe, bis incl. 4x oder 36 x 36 Zoll (91 x 91 cm) Größe	11	180
Farbe, mehr als 4 x oder größer als 36 x 36 Zoll (91 x 91 cm), pro Quadratfuß (= pro 930 qcm)	12	20
Film Duplikate		
Schwarzweiß Positiv v. Schwarzweiß Negativ, mindestens 20 Abzüge, pro Abzug	13	11
Schwarzweiß Negativ v. Schwarzweiß Negativ, mindestens 20 Abzüge, pro Abzug	14	13
Schwarzweiß panchromatisches Negativ vom Color Positiv, mindestens 20 Abzüge, pro Abzug	15	13
Color Diapositivduplikate, mindestens 20 Abzüge, pro Abzug	16	18
Einzelbild Diapositive		
Schwarzweiß, 9 x 9 Zoll (23 x 23 cm), Kontakt Diapositiv (7 mil Filmträger), Träger oben	17	65
Farbe, 9 x 9 Zoll (23 x 23 cm), Kontakt Diapositiv (7 mil Filmträger)	18	80
Farbe, 9 x 18 Zoll, (23 x 46 cm), Diaduplikat, (4 mil Filmträger)	19	95
Schwarzweiß, 9 x 18 Zoll (23 x 46 cm), Negativduplikat, (4 mil Filmträger)	20	70
Schwarzweiß, 9 x 18 Zoll (23 x 46 cm), panchromatisches Negativ vom Color Diapositiv	21	85
Schwarzweiß, 9 x 9 Zoll (23 x 23 cm), Kontaktdiapositiv, (7 mil Filmträger), Emulsion oben (beinhaltet Zwischennegativ)	22	95
Schwarzweiß, 9 x 18 Zoll (23 x 46 cm), Diapositiv, (7 mil Filmträger)	23	70
Mikrofilm mit Angaben zu den LFC Bildern	99	5

9. Zeitlicher Ablauf der LFC Studie

Der zeitliche Ablauf der LFC Studie ist in Fig. 6 dargestellt.

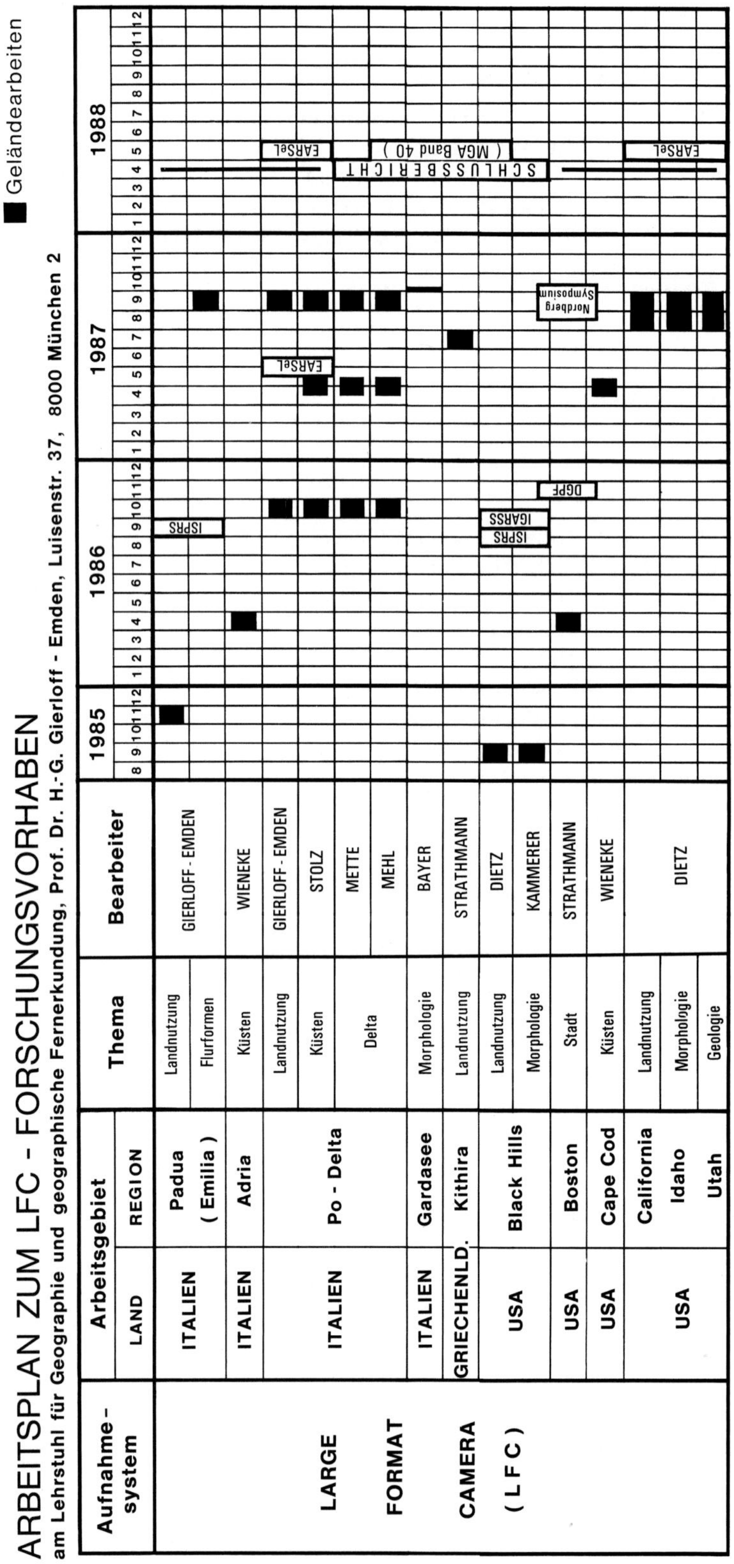

Fig. 6:

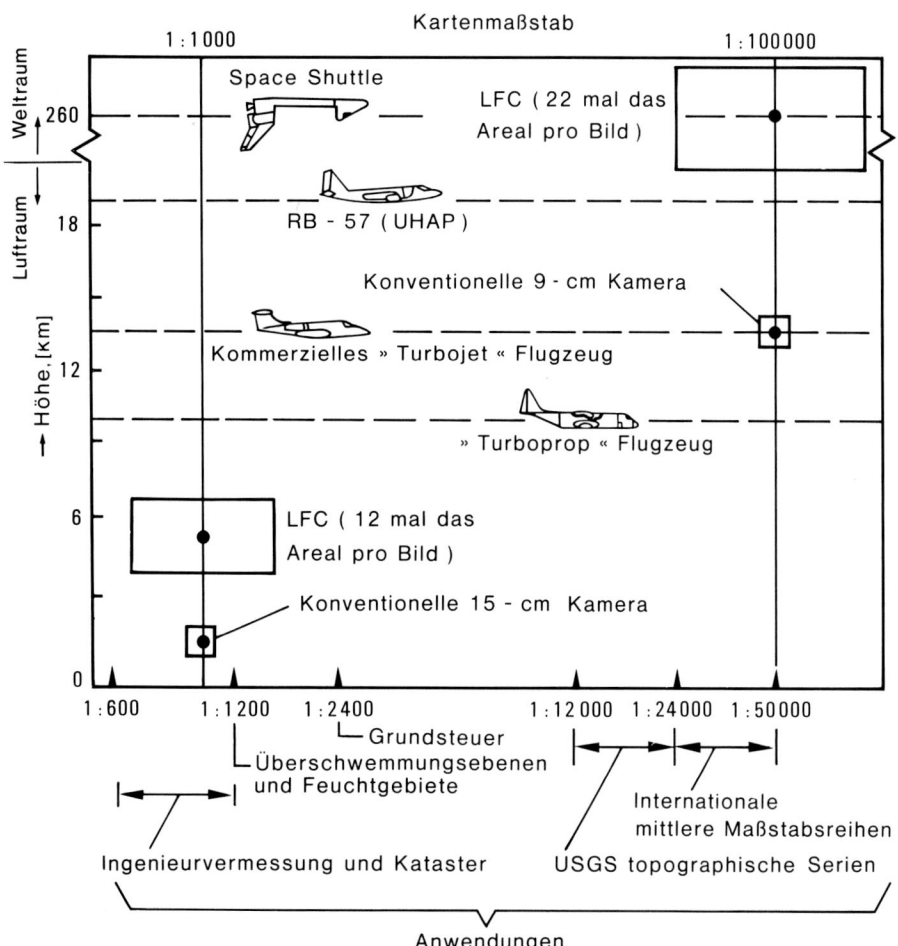

Fig. 7: Vergleich des LFC-Systems mit konventionellen und Hochbefliegungssystemen

10. Literaturverzeichnis

CHICAGO Aerial Survey, Inc. (s.a.): High resolution photos from space. Large Format Camera. - Des Plaines, 6 S.

DOYLE, F.J. (1985): High resolution image data from the Space Shuttle.- ESA SP-209, Paris, S. 55 - 57.

EARSeL (1985 a): Images from Large Format Camera available.- nach: LANDSAT Data User Notes, Issue No. 33, 1985. EARSeL News, No. 27, Paris, S. 64 - 65.

EARSeL (1985 b): Large Format Camera. Mapping and Remote Sensing Systems.- nach: ITEK Document. EARSeL News, No. 27, Paris, S. 67 - 78.

EROS Data Center (1985): Microfiche Catalogue of Large Format Camera Images.- Sioux Falls.

ITEK (s.a.): Applications and benefits of the Large Format Camera.- Annex B., 8 S.

KOSTKA, R. (Ed.) (1987): Die erderkundende Weltraumphotographie und ihre Anwendung in der Gebirgskartographie. Mitteilungen der Geodätischen Institute der Technischen Universität Graz, Folge 57, Graz, 217 S.

NOAA (1985): Images from Large Format Camera available. - LANDSAT Data User Notes, Issue No. 33, Asheville.

Auswertung von LFC-Bildern mit Hilfe der Computerkartographie

Peter Kammerer

SUMMARY

The Institute for Geography, Department for Geography and Geographical Remote Sensing, has two computer systems equipped with hard- and software for CAD (= Computer Aided Design). In this article, the suitability of the PC-CAD program AutoCAD for the production of maps from LFC-space photography is investigated. The AutoCAD software contains most of the required cartographic procedures. A great disadvantage for cartographic purposes, however, is that it is difficult to fill irregular formed areas with raster or hachures. It is also difficult to draw complicated line signatures along curves, especially with the laserprinter. The drawing of raster areas consumes much storage capacity, and the time for the screen- and zoom functions increases rapidly.

The most important advantage compared with conventional mapping methods is that the maps can be repeatedly changed or updated (e.g. after a ground check). It is also possible to link and process the data with other computer programs (e.g. Geographic Information Systems). More important than the hard- and software, however, is a user, who is able to apply the rules of cartography.

1. Einführung - Problemstellung

In den Geowissenschaften hat die Kartographie eine zentrale Bedeutung. Die Karte dient als Grundlage für die räumliche Fixierung von Geländeuntersuchungen, außerdem ist sie Informationsquelle für den Geowissenschaftler. Da die Daten immer häufiger in digitaler Form vorliegen (z.B. Fernerkundungsdaten, Digitale Geländemodelle, Datenbanken, Geographische Informationssysteme), ist es sinnvoll, diese Daten mit Hilfe der EDV weiterzuverarbeiten.

Es ist die Aufgabe der Computerkartographie, raumbezogene Information mit Hilfe der elektronischen Datenverarbeitung in Karten überzuführen. Die Computerkartographie ist somit ein Teilgebiet der CAD-Technologie (CAD = Computer Aided Design).

Liegen die Daten in analoger Form vor (z.B. Luftbilder, Weltraumbilder, topographische Karten), müssen sie zuerst digitalisiert werden. Das kann entweder mit Hilfe eines automatischen Scanners oder manuell an einem Digitalisiertisch erfolgen.

Im Bereich der computerunterstützten Herstellung von Karten gibt es einige Programme, die sich in zwei Gruppen einteilen lassen: Programme, die nur auf einer bestimmten Hardware laufen (z.B. ARISTO, CONTRAVES, SICAD) und Programme, die in einer standardisierten Programmiersprache (z.B. FORTRAN) geschrieben wurden und v.a. für Großrechner gedacht sind (Beispiel: CHOROS, THEKAR, SYMAP). Die erstgenannten Programme haben den Nachteil, daß die Beschaffung der Hard- und Software mehr als 100000 DM kostet. Sie sind deshalb für viele Institute nicht finanzierbar. Die Großrechnerprogramme haben den Nachteil, daß sie für die graphische Ausgabe spezielle Geräte brauchen (z.B. Rasterplotter), die an einem Rechenzentrum meist nicht vorhanden sind.

Seit einigen Jahren gibt es für den PC im Vergleich zu den speziellen Kartographieprogrammen preiswerte CAD-Programme. Diese sind meist für die Ingenieurwissenschaften (Maschinenbau, Elektrotechnik....) entwickelt worden und haben heute einen beachtlichen Leistungsstandard erreicht, nicht zuletzt deswegen, weil die Leistungsfähigkeit der PCs in den letzten Jahren enorm zugenommen hat. In diesem Beitrag soll die Frage untersucht werden, ob ein solches "Standard-CAD Programm" (AutoCAD) zur Auswertung von LFC-Bildern eingesetzt werden kann.

	Arbeitsplatz 1	Arbeitsplatz 2
Rechner	WYSE-PC 286 (AT-kompatibel) 1.2 MB Floppy-Disk 40 MB Festplatte Math. Coprozessor 80287	WYSE-PC 386 (AT-kompatibel) 1.2 MB Floppy-Disk 40 MB Festplatte Math. Coprozessor 80387
Alphanum. Bildschirm	14" Hercules Auflösung 720 x 348 monochrom	14" EGA-Schirm Auflösung 640 x 480 16 Farben
Graphikbildschirm	19" Bildschirm Auflösung 1024 x 768 16 Farben	19" Bildschirm Auflösung 1024 x 768 16 Farben
Digitalisiertisch	aktive Fläche 122 x 92 cm Auflösung 0.1 mm 16 Tasten-Sensor	aktive Fläche 46 x 31 cm Auflösung 0.1 mm 16 Tasten-Sensor
Scanner		DIN-A4 Flachbett 600 dots/inch 16 Graustufen
Ausgabegerät	DIN-A1 Trommelplotter 8 Stifte (Tusche, Faser) Auflösung 0.025 mm Wiederholgenauigkeit 0.1 mm	DIN-A4 Laserdrucker 300 dots/inch monochrom

Tab. 1: Ausstattung der CAD-Arbeitsplätze am Institut für Geographie, Lehrstuhl für Geographie und Geographische Fernerkundung.

2. Anforderungen an die Hardware aus kartographischer Sicht

Um Computerkartographie betreiben zu können, ist eine spezielle Hardware erforderlich. Diese läßt sich gliedern in:

- Datenerfassungsgeräte: Digitalisiertisch, Scanner, digitales photogrammetrisches Auswertegerät, elektronisches Tachymeter
- Datensichtgeräte: Graphikfähiger Farbbildschirm mit einer Auflösung größer 500x500 Pixeln, mindestens acht Farben darstellbar
- Massenspeicher: Disketten zum Austausch von Daten und zur Datensicherung, Festplatten mit kurzer Zugriffszeit, evtl. Magnetbänder zur Datensicherung
- Rechner: Kernspeicher größer 500 KB, Rechenleistung größer 1 MIPS (= 1 Million Instruktionen pro Sekunde), höhere Programmiersprache, Graphiksoftware
- Ausgabegeräte: Plotter (Trommel-, Flachbett- oder Rasterplotter je nach Anforderung und Software), Drucker

Eine Minimalausstattung für Computerkartographie besteht aus einem Rechner mit einem graphikfähigen Farbbildschirm, einem Digitalisiertisch und einem Plotter. Die Ausstattung der beiden CAD Arbeitsplätze am Institut für Geographie, Lehrstuhl für Geographie und Geographische Fernerkundung ist in Tabelle 1 beschrieben.

Die Auflösung der Digitalisiertische (0.1 mm) und des Plotters (0.025 mm) ist für kartographische Anwendungen ausreichend. Über die Software können maximal 256 verschiedene Werkzeuge angesprochen werden. Da der Plotter nur acht Werkzeuge aufnehmen kann, muß bei Verwendung von mehr Werkzeugen (= Farben oder Strichstärken) der Plotvorgang unterbrochen werden. Das ist durch die Software möglich. An dem Laserdrucker können nur schwarz-weiß Karten im DIN-A4 Format ausgegeben werden. Aus kartographischer Sicht ist an die Hardware die Forderung zu stellen, daß die erzeugten Karten keine schlechtere Qualität haben sollten, als eine manuell gezeichnete Karten. Dies ist beim heutigen Stand der Technik möglich. Es gibt Präzisionsflachbettplotter mit tangential gesteuerten Gravurwerkzeugen, die auch mit Lichtzeichenköpfen ausgestattet werden können. Mit den zuletzt genannten Geräten lassen sich Filmvorlagen erzeugen, die dann reprotechnisch weiterverarbeitet werden können. Außerdem gibt es elektrostatische Plotter, mit denen man hochwertige Mehrfarbenkarten herstellen kann. Der entscheidende Nachteil dieser Zeichenmaschinen ist der Preis, der bei den genannten Geräten über 100000 DM liegt.

3. Anforderungen an die Software

3.1 Grundsätzliche Anforderungen

Noch wichtiger als die Hardware ist in der Computerkartographie die Software. Da der Kartograph in der Regel kein EDV-Spezialist ist, sollte die Software möglichst benutzerfreundlich sein. Der Kartograph sollte sich voll auf die graphische Gestaltung der Karte konzentrieren können. Die Befehle sollten entweder über ein Bildschirm- oder ein Tablettmenü eingegeben werden können. Eine weitere wichtige Forderung an die Software ist, daß die graphische Darstellung auf dem Bildschirm mit der Ausgabe auf dem Plotter identisch sein sollte. Es gibt CAD-Programme, die für komplizierte Linientypen auf dem Bildschirm Ersatzdarstellungen verwenden. Das ist für kartographische Anwendungen ungeeignet, da man oft nahe beieinander liegende Linien hat. Beim Zeichnen dieser Linien können dann diese Linien zusammenfallen (Problem der Verdrängung). Die Software muß außerdem Treiber für verschiedene Ausgabegeräte und Bildschirme haben. Immer wichtiger in der Computerkartographie wird die Verknüpfung von Geometrie- und Sachdaten. Nur wenn dies möglich ist, kann man sehr rasch Statistiken in Karten umsetzen. Auch der Datenaustausch mit anderen CAD-Programmen sollte möglich sein. Eine sehr wichtige Forderung an die Software ist, daß das CAD-Systrem "offen" sein sollte, d.h. der Benutzer sollte in der Lage sein, unter Verwendung der vorhandenen Graphiksoftware spezielle Anwendungen selbst zu programmieren.

3.2 Spezielle graphische Anforderungen in der Kartographie

* In der Kartographie ist die "graphische Informationsdichte" im Vergleich zu Konstruktionszeichnungen in den Ingenieurwissenschaften sehr hoch. Dies liegt daran, daß man häufig unregelmäßig begrenzte Flächen hat, die mit Schraffuren und Rastern gefüllt sind. Das hat zur Folge, daß die Zeichnungsdateien in der Kartographie einen großen Speicherplatzbedarf beanspruchen. Einen Anhaltspunkt gibt Fig. 3. Diese Karte benötigt 450 KB Speicherplatz. An das CAD-Programm ergibt sich daraus die Forderung, daß es hinsichtlich der Größe der Zeichnungsdateien keine Beschränkungen geben darf.

+ Mit AutoCAD können beliebig große Dateien bearbeitet werden. Mit dem Speicherplatzbedarf wachsen jedoch die Zeiten für den Bildaufbau bei den Zoomfunktionen.

* Unregelmäßig begrenzte Flächen müssen mit einer Schraffur oder mit einem Raster gefüllt werden können, wobei die Schrift freigestellt werden soll.

 Punktraster  Schraffur mit freigestellter Schrift

+/- Mit dem CAD-Programm möglich. Bei Verwendung von Rastern steigt der Speicherplatzbedarf stark an.
* Aus digitalisierten Punkten muß eine "glatte Kurve" (Spline) konstruiert werden können.

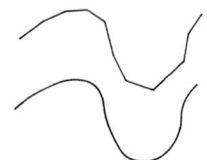 Digitalisierte Kurve

Spline aus digitalisierter Kurve

+ Mit dem PC-CAD Programm möglich.
* Es muß möglich sein, aus einer digitalisierten Kurve eine dazu parallel verlaufende Kurve zu konstruieren.

 parallel ver-
laufende Kurven

+ Mit dem PC-CAD Programm möglich.
* Das CAD-Programm sollte in der Lage sein, die Länge und die Fläche von Objekten in der Karte berechnen zu können.
+ Mit dem PC-CAD Programm möglich.
* Der Text muß in der Karte frei positioniert werden können (linksbündig, mittig, rechtsbündig, zentriert). Längs einer vorgegebenen Kurve soll der Text so plaziert werden können, daß die Buchstaben senkrecht zu dieser Kurve stehen (Standlinientext).

 Standlinientext

+/- Freie Positionierung von Text nur längs Linien möglich, kein Standlinientext.
* Häufig wiederkehrende Punktsignaturen sollten nur einmal konstruiert und dann beliebig oft in die Karte kopierbar sein. Beim Absetzen der Signaturen sollte deren Maßstab und deren Rotation veränderbar sein.

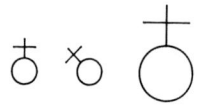 Punktsignaturen

+ Mit dem PC-CAD Programm möglich.
* Der Kartograph sollte benutzerspezifische Liniensignaturen und Flächenschraffuren entwerfen können. Die Liniensignaturen sollten auch entlang von digitalisierten Kurven gezeichnet werden können.

 Benutzerspezifische Schraffur

benutzerspezifische Liniensignatur

+/- Der Benutzer kann eigene Linientypen und Schraffuren entwerfen. An stark gekrümmten Kurvenabschnitten werden die komplizierten Linientypen bei Ausgabe auf dem Laserdrucker als Vollstrich gezeichnet.

* Häufig werden in der Kartographie thematisch zusammenhängende Informationen einer Ebene zugeordnet (Beispiel: Ebene 1 = Verkehrsnetz, Ebene 2 = Fließgewässer usw.). Das hat den Vorteil, daß man durch Kombination der verschiedenen Schichten rasch neue Grundkarten erzeugen kann. Die Aufteilung der Information in Ebenen muß auch mit dem CAD-Programm möglich sein.

+ Mit dem PC-CAD Programm möglich.

* In der Kartographie verwendet man je nach Fragestellung verschiedene Kartenprojektionen mit unterschiedlichen Eigenschaften (flächentreue-, längentreue-, winkeltreue Abbildungen). Das CAD-Program sollte daher in der Lage sein, die Daten in verschiedenen Projektionen darzustellen.

- Mit dem PC-CAD Programm derzeit noch nicht möglich. Da das Format der Daten bekannt ist, kann man eigene Programme schreiben, um von den Tischkoordinaten in die Kartenkoordinaten einer bestimmten Projektion umzurechnen. An diesem Problem wird momentan gearbeitet.

* Damit exakte Anschlüsse von Linien an Kurven und Polygone möglich sind, muß das CAD-Programm verschiedene Objektfangmodi verfügen (z.B. Endpunkt einer Linie, Tangente an Kreis, Linie an Kurve).

+ Mit dem PC-CAD Programm möglich.

4. Erfahrungen bei der Digitalisierung von LFC Weltraumbildern

Seit Installation der in Tabelle 1 beschriebenen Hardware wurden im Rahmen des Kurses Computerkartographie und für Diplomarbeiten verschiedene analoge Fernerkundungsdaten (Luft- und Weltraumbilder) digitalisiert. Die dabei gemachten Erfahrungen sollen im Folgenden kurz dargestellt werden.

Die Bedienung des CAD-Programms (AutoCAD) erfordert keine Programmierkenntnisse. Nach etwa fünf bis acht Stunden Einarbeitungszeit ist ein Student in der Lage, die wichtigsten Befehle des CAD-Programms anzuwenden. Die Befehle können entweder über die Tastatur, über ein Bildschirmmenü oder über ein Tablettmenü eingegeben werden.

Ein Flußdiagramm zur Auswertung von analogen Fernerkundungsdaten ist in Fig. 2 dargestellt. Zunächst muß in der Reproabteilung eine Ausschnittsvergrößerung des Untersuchungsgebietes hergestellt werden. Soweit dies möglich ist, sollte dabei auch eine Grauwertoptimierung durchgeführt werden. Eine Entzerrung der Bilder war nicht erforderlich, weil das Untersuchungsgebiet eben ist und im Bildnadir liegt. Wenn ein optimales Bildmaterial vorliegt, wird das Satellitenbild auf dem Digitalisiertisch eingepaßt. Danach werden die nach dem Grauwert differenzierbaren Gestaltelemente digitalisiert. Das CAD-Programm stellt hierfür mehrere Befehle zur Verfügung (z.B. Zeichnen von Linien, Polylinien, Splines, Bögen, Schraffuren usw.). Da man es in der Kartographie häufig mit unregelmäßig begrenzten Flächen und Kurven zu tun hat, ist die Funktion SKIZZE sehr wichtig. Bei dieser kann der Operator eine Mindestdistanz (z.B. 0.5 mm) angeben. Wenn der Sensor entlang einer Kurve bewegt wird, speichert der Computer automatisch einen Punkt, wenn der Sensor

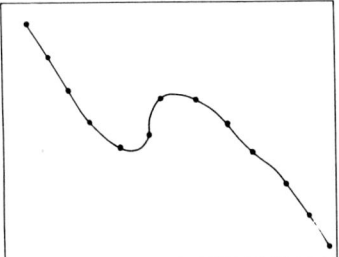 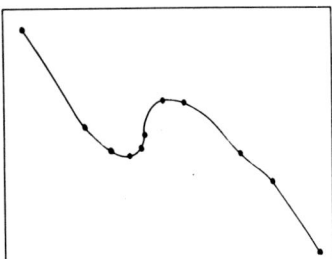

Fig. 1: Anzahl der abgespeicherten Punkte bei Berücksichtigung der Mindestdistanz (links) und bei Berücksichtigung der Mindestdistanz und der Krümmung (rechts).

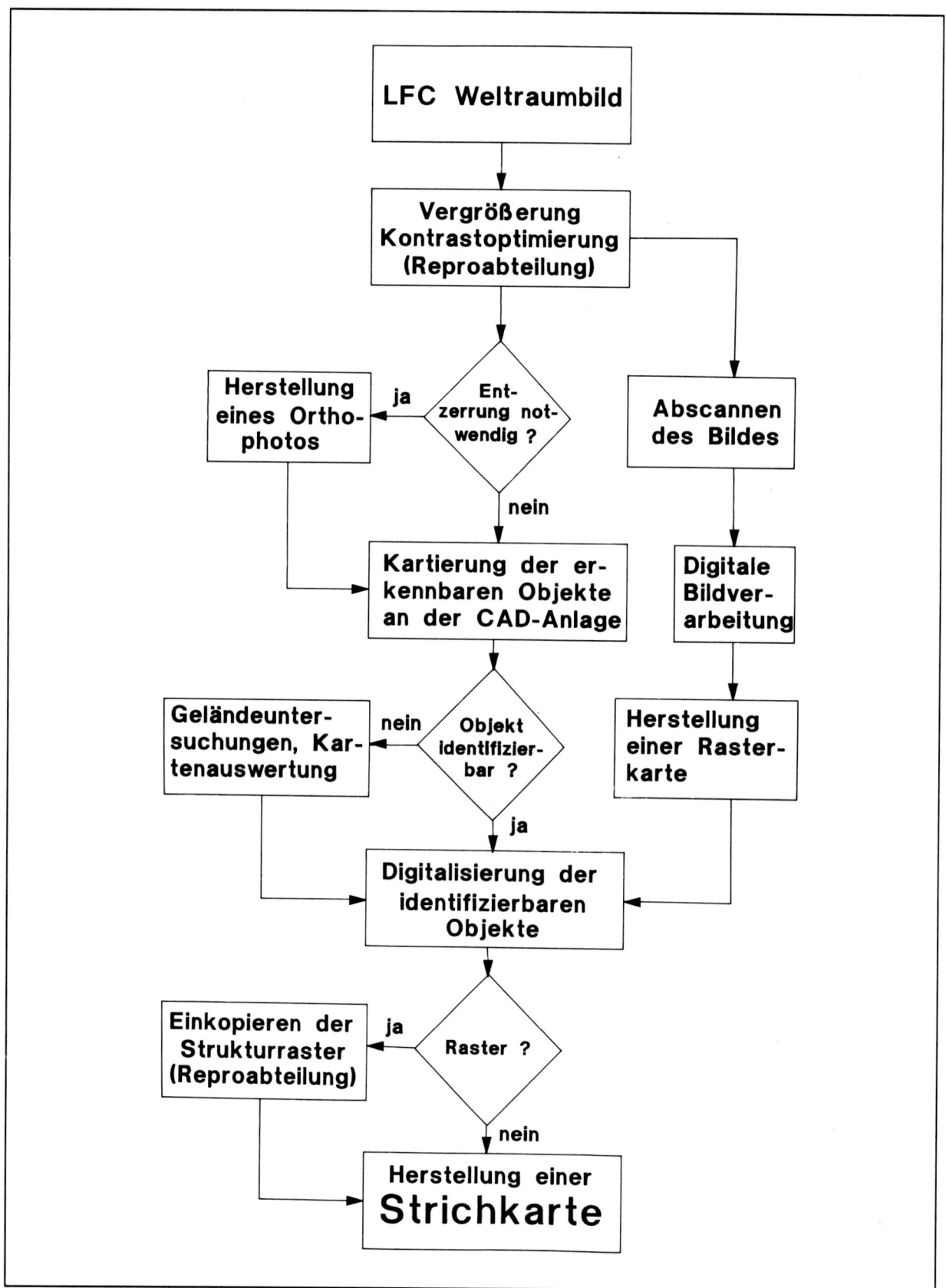

Fig. 2: Flußdiagramm zur Herstellung einer Karte an einer CAD-Anlage.

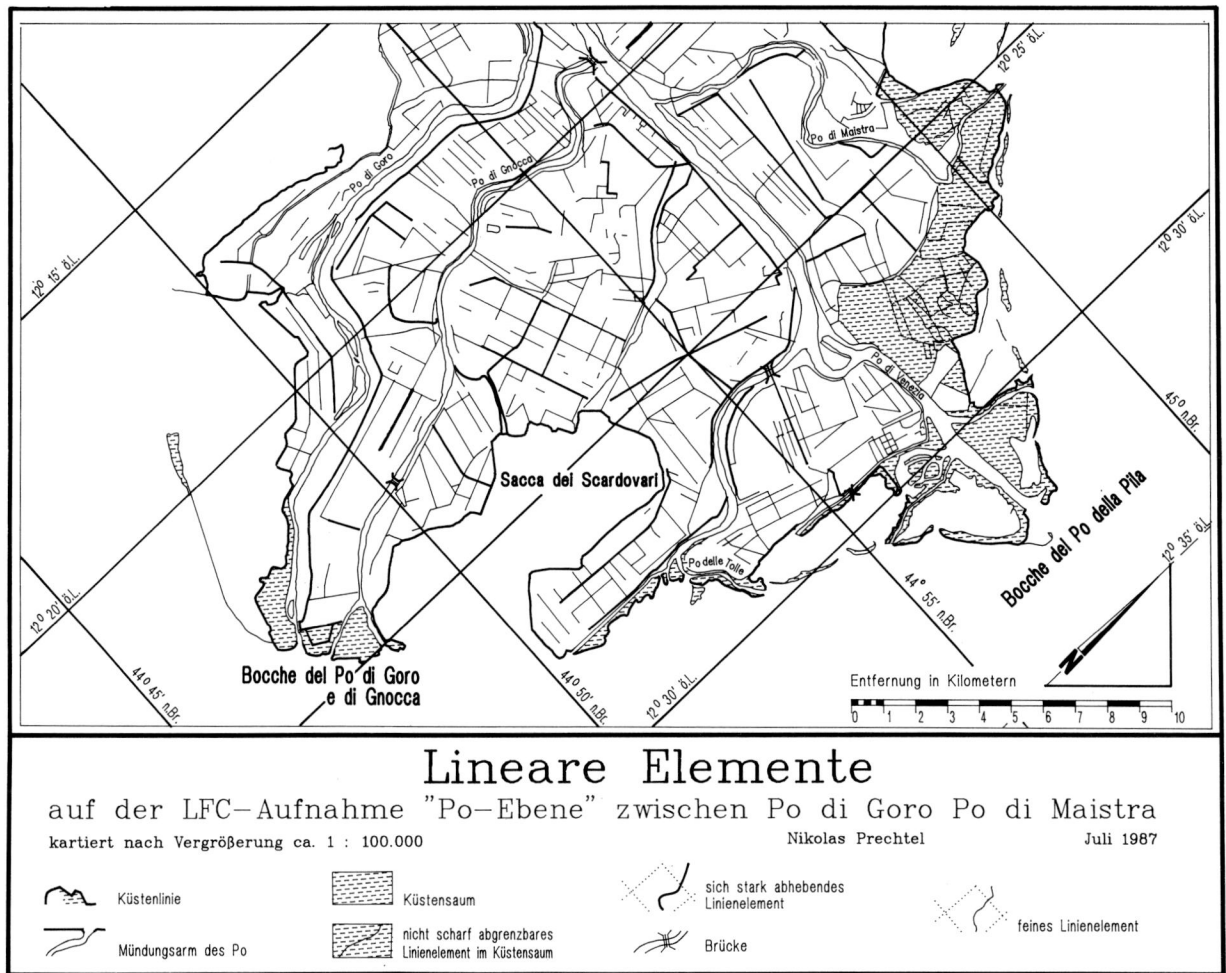

Fig. 3: Erkennbare lineare Elemente in einer LFC-Aufnahme. Die meisten der linearen Gestaltelemente können nicht identifiziert werden. Hierfür ist eine Geländeuntersuchung notwendig. Speicherplatzbedarf: 450 KB. Diese Karte wurde als Kartenschein von dem Diplomstudenten Nikolaus Prechtel an der CAD-Anlage im Auftrag von Herrn Prof. Dr. Gierloff-Emden angefertigt.

um den Betrag der Mindestdistanz weiterbewegt wird, egal, ob die Kurve stark gekrümmt oder fast gerade ist. Dadurch werden viele unnötige Punkte abgespeichert. Dies bewirkt, daß die Zeichendateien sehr viel Speicherplatz erfordern, was sich nachteilig auf die Geschwindigkeit des Bildschirmaufbaus bei den ZOOM-Funktionen auswirkt. Einen Anhaltspunkt gibt Fig. 3. Diese Karte beansprucht einen Speicherplatz von 450 KB. Um diese Karte einmal vollständig auf dem Bildschirm zu zeichnen, sind an dem PC mit 80286 Mikroprozessor 320 Sekunden notwendig. Der PC mit dem 80387 Microprozessor braucht dafür 160 Sekunden. Wünschenswert wäre deshalb eine Funktion, bei der nur an den stark gekrümmten Kurvenabschnitten mehr Punkte abgespeichert werden (vgl. Fig. 1).

Ein weiterer Nachteil des Programms ist, daß kein Standlinientext plaziert werden kann. Auch die Schraffierung oder Aufrasterung von unregelmäßig begrenzten Flächen ist zwar möglich aber recht umständlich. Bei Verwendung von Rastern (Schraffurmuster DOTS) steigt der Speicherplatzbedarf für die Zeichnung stark an. Wenn man z.B. ein DIN-A4 Blatt mit dem genannten Schraffurmuster füllt, werden 1.8 MB abgespeichert. Schließlich ist noch schlecht, daß komplizierte Liniensignaturen an stark gekrümmten Kurvenabschnitten nicht

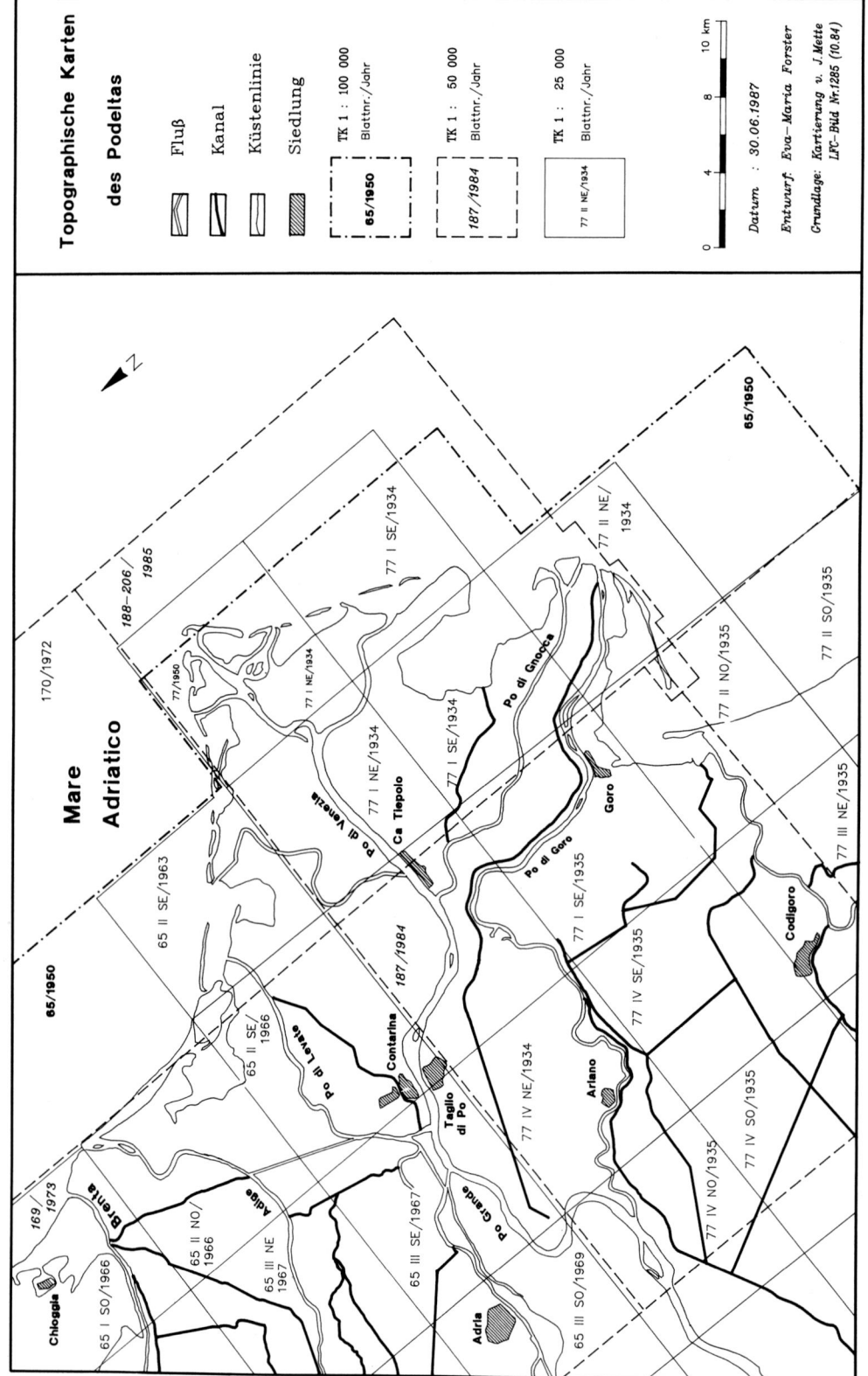

Fig. 4: Blattschnitt, Kartennummern und Erscheinungsjahr der topographischen Karten des Podeltas. Speicherplatzbedarf: 300 KB. Diese Karte wurde als Kartenschein von der Diplomstudentin Eva Forster an der CAD-Anlage im Auftrag von Herrn Prof. Dr. Gierloff-Emden angefertigt.

richtig gezeichnet werden, wenn sie auf dem Laserdrucker ausgegeben werden. Diesen Nachteilen stehen folgende Vorteile gegenüber:

- Die digitalisierte Karte kann nach Geländebefunden rasch und beliebig oft verändert werden. Außerdem kann der Karteninhalt auf beliebig viele Schichten verteilt werden. Das hat den Vorteil, daß man durch Kombination von Schichten sehr rasch neue Karten erstellen kann.
- Der Text kann in der Karte mit Ausnahme von Standlinientext sehr komfortabel plaziert und verschoben werden. Für den Text stehen 18 verschiedene Schriftarten in allen Buchstabenhöhen zur Verfügung. Damit kann auch ein Benutzer, der nicht mit Schablone und Tuschefüller umgehen kann, die Kartenbeschriftung sauber ausführen.
- Beim Auszeichnen auf dem Plotter kann der Maßstab der Karte beliebig verändert werden.
- Liegen die Daten digital vor, können sie durch geeignete Programme in andere Systeme eingelesen werden (z.B. Geographische Informationssysteme). AutoCAD bietet zwei Möglichkeiten an, Dateien auszutauschen.

Mit der vorhandenen Hardware wird die beste Ausgabequalität erreicht, wenn die Karten auf dem Trommelplotter mit Tuschestiften ausgezeichnet und anschließend in der Reproabteilung weiterverarbeitet werden. Falls erforderlich, können in der Reproabteilung auch Raster einkopiert werden. Eine Steigerung der Qualität der Karten bei Ausgabe auf dem Laserdrucker ließe sich nur durch eine höhere Punktauflösung des Druckers erreichen.

5. Zusammenfassung

Am Institut für Geographie, Lehrstuhl für Geographie und Geographische Fernerkundung stehen zwei CAD-Anlagen zur Herstellung von Karten zur Verfügung. Es wird die Eignung des PC-CAD Programms AutoCAD zur Herstellung von Karten aus LFC-Weltraumbildern untersucht. Die meisten der in der Kartographie notwendigen Prozeduren sind in dem Programm enthalten. Der Hauptnachteil des Systems ist, daß unregelmäßig begrenzte Flächen nur sehr umständlich mit einem Raster oder einer Schraffur gefüllt werden können. Schwierigkeiten bereitet auch das Zeichnen von komplizierteren Liniensignaturen entlang von Kurven, besonders dann, wenn sie auf dem Laserdrucker ausgegeben werden. Verwendet man Flächenraster steigt der Speicherplatz und damit die Zeit für den Bildschirmaufbau bei den Zoomfunktionen stark an. Der Hauptvorteil gegenüber konventionellen Auswertemethoden ist, daß die Karte beliebig oft geändert werden kann (z.B. nach Geländeuntersuchungen). Auch die Weiterverarbeitung und Verknüpfung mit anderen Computerprogrammen ist erst nach dem Digitalisieren möglich. Wichtiger als die Hard- unsd Software ist ein Benutzer, der die Regeln der Kartographie beherrscht.

6. Literatur

ARNBERGER, E. (1979): Die Bedeutung der Computerkartographie für Geographie und Kartographie.- Mitteilungen der Österreichischen Geographischen Gesellschaft, Bd. 121: S. 9-45.

BLAKEMORE, M. (Hrsg.) (1986): Proceedings Auto Carto London. Volume 1: Hardware Data Capture and Management Techniques.- London, 597 S.

BLAKEMORE, M. (Hrsg.) (1986): Proceedings Auto Carto London. Volume 2: Digital Mapping and Spatial Information Systems.- London, 565 S.

GÖPFERT, W. (1987): Raumbezogene Informationssysteme. Datenerfassung - Verarbeitung - Integration - Ausgabe auf der Grundlage digitaler Bild- und Kartenverarbeitung.- Karlsruhe.

MONMONIER, M. S. (1982): Computer-Assisted Cartographie. Principles and Prospects.- Englewood (Prentice-Hall).

SCHILCHER, M. (Hrsg.) (1986): CAD-Kartographie. Anwendungen in der Praxis.- München.

Large Format Camera Bildanalyse zur Kartierung von Landnutzungsmustern der Region Noale - Musone; Po-Ebene, Norditalien

H.-G. Gierloff-Emden

SUMMARY

A Large Format Camera photo from Space Shuttle Mission 41-G is evaluated monoscopically with regard to its applicability for the production and updating of topographical and thematical maps.

The photo is compared to maps with scales of 1 : 100.000, 1 : 50.000, and 1 : 25.000 with regard to the information content of point-shaped, line-shaped and areal features and dicrete map symbols. The minimum visible was determined by ground truth in the test area near Padova, Po river plain, Northern Italy.

Result: The LFC photo is suited for the updating of topographical maps with scales of 1 : 100.000 and 1 . 50.000 for selected purposes. It can be used for the thematical mapping of land use patterns in a scale of 1 : 25.000.

1. Allgemeine Bemerkungen

1.1 Geographische Lage und LFC-Bildumfang

Das Large Format Camera-Bild Nr. 1.285, Aufnahmedatum 12.10.1984 umfaßt ein Areal von ca. 175 km x 350 km der Po-Ebene, Norditalien.

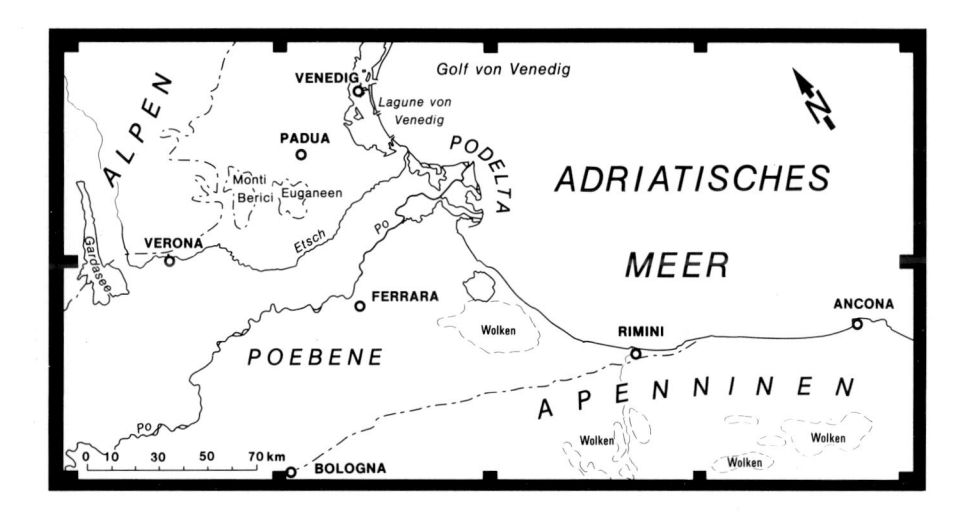

Fig. 1: LFC-Bildrandskizze Po-Ebene, Norditalien, mit Raum Padua, Po-Delta, Lagune von Venedig (vgl. Fig. 4 und 5);

1.2 LFC Po-Ebene, Norditalien: Bilddaten

(Space Shuttle Mission 5.-13.Oktober 1984)

Bildnummer	1.284 (NW-Frame)	1.285 (SO-Frame)
Koordinaten (Φ, λ) Bildmittelpunkt	45°10'N 12°17'E	44°49'N 13°10'E
Tag (d)	9.10.1984	9.10.1984
GMT (h,m,s)	11:24:51,833	11:34:38,997
MOZ (MLT)	12 h	12 h
Sonnenhöhe (h)	38,53°	39,02°
Sonnenazimut (a)	180°	180°
Flughöhe (H)	236,69	236,86
Bildmaßstab (m_b)	1 : 758.000	1 : 760.000
Längsüberdeckung	70%	70%
Bewölkung	10%	5%

Tab. 1: Bilddaten von LFC-Po-Ebene

1.3 Charakteristika des LFC-Films

- Film: Kodak 3.414 High definition Aerial (Neg.) Pan B/W (schwarz-weiß)
- Auflösung (nach EROS Data Center): High 800 l/mm; Low 250 l/mm
- Auflösung (nach Doyle, 1985 USGS): AWAR (Area Weighted Average Resolution): 90 lp/mm
- Auflösung nach Test an Objekt im Bild (nicht nach Norm-Test- Gitter) mit Optik Bausch & Lomb 10x und 16x und mit Optik 40x: 50 lp/mm; bei hohem Kontrast (~100:1) (Häuser gegen Wasser), bei niedrigem Kontrast (~20:1) ist die Auflösung 5x geringer.
- Das Korn der Emulsion erscheint bei einer Vergrößerung von 60x deutlich sichtbar.
- Schärfe: die Randschärfe der Konturen von Signaturen von Objekten ist sehr gut, auch bei Vergrößerung vom Filmpositiv mit optischen Instrumenten. Das ist bedingt durch "Forward Motion Compensation" des Films in der Kamera während der Belichtung in Abhängigkeit von der Fluggeschwindigkeit.
- Randschärfe: erhalten bis 16x Vergrößerung; Randschärfe: schwach diffus bei 32x Vergrößerung; Randschärfe: merklich diffus bei 40x Vergrößerung. Die Randschärfe ist wesentlich herabgesetzt bei photographischen Vergrößerungen auf Papier (Hardcopy), d.h. jede photographische Repräsentation liegt in der Qualität erheblich unter derjenigen Qualität, wie sie in dem vom USGS-NASA gelieferten Positivfilm vorhanden ist.
- Grauton: Grautonfrequenz wegen der Dichte der radiometrischen Signatur schwer meßbar. Im Meßbereich des Sixt-Densitometers (0- 3,5 Dichtestufen) ergibt sich für das Diapositiv der LFC-Aufnahme ein Dichteumfang von 0,21-1,55 - 1,34; hierbei gilt: 0,21=0%, 1,55=100%.

2. Bedingungen und Methode zur Bildanalyse

2.1 Faktoren und Einflußparamter

Bildmaterial (photographisch u. photogrammetrisch). Die Verwendung des LFC-Bildmittenteils, in dem sich die Testareale befinden, ermöglicht eine optimale Nutzung (minimale Verzerrung, maximale Ausleuchtung, Mitlichthälfte, d.h. maximaler Kontrast (MEIENBERG, 1966).

Terrestrische Bedingungen: Sonnenhöhe von 38°, d.h. gute Bedingung, Azimut von 180° gut auswertbar, jedoch Schatten bei Nordorientierung des Bildes vom Beobachter weggerichtet, d.h. geringer plastischer Eindruck.

Stereoeffekt: wegen Testgebiet in Form einer Ebene, kein Relief, keine hohen Bauten oder Vegetation, ergibt sich bedeutender Informationsgewinn.

Bildgeometrie: sehr gut, praktisch keine Verzerrung im Bereich der Testareale. Die Deckung mit topographischen Karten der IGMI der Vergleichsmaßstäbe nach UTM-System liegt im Rahmen der Zeichengenauigkeit. Eine Genauigkeit der Lage von 10 m bei 1 : 50.000 ist erfüllt. (Anforderungen nach KONECNY, 1985: +/- 15 m).

Vergrößerung v. LFC		Flächenformat v. LFC			LFC lp/mm*	TK lp/mm**	Verkleinerung von TK***	
LFC 1:760.000 m_b							Maßstab m_k	
(Realmaßstab)								
nom	1:800.000	22.9 cm	x	45.7 cm	80	10	1:800.000	x 1/32 m_k
x 2	1:400.000	45.8 cm	x	91.4 cm	40	10	1:400.000	x 1/16
x 4	1:200.000	91.6 cm	x	182.8 cm	20	10	1:200.000	x 1/8
x 8	1:100.000	183.2 cm	x	365.6 cm	10	10	1:100.000	x 1/4
x 16	1: 50.000	366.4 cm	x	731.2 cm	5	10	1: 50.000	x 1/2
x 32	1: 25.000	732.8 cm	x	1462.4 cm	2.5	10	1: 25.000	
Schärfe abnehmend							Schärfe gleich	

Tab. 2: Vergleich LFC-Bild vergrößert gegenüber topographischer Karte (TK) verkleinert bei verschiedenen Maßstäben. *LFC-Signatur, d.h. Informationsgehalt betreffend; ** TK-Folgemaßstäbe generalisiert; *** TK-Blattzahl abnehmend von ~400 im m_k 1 : 25.000 auf 1 im m_k 1 : 800.000 (für die Fläche von LFC). Es folgt aus * und **: im Maßstab

2.2 Methode der Bildanalyse

Vergleich von LFC-Bild mit topographischen Karten in der Maßstabsfolge 1 : 100.000, 1 : 50.000, 1 : 25.000 nach Objektkategorien: punktförmig, linienförmig, flächenhaft. Präsentation von Geländetests mit Standphotos zur Prüfung der Objekte in der Kartendarstellung und in der LFC-Aufnahme nach Parametern: Grauton (Skala), Konfiguration, Minimum Visible und dem Vergleich von LFC-Bild mit Luftbild.

- Geräte: Meßlupe 10x, 16x, Bausch & Lomb Binokular 10x, Interpretoskop 16x, Mikroskop 40x, Densitometer und Reprotechnik. Kartographie und Reprotechnik am Institut für Geographie LMU München.

- Im Vergleich von Maßstäben (LFC-Bild vergrößert und topographische Karte verkleinert) ergibt sich: bei 1:100.000 können lp/mm und Informationsgehalt gleich sein; bei 1 : 800.000 sind lp/mm und Informationsgehalt der LFC-Aufnahme größer; bei 1 : 25.000 sind lp/mm und mögliche Informationseinbringung in der Karte größer. Eine photographische Vergrößerung von mehr als das 4 - 8fache überschreitet die Einrichtung der meisten Reprokameras, eine Qualitätsminderung und ein Informationsverlust durch Mehrfach-Reproprozeß sind die Folge.

- Geländearbeit (ground check): die Geländearbeit wurde durchgeführt: 8 Tage, während der ersten Woche im November 1985, d.h. ein Jahr nach der Befliegung von LFC; bezüglich der Beleuchtungsverhältnisse jahreszeitlich gleich, bezüglich der Anbau- und Bearbeitungsphasen der agrarischen Nutzung einen Monat später (z.B. Ende der Reisernte: 15. Oktober), d.h. die radiometrische Differenzierung der Felder ist am 5. November geringer als am 5. Oktober. Es wurden 120 Örtlichkeiten mit Testobjekten aufgenommen (Fig. 13-18).

3. LFC-Orbital-Photographie im Vergleich zu anderen Fernerkundungssystemen

Relation der Skalen von Aufnahmemaßstab, Flächendeckung, Bodenauflösung von LFC im Vergleich zu MC-(Orbital) photographischen Aufnahmen und zu Luftaufnahmen CA und UHAP, sowie zu automatischen orbitalen multispektralen Sensorsystemen (Scanner und CCD). Es werden nur die geometrischen nicht die radiometrisch spektralen Verhältnisse berücksichtigt.

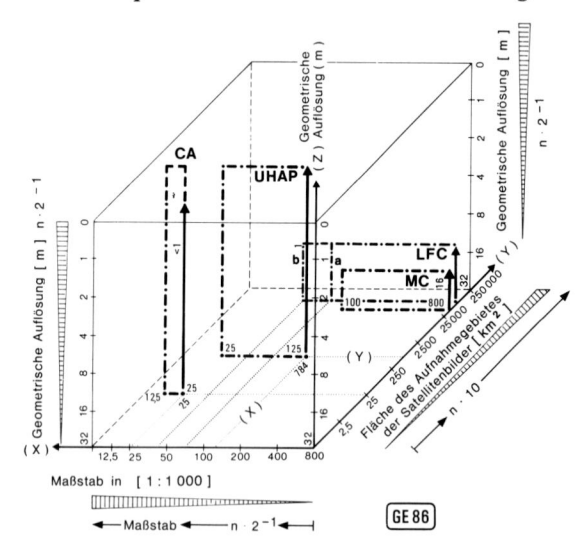

Fig. 2: Relation der Skalen von Aufnahmemaßstab, Flächendeckung und Bodenauflösung von LFC, MC, CA und UHAP (GIERLOFF-EMDEN, 1985).

Fig. 3: Relation der Skalen von Aufnahmemaßstab, Flächendeckung und Bodenauflösung von Landsat 4 MSS und TM, MOMS, SPOT (GIERLOFF-EMDEN, 1985).

Werte zur geometrischen Auflösung: nominelle Werte des Systems;
Werte zur kartographischen Verwendung: maßstäblich nach kartographischer Verwertbarkeit.
Parameter: Maßstab der Orginalaufnahme   Wiedergabe im Diagramm: x (horizontal)
             Fläche des Aufnahmegebietes   y (diagonal)
             Geometrische Auflösung des Systems   z (vertikal)

Die Zählung vom Koordinatenursprung aus ist unterschiedlich in den Abbildungen Fig. 2 und Fig. 3.

Für UHAP: Auflösung in der Abhängigkeit von der Brennweite

Für LFC: Verwendung für Kartenbearbeitung geschieht nach Zweck; a) 1 : 100.000, b) 1 : 50.000.

Es besteht noch eine Lücke in der Auflösung zwischen UHAP mit 2- 1m und LFC mit 10-5m (Fig. 8 und 9).

Der "Sprung" der Bodenauflösung nach Objekten von der Größenklasse 15-10m (Minimum Visible von MC und LFC) auf die Größenklasse 3m (UHAP) ist relevant, da hiermit die Möglichkeit der Interpretation und der Kartenherstellung im Maßstab 1 : 25.000 erreicht werden kann. Eine wesentliche Verbesserung der Informationsgewinnung bei UHAP, MC und LFC besteht im Stereoaufnahmesystem. Für eine eindeutige Identifikation von Objekten für die Kartenherstellung im Maßstab 1 : 50.000 und kleiner ist eine Auflösung am Boden von 5m erforderlich (KONECNY, 1985).

Der "Sprung" der Bodenauflösung nach Pixeln von der Größenklasse 30m auf die Größenklasse 20m ist nicht sehr relevant, da mit diesem Sprung der Auflösung keine wesentlich neuen Objektklassen der Erdoberfläche erfasst werden (z.B. Gebäude, Felder nach Landnutzung etc.).

Der Sprung zu Größenklassen von 10m Pixelgröße bei SPOT ermöglicht den Einsatz zur Nutzung für Karten im Maßstab = 1 : 50.000, thematisch auch 1 : 25.000. Für SPOT besteht als einziges orbitales Aufnahmesystem (Scanner, CCD) die Möglichkeit der Stereoauswertung.

System	Aufnahme-maßstab (gerundet)	Fläche des Aufnahmegebietes [km^2]	Geometr. Auflösung am Boden [m] nominal
CA: Conventional Aerophotography	1: 25.000	25	< 1m
UHAP: Ultra High Altitude Photography	1:125.000	784	1-5 m
MC: Metric Camera Aufnahme auf Space Shuttle	1:800.000	33856	10-20 m
LFC: Large Format Camera	1:760.000	61110	10-15 m

Tab. 3:

System	Aufnahme-maßstab (gerundet)	Fläche des Aufnahme gebietes [km^2]	Geometr. Auflösung am Boden [m] nominal
Landsat 4 MSS	1:800.000	34255	80
Landsat 4 TM	1:800.000	34255	30 (120)*
MOMS	1:800.000	10044	20
SPOT	1:400.000	3600	10 (20)**

Tab. 4:
* thermaler Bereich
** multispektraler Modus

4. Das Untersuchungsgebiet, geographisch

4.1 Die Landnutzungsmuster nördlich von Padua

In der oberitalienischen Poebene gibt es regional verbreitet einige regelmäßige Muster des Kulturlandes in Rechteckform, die nach Normen der römischen Landnahme des Zenturiatsystems vor 2.000 Jahren angelegt worden sind: die "Limitatio" oder "Centuratio" (Fig. 4a,b).

Dieses Muster der Kulturlandschaft ist im Satellitenbild des LFC (vom Space Shuttle 1984 aufgenommen) erkennbar und die LFC- Aufnahme ist zur Bearbeitung von topographischen Karten im Maßstab 1 : 50.000 mit anwendbar (Fig. 10 und 11).

Im LFC-Satellitenbild, Orginalformat, Maßstab 1 : 760.000, Fig. 5a, hat ein Zenturiat von 710m x 710m die Größe von 1mm.

"Die Limitation oder Zenturation war die bei den Etruskern und Römern übliche Methode, Stadt und Land durch ein System rechtwinklig sich schneidender Wege (Limites) in Quadrate (Zenturien) aufzuteilen, deren Seitenlänge im allgemeinen 20 actus = 2400 Fuß = 710m und deren Fläche 200 iugera = 100 altrömische Hufen = 100 Heredien = 400 actus = ungefähr 50 ha groß war." (KÜNZLER-BEHNCKE, 1961) Ein römischer Fuß = 0,296m. Ein actus = 120 römischer Fuß.

Eines der am besten erhaltenen Systeme, das des "Agro Patavino" liegt im Nordosten der Stadt Padua (Padova), ein Areal von etwa 12km x 12km umfassend. Sein Cardo maximus war offensichtlich die alte Via Aurelia. Sein Decumanus maximus war die noch heute "Desman" benannte Straße, die von San Giorgio delle Pertiche nach Südosten verläuft. Das System endet am Musone. Jenseits des Flusses läßt sich das Zenturiatsland von Altino erkennen, das neben einer anderen Richtung auch andere Maße aufweist: Padua besaß Zenturien von 20 x 20 actus, Altino Zenturien von 15 x 15 actus. (KÜNZLER-BEHNCKE, 1961). Die Desman ist markiert in Fig. 6 und Fig. 7. Diese Region nördlich von Padua, zwischen den Orten Camposampiero im Westen und Noale im Osten wird hiermit untersucht (Fig. 6,7,8,9,10,11). Die Rechteckmuster der Zenturiate sind nicht geometrisch nach Norden orientiert, sondern nach 15° rw von Norden als Kardinalrichtung (Cardo Maximus). Das heutige Straßennetz markiert im wesentlichen ein Landnutzungsmuster in Rechteckform, zumeist quadratisch mit Seitenlängen von 710m x 710m (Fig. 10). Diese Rechtecke sind innerhalb ihrer Fläche

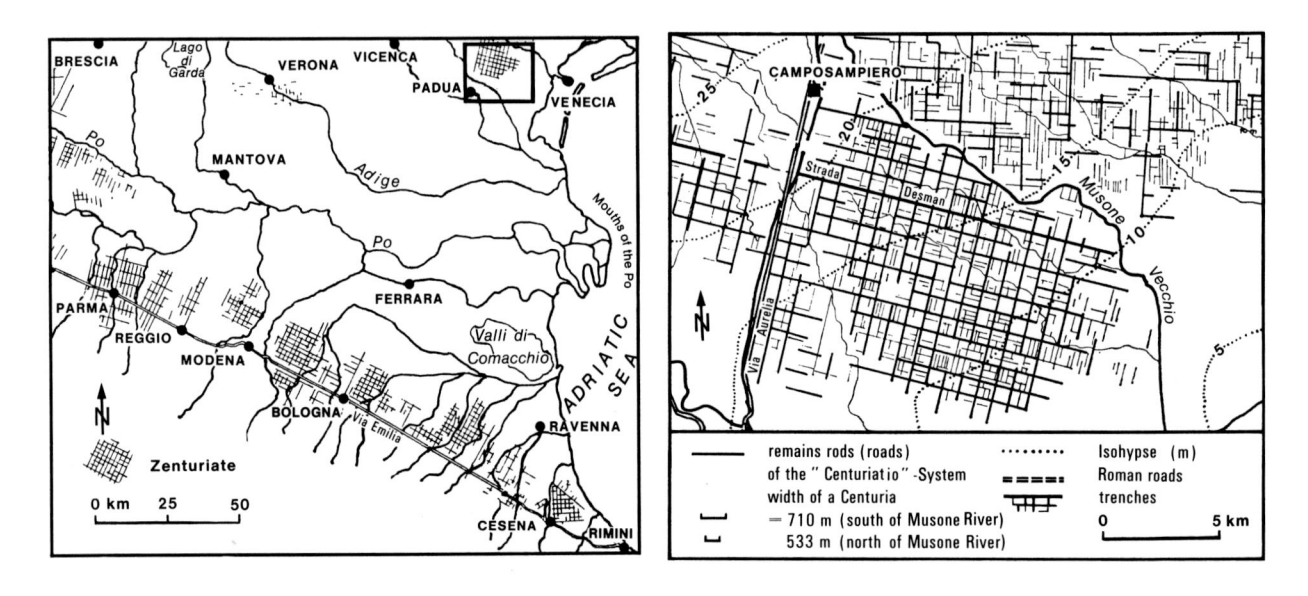

Fig. 4(a/b):Landnutzungsmuster (Zenturiate) in der Po-Ebene sowie Testregion am F.Musone Vecchio. (KÜNZLER-BEHNCKE, 1961)

rechtwinklig untergliedert durch Nebenstraßen, Feldwege, Kanäle, Gräben und Baumreihen in einem Muster mit der Größenordnung von 180m x 30m Seitenlänge. Reihensiedlungen, Einzelgehöfte und Kleinindustrie liegen an den Hauptstraßen, die zum großen Teil in Nutzungsstreifen, z.T. als schmale Parzellen unterteilt sind (Fig. 10). Es gibt außerdem Einzelgehöfte in den Fluren.

Die Außengliederung des Landnutzungsmusters ist sicher römischen Ursprungs (d.h. Rechtecke der Zenturiate von 710m x 710m).

Die Innengliederung weist Block- und Streifenfluren auf. Die kleinste Flächeneinheit der Römer betrug 120 x 120 Fuß, d.h. 35,5m x 35,5m, aus dem größere Nutzungsformen zusammengesetzt sein können (DONGUS, 1966).

Beide Einheiten sind noch im LFC-Bild erkennbar. Die heutige Flurgliederung in den Zenturien dürfte poströmischen Alters sein (DONGUS, 1966).

Das Untersuchungsgebiet wird vom Fluß "F.Musone Vecchio" von NW nach SO durchflossen, das Gefälle der alluvialen Ebene der Landoberfläche beträgt zwischen 25m über NN im Nordwesten bis zu 10m über NN im Südosten. Die Gestaltelemente der Landschaft (Straße und Kanäle) verlaufen mit der Kardinalrichtung diagonal zur Richtung des Gefälles der Landoberfläche auf den Fluß Musone zu (Fig. 10). Die Höhenkoten sind in den topographischen Karten 1 : 100.000, 1 : 50.000, 1 : 25.000 enthalten.

Diese Anordnung ist durch die Anlage und Funktion des Kanal- und Grabennetzes bedingt (Fig. 12). Parallel zum Fluß erstreckt sich ein Streifen ohne Zenturiatseinteilung, das ehemalige Überschwemmungsland am Fluß: "ager exeptus" (Fig. 8,9,10,11). Der Musone-Fluß wurde später eingedeicht.
Das Zenturiatsland weist heute gemischte Eigentums- und Pachtverhältnisse auf, so daß Flächengrenzen des Agrarlandes durch Anbaugrenzen markiert sind. Der Anbau umfaßt Futterpflanzen, Klee, Luzerne, Mais, Reis, Getreide, Gemüse, Obstkulturen. (LEHMANN, 1961 und UPMEIER, 1981). In der Nutzung zeigen sich im Parzellengefüge streifenförmige Fluren an von 20m x 130m und 30m x 180m Ausmaß, was im Luftbild (Fig. 8) und im LFC-Satellitenbild (Fig. 9) erkennbar ist, nicht jedoch in den topographischen Karten (Fig. 11). Die Entstehung dieser Parzellenkomplexe wird nicht zwingend aus römischer Zeit, sondern aus späterer Zeit abgeleitet. (DONGUS, 1966)
Das Untersuchungsgebiet liegt im Mittelstreifen des LFC-Bildes. Es ist in den Maßstäben von Karten zwischen 1 : 50.000 und 1 : 200.000 verzerrungsfrei abgebildet (Fig. 7).

4.2 Die LFC-Aufnahme Po-Ebene und die Testareale

Fig. 5a FC-Aufnahme Po-Ebene (allgemeine Angaben): Geographische Koordinaten: O 44° 49'N, 13° 10'E; Space Shuttle Mission NASA 41-G; Datum: 9. Oktober 1984; Bildnummer: 1.285; Flughöhe: 236,86 km; GMT: 11 24 34,997; MOZ: 11 54; Sonnenazimut: ~180°; Sonnenhöhe: 39,02°; Bildmaßstab (verkleinert): 1 : 2.188.000 = 1:2,2 Mio.

Fig. 5b: LFC-Aufnahme, Ausschnitt im Orginalmaßstab 1 : 760.000 mit Testgebieten. Der Ausschnitt befindet sich im mittleren Teil des LFC-Rahmens und repräsentiert die obere nordöstliche Bildhälfte. Er liegt in der Mittelseite der Aufnahme. Im vorliegenden Maßstab 1 : 760.000 entsprechen die Zenturiate (710m x 710m) = 1mm x 1mm im Bild. Fig. 5b stellt die nördliche Hälfte von 1/4 LFC-Szene dar.

5. Vergleich der LFC-Aufnahme mit topographischen Karten, Luftbild und Standphotos

5.1 Vergleich LFC-Bildausschnitt mit topographischer Karte im Maßstab 1 : 100.000

LFC-Photovergrößerung, Papierkopie von Bildorginal 1 : 760. 000 auf 1 : 100.000 = 7,6-fach, Größenordnung 2^4fach;
Ausschnitt: Testgebiet (Fig. 6).
Minimum Visible nach Ground Truth (vgl. Fig. 10,11,12).

- Punktförmige Signaturen (Singularitäten);
  Häuser: einzeln erkennbar in Größen von H 10m;
  Objektausmaß: 8 x 15m, Signatur 0,1 - 0,2mm, real ~ 10 x 20m;
  Lokalisierung: real, lagetreu;
  Erkennbarkeit: variabel, abhängig vom Kontrast;
  als Agglomeration: Siedlungen;
  Erkennbarkeit in schwachem Kontrast gegen Straßen, gegen Plätze nicht im Grauton abgrenzbar, Siedlungen als Agglomeration flächentreu, aktuell.
- Linienförmige Signaturen, Breiten real;
  Straßen: Signatur variabel vom Kontrast, unscharf;
  Objektbreite > 7m, Signatur 0,15mm, real ~ 15m
  Objektbreite < 7m, Signatur 0,1mm, real ~ 10m
  Objektbreite < 5m, Signatur nicht erkennbar;
  Eisenbahn: Signatur mit Damm;
  Signaturbreite 0,15mm, real ~ 15m;
  Flüsse: Signatur variabel vom Kontrast; Beispiel F.Musone V. unscharf;
  Signaturbreite 0,2mm, real ~ 20m;
  Kanäle: Signatur variabel zum Kontrast;
  Objektbreite > 10m, Signatur 0,1mm, real ~ 10m;
  Objektbreite < 10m, nicht erkennbar;
- Flächenhafte Signaturen:
  Großgliederung in Zenturiate = 710 x 710m, (südlich des F.Musone V.) (durch Straßen oder durch Straßen mit Siedlungen und Landnutzungsmuster markiert;
  Kleingliederung: agrarische Nutzung, Felder, Länge 130m, Breite bis zu 30m: erkennbar, variabel vom Kontrast;
  kleine Felder, Länge bis zu 30m, Breite bis zu 10m;
  Objekt: 30 x 10m, Signatur 0,3 x 0,1mm, real 30m x 10m;
  Erkennbarkeit abhängig vom Kontrast;
  Unterteilung in kleinere Kanäle: nicht erkennbar.
- Klassifikation der komplexen Information;
  Funktion aktuell, aber in Abhängigkeit vom Grauton nicht eindeutig; Dauerkulturen nicht differenzierbar.
- Namengut nicht vorhanden;
  sehr schwierige Orientierung und Lokalisierung.

Karte 1 : 100.000 (Schwarzweiß-Kopie, Verkleinerung von Karte 1 : 50.000);
Ausschnitt: Testgebiet NW von Padua (Fig. 7).
Minimum Visible nach Ground Truth (vgl. Fig. 10,11,12).

- Punktförmige Signaturen (Singularitäten);
  Häuser generalsiert, als Rechtecke zu groß;
  Objektmaß: 8 x 15m, Signatur 0,2 - 0,4mm, real 20 x 40m.
  Lokalisierung: generalisiert, lage- bis raumtreu;
  Erkennbarkeit: sicher, da gleichmäßig in hohem Kontrast;
  Erkennbarkeit durch Freistellung gegen Straßen, gegen Plätze abgrenzbar, Siedlungen als Agglomeration generalisiert, nicht aktuell.

- Linienförmige Signaturen, Breite überzeichnet;
  Straßen: Signatur in hohem Kontrast, farbig, scharf;
  Objektbreite > 7m, Signatur 0,3mm, real ~ 50m
  Objektbreite 3,5m - 7m, Signatur 0,15mm, real ~ 30m

  Eisenbahn: Signatur nach +/- Damm und Spuren;
  Signaturbereite 0,2mm, real ~ 20m;
  Flüsse: Signatur in hohem Kontrast, farbig; Beispiel F. Musone V. überzeichnet, scharf;
  Signaturbreite 0,4mm-0,5mm, real ~ 40m-50m;
  Kanäle: Signatur farbig oder schwarz, überbreit;
  Objekt > 15m, Signatur 0,5mm, real ~ 50m;
  Objekt < 10m, Signatur 0,1mm, real ~ 50m;

- Flächenhafte Signaturen:
  Großgliederung in Zenturiate = 710m x 710m durch Straßen in überbreiter Signatur markiert, daher Innenmaß durch Verdrängung 685 x 685m;
  Kleingliederung: agrarische Nutzung, Felder, Länge 130m, Breite bis zu 30m: nicht gekennzeichnet;
  kleine Felder: Länge bis zu 30m, Breite bis zu 10m;
  Objekt 30 x 10m, nicht als Signatur vorhanden;
  Unterteilung in kleine Kanäle: erkennbar durch Signatur;

- Klassifikation der komplexen Information;
  Funktion nicht aktuell, z.T. nicht gekennzeichnet, jedoch Dauerkulturen als Signaturen.
- Namengut: vorhanden;
  gute Orientierung und Lokalisierung.

Fig. 6: Bildausschnitt von LFC-Aufnahme Nr. 1.285 Po-Ebene zwischen Camposampiero und Noale mit Testareal am Fluß "F. Musone Vecchio", Maßstab 1 : 100.000, 7,5-fach vergrößert. Die Größe der rechteckigen Landnutzungsmuster beträgt 710m x 710m, dem entsprechen 7,1mm x 7,1mm.

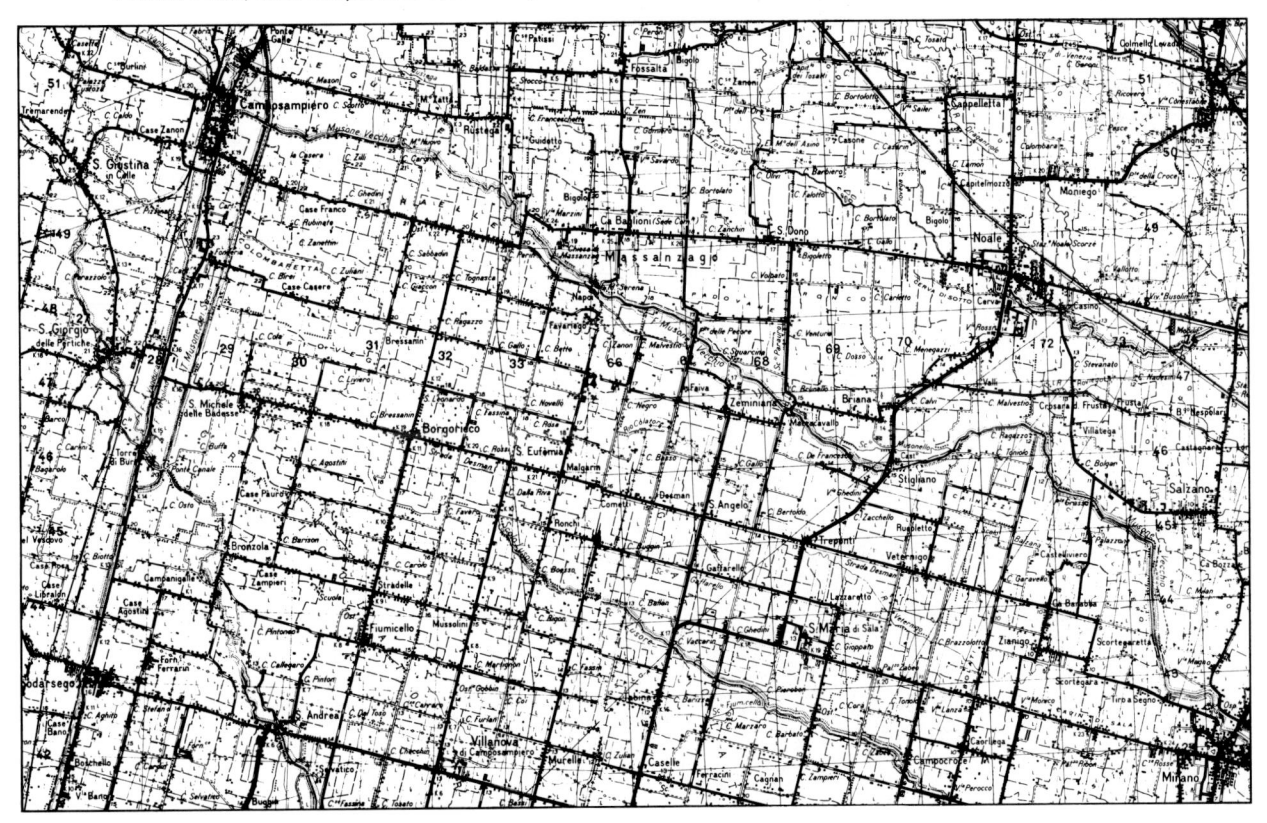

Fig. 7: Ausschnitt von Carte d'Italia 1 : 50.000, Fo.No. 126 Padova, Edit. 1972; Ausschnitt von Carte d'Italia 1 : 50.000, Fo.No. 127 Mestre, Edit. 1970; die Kartenausschnitte wurden auf 1 : 100.000 verkleinert und schwarzweiß reproduziert.

5.2 Vergleich LFC-Bildausschnitt mit Luftbild im Maßstab 1: 50.000

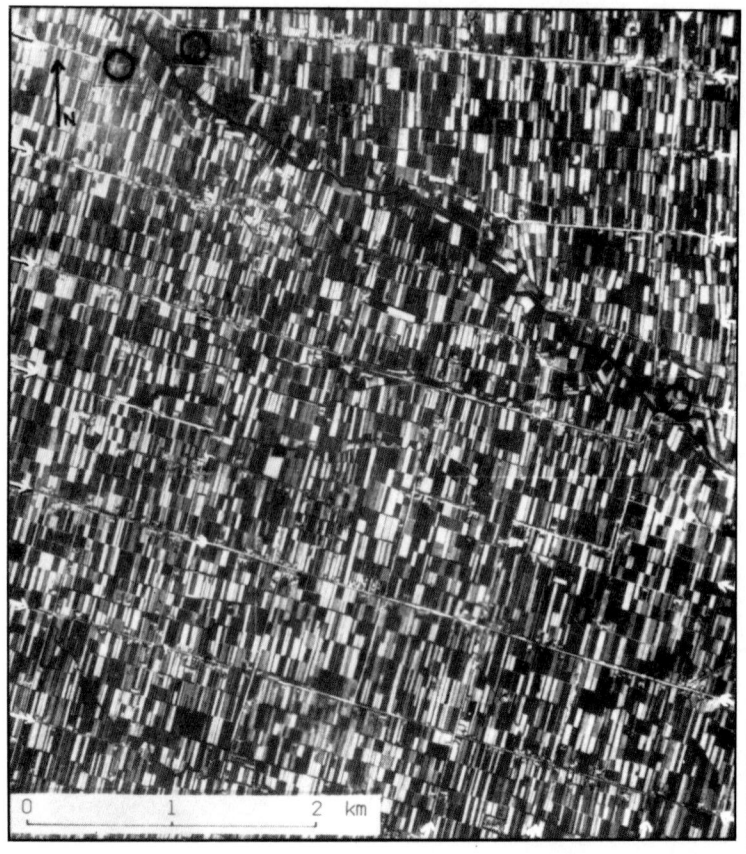

Fig. 8: Luftbild im Maßstab 1 : 50.000; Region : Zenturiate am Fluß Musone Vecchio; Sommer 1960. Test in 1 : 25. 000.

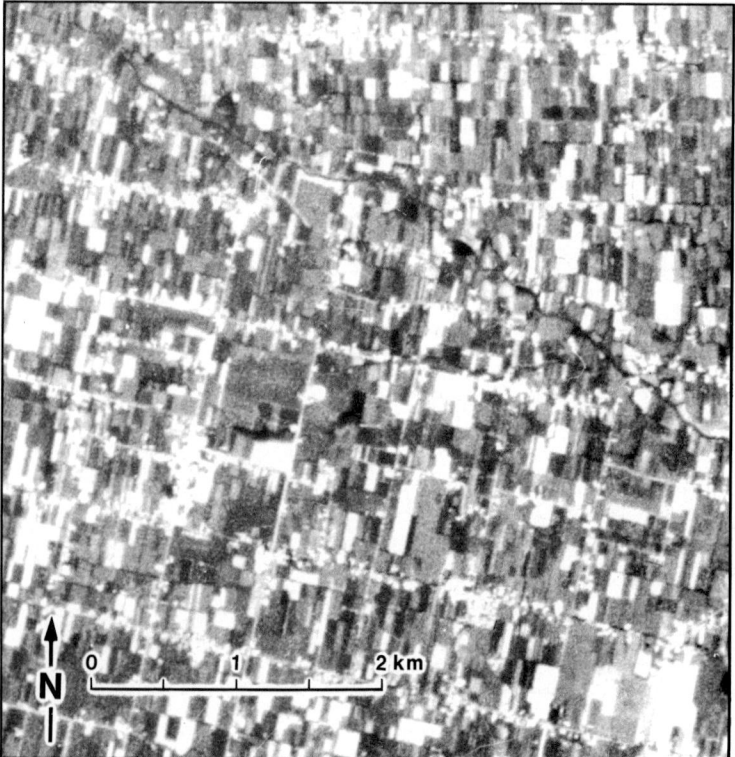

Fig. 9: LFC-Photographieausschnitt, vergößert auf 1 : 50.000 (- 16-fach); Region zwischen Camposampiero und Noale am Fluß Musone Vecchio; Oktober 1984.

Objekt	Signatur radiometrisch/ geometrisch	Aktualität 1960
Straße Häuser	weiß scharf wie Feldklasse	
Landnutzung Feldfläche	5 Stufen breite Grautonskala gut differenziert scharf	kleinere Einheiten als 1985
Straße	S-Richtg. deutlich diff. WO-Richtg. NS: 0.2 mm WO: 0.3 mm	
Fluß	dunkelgrün keine eigene Signatur mäßig nach Kontur differenziert.	
Landnutzung Feldflächenmuster im Zenturiat	100 Einheiten Signalfrequenz höher als LFC 100 Einh..	
Industriefläche	hell; nicht diff. gegen Straßen und Häuser keine Identifikaion	
Großmuster Zenturiat	breite Skala deutlich gestuft gut ausmeßbar	
Großmuster Zenturiat	schmale Skala deutlich gestuft mäßig ausmeßbar	
Objekt	Signatur radiomatrisch/ geometrisch	Aktualität 1984
Straße Häuser Landnutzung Feldfläche	weiß wie unscharf Feldklasse 4-5 Stufen schmale Skala, wenig differenziert Rand z.T. unscharf weiß bis grau wenig diff. NS: 0.25 mm. WO: 0.30 mm schlecht	Zunahme im Vergleich zu 1960 größere Einheiten im Vergleich zu 1960
Straße		
Fluß	dunkel keine eigene Signatur 40-50 Einheiten Signalfrequenz niedriger als im Luftbild 40-50 Einh.	
Landnutzung, Feldflächenmuster im Zenturiat		
Industriefläche	sehr hell, mehrdeutig keine Identif.	

Resultat: Im Vergleich von LFC-Photographie zum Luftbild im Hinblick auf die Verwendung zur Kartierung im Maßstab 1:50.000 ist die Qualität des Luftbildes in diesem Maßstab besser als die der LFC-Photographie. (Fig. 8 u.9)

5.3 Vergleich LFC-Bildausschnitt mit topographischer Karte im Maßstab 1 : 50.000

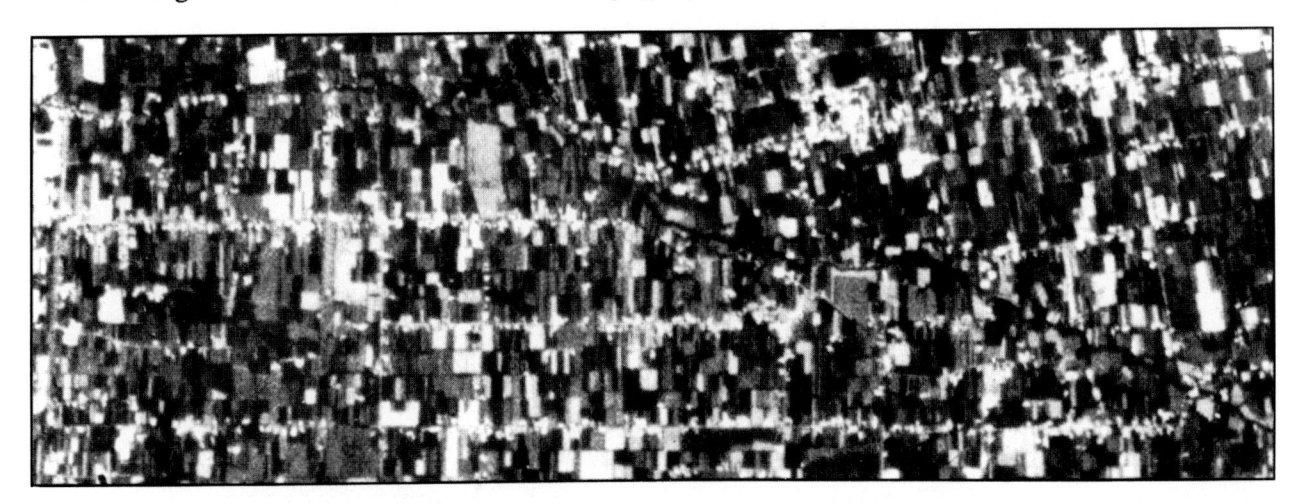

Fig. 10: LFC-Bildvergrößerung von Ausgangsmaßstab 1 : 760.000 auf 1 : 50.000 = 15-fach ~ 2^4fach. Ausschnitt zwischen Camposampiero (linker Rand) und Zeminiana (rechter Rand); Testregion: F. Musone Vecchio (vgl. Fig. 6 und 9), Größe des Landnutzungsmusters 710m x 710m, hier im Bild 14,2cm x 14,2cm.

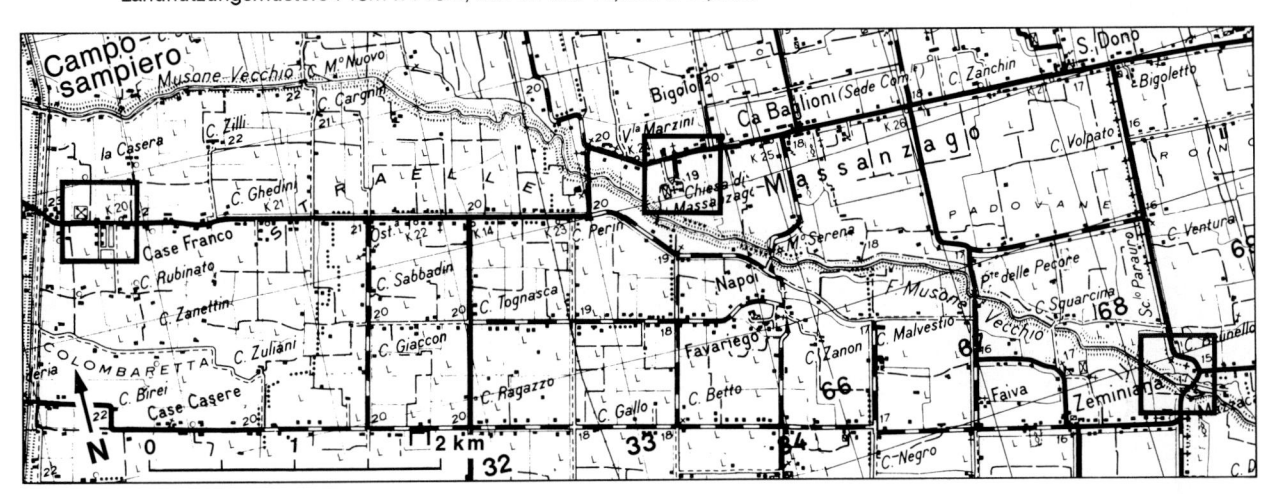

Fig. 11: Topographische Karte 1 : 50.000, Fo.No. 126, Edit. 1972 IGMI, Reproduktion schwarzweiß; Größe des Landnutzungsmusters der Zenturiate 710m x 719m hier in der Karte 1,4m x 1,4m; Testareale und Bodenstandphotos (Fig. 13b bis 18b)

LFC (1:50.000) Signaturen mit Unschärferand		Signatur + Form	Objekt Größe (real)		Karte 1:50.000 Signaturen in Übergröße	
gemessen	ca. Größe n. LFC-Bild	punktförmig			gemessen	ca. Größe
0.3 mm x 0.3 mm	ca. 15 m		Häuser		0.4mm x 0.4mm	ca. 20 m x 20 m
0.4 mm x 0.4 mm	ca. 20 m		8 m x 8 m bis		0.5mm x 0.5mm	ca. 25 m x 25 m
Lokalisierung: Lage, Form, Schärfe, Kontrast			10 m x 10 m		Lokalisierung wegen Freistellung	
0.25 mm	ca. 12.5 m	linienförmig	Straße	5 m	0.8 mm	ca. 40 m
0.40 mm	ca. 20.0 m		Fluß	10m-15m	0.4 mm	ca. 20 m
unsicher zum größten Teil nicht erkennbar			Kanal	5 m	0.1 mm	ca. 5 m
14.2 mm	ca. 710 m	flächenförmig	Zentruriatsfelder südl. F. Musone			
3.4 mm x 0.5 mm	ca. 170 m x 25 m		F. Musone V.	710 m x 710 m	13.5 mm	ca. 685 m
1.0 mm x 0.2 mm	ca. 50 m x 10 m		gr. Felder	150 m x 30 m	nicht eingetragen	
			kl. Felder	50 m x 10 m		

Fig. 12: Streifentest ausgewählter Signaturen von LFC-Bild und topographischer Karte; LFC-Bild vergrößert auf 1 : 50.000 (Fig. 10), topographische Karte 1 : 50.000 (Fig. 11).
* Messungen in LFC-Aufnahme bei photographischer Vergrößerung mit Fehlerwerten bis zu 15% wegen Unschärfe.

5.4 Bodentestareale in topographischer Karte, LFC-Bildausschnitte 1 : 25.000 und Standphotos (GE 1.Nov.1985, 12h MOZ)

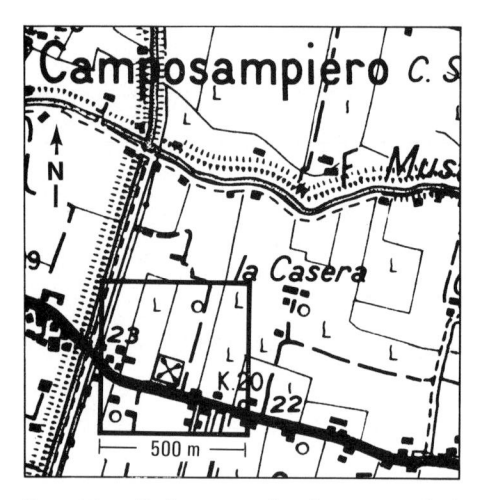

Fig. 13a: Bodentestareale Camposampiero Kartenausschnitt in 1 : 25.000 (vergrößert von topographischer Karte 1 : 50.000); Objekte: Friedhof, Signatur und Straße östl. des Friedhofes (vgl. Fig. 6).

Fig. 13b: Bodendimension FLÄCHE; Objekt: Friedhof 100m x 150m; im LFC-Bild erkennbar als weißes Rechteck 2mm x 3mm keine Auflösung in der Fläche, da kein Kontrast, nicht identifizierbar.

Fig. 14a: Bodentestareal Camposampiero LFC-Bildvergrößerung in 1 : 25.000; Vergrößerung nominal 32-fach.

Fig. 14b: Bodentestdimension LINIE; Objekt: Straße, Breite 8m; im LFC-Bild nicht erkennbar, da kein Kontrast zum anliegenden Freidhof, radiometrisch nicht differenziert.

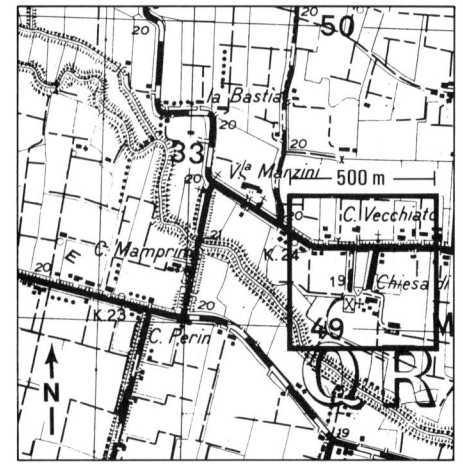

Fig. 15a: Bodentestareale Chiesa di Massanzago am F. Musone Vecchio 5 km östlich von Camposampiro topographische Karte 1 : 25.000; Objekt: Kirche, Friedhof: Signatur (vgl. Fig. 6).

Fig. 15b: Bodendimension PUNKT; Objekt: Gebäude, Kirche "Chesia" 20m lang, Anbauten 30m lang; im LFC-Bild Gebäude erkennbar als weißer Fleck, nicht identifizierbar, kein Kontrast zu Friedhof und zu anliegender Straße.

Fig. 16a: Chiesa di Massanzago LFC-Ausschnitt 1 : 25.000; Vergrößerung nominal 32-fach.

Fig. 16b: Bodentestdimension FLÄCHE; Objekt: Feld 50m x 100m. Im LFC-Bild erkennbar als grauer Fleck, nicht identifizierbar, Bodentest Maisfeld.

Fig. 17a: Bodentestareal Mazzacavallo bei Zeminiana topographische Karte 1 : 25.000; Objekt: Fluß, Gebäude (vgl. Fig. 6).

Fig. 17b: Bodentestdimension LINIE; Objekt: Fluß, Breite 10m, im LFC-Bild erkennbar als dunkle Linie, nicht identifizierbar; Randbereich der Uferböschung radiometrisch wenig differenziert.

Fig. 18a: Bodentestareale Mazzacavallo bei Zeminiana, LFC- Bildausschnitt 1 : 25.000, Vergrößerung nominal 32-fach.

Fig. 18b: Bodentestdimension PUNKT; Objekt: Gebäude, Länge 30m, im LFC-Bild erkennbar als weißer Fleck. Konfiguration vermischt mit Hof und Straße, radiometrisch nicht differenziert, Brücke nicht erkennbar.

6. Ergebnis: die Anwendungsmöglichkeiten von LFC

Beurteilung des LFC-Bildes nach dieser Bildanalyse als Einzelbildauswertung. Das LFC-Orbital-Aufnahmesystem setzt neue Dimensionen zur Herstellung von Karten. Wegen des sehr guten geometrischen Auflösungsvermögens und der sehr guten Abbildungsschärfe wird eine Kartierung von Teilen der Erdoberfläche ohne Generalisierung direkt möglich. Die geometrischen Verhältnisse der Lage sind sehr gut und erfüllen die Ansprüche auch topographischer Kartographie.

Es gibt jedoch Grenzen der Anwendung.

Bildanalyse und Maßstabsfolge:
Die notwendigen Vergrößerungen der LFC-Bildszene erfordern eine sehr große photographische Abbildungsfläche, wobei gewisse Schwierigkeiten entstehen bezüglich des vermeidbaren Informationsverlustes durch den Reproduktionsvorgang.

Beim Ausgangsmaßstab von nominal 1 : 800.000 gilt:

1:800.000	1x	Fläche	0,22 m	x	0,44 m
1:400.000	2x	Fläche	0,44 m	x	0,88 m
1:200.000	4x	Fläche	0,88 m	x	1,76 m
1:100.000	8x	Fläche	1,76 m	x	3,52 m
1: 50.000	16x	Fläche	3,52 m	x	7,00 m
1: 25.000	32x	Fläche	7,00 m	x	14,00 m

Tab. 5: Formate der LFC-Aufnahme bei Vergrößerung.

Die Bildanalyse in Form eines Vergleiches LFC-Bild/Luftbild ergibt, daß wegen der besseren radiometrischen und der besseren geometrischen Auflösung, eine Identifikation von Objekten in Luftbildern mit geringerem Arbeitsaufwand verbunden ist, d.h. es sind für die Nutzung von FLC-Aufnahmen längere Geländearbeiten notwendig.

Bildanalyse mit Bodentest (Ground Check) erfordert sehr hohen Aufwand zur Identifikation von Objekten. Für eine Fläche entsprechend dem Blattschnitt einer topographischen Karte 1 : 100.000 sind etwa 8 Arbeitstage notwendig; d.h. für eine ganze LFC-Szene von 222km x 444km wären bei einem Blattschnittt von 50 km x 50 km
- 4,5 x 8,5 Blätter und damit 8 x 40 Tage = 320 Tage ~ 1 Mannjahr notwendig;

der Arbeitsaufwand wird erhöht durch: schwierige Orientierung, fehlendes Namengut.

1: 1000.000	(IWK) Informationsgewinn und Lagekorrektur von Diskreta
1: 200.000	Großmuster real ohne Generalisierung
1: 100.000	Großmuster real ohne Generalisierung
1: 50.000	(Updating) Laufendhaltung
1: 25.000	Zusatzinformation zur Musterauswertung für thematische Karten

Tab. 6: Anwendungsmöglichkeiten von LFC-Bildern für thematische Karten.

Weitere Anwendungsmöglichkeiten:

- Großmaßstäblich: Aktualität (Erfassung eines Zustandes, z.B. Straßennetz, Landnutzungsmuster);
- Feinstrichkarte: neue Anwendungsmöglichkeit zur Erstellung einer lagetreuen Karte (ohne Verwendung von Signaturen mit Verdrängung) der topographischen Karten für wissenschaftliche und Planungszwecke;
- Bildkarte: bedingt geeignet wegen z.T. geringer radiometrischer Auflösung;
- Orthophotokarte: gut geeignet im Maßstab 1 : 100.000;
- Atlaskarte: geeignet zur Darstellung der Situation (Lage) im Grundriß und wegen Informationsgewinn.

7. Literatur

COLVOCORESSES, A.P. (1979): Effektive Resolution Element (ERE) of Remote Sensors; Memorandum for Record, Feb. 8, United States Department of Interior, Geologic Survey, Reston Virginia.

DONGUS, H. (1966): Die Agrarlandschaft der östlichen Po-Ebene; Tübinger Geographische Studien, Sonderband 2, Tübingen, 308 S.

DOYLE, F.D. (1985): The Large Format Camera on Space Shuttle Mission 41-G; Photogr. Engineering and Remote Sensing, Bd. 51, Falls Church, Virginia, S.200.

ENGEL, H., KONECNY, G. et al. (1984): Investigation of Metric Camera Quality; Int. Archiv of Photogrammetry and Remote Sensing, Vol. XXV.

GIERLOFF-EMDEN, H.-G. (1985): Über die Herstellung topographischer und thematischer Karten aus Hochbefliegungen; Bildmessung und Luftbildwesen, Bd. 54, H. 2, Karlsruhe, S.86-92.

GIERLOFF-EMDEN, H.-G., DIETZ, K.R. (1983): Auswertung von High Altitude Photography (HAP); Münchner Geographische Abhandlungen, Bd. 32, München, 106 S.

GIERLOFF-EMDEN, H.-G., DIETZ, K.R., HALM, K. (eds.) (1985): Geographische Bildanalysen von Metric Camera Aufnahmen des Space Shuttle Fluges STS-9; Münchener Geographische Abhandlungen, Bd. 33, München, 164 S.

KELNHOFER, F. (1985): Orthophotokarte aus metrischen Weltraumbildern; Mitt. der Österr. Geogr. Gesellschaft, Bd. 127, Wien, S.119-138.

KONECNY, G. (1984): The Photogrammetric Camera Experiment on Spacelab 1; Bildmessung und Luftbildwesen, Bd. 52, Karlsruhe, S.195-200.

KREMLING, H. (1970): Die Beziehungsgrundlage in thematischen Karten in ihr Karten in ihrem Verhältnis zum Kartengegenstand; Münchener Geographische Abhandlungen, Bd. 2., München, 128 S.

KÜNZLER-BEHNCKE, R. (1961): Das Zenturiatssystem in der Po- Ebene; Frankfurter Geographische Hefte, Bd. 37, Frankfurt, S.159.

LEHMANN, H. (1961): Das Landschaftsgefüge der Padania; Frankfurter Geographische Hefte, Bd. 37, Frankfurt, S.87.

LOHMANN, P. (1985): Digital Processing of Metric Camera Imagery; Proceedings of a joint DFVLR-ESA Workshop Oberpfaffenhofen, 11.Feb., ESA SP-209, Paris, S.141-152.

MEIENBERG, P. (1966): Die Landnutzungskartierung nach Pan-, Infrarot- und Farbluftbildern; Münchner Studien zur Sozial- und Wirtschaftsgeographie, Bd. 1, München, 133 S.

SCHLARB, A.(1961): Morphologische Studien in den Euganeen; Frankfurter Geographische Studien, Bd. 7, S.171-199.

SCHRÖDER, M., SCHUHR, W., SCHÜRING, A. (1985): Linemapping and Resolution Tests with Metric Camera Data; ESA SP-209, S.87-93.

UPMEIER, H. (1981): Der Agrarwirtschaftsraum der Po-Ebene; Tübinger Geographische Studien, H. 82, Tübingen, 280 S.

Vorbemerkungen zum Kartierungsraum "Po-Delta"

Harald Mehl und Werner Stolz

SUMMARY

This chapter provides some information about the study area Po-Delta. The first part shows the location of the scenes of the photographs and describes the weather conditions during the last days before the data acquisition, which differed considerably in the area of the LFC photos. In the lee of the Apennin mountains, the situation was characterized by occasional precipitation and high temperatures ($> 27^\circ$ C). In the north, at the foot of the Alpes, heavy rainfalls together with low temperatures ($< 20^\circ$ C) were prevailing. During the acquisition of the photos, the study area was practically cloud free. The second part summarizes the historical development of the cultural landscape, which is based on the natural units according to DONGUS (1966).

Fig. 1: Large Format Camera (LFC) - Aufnahme 1285 mit dem Po-Delta im Zentrum (verkleinert).

1. Technische Daten

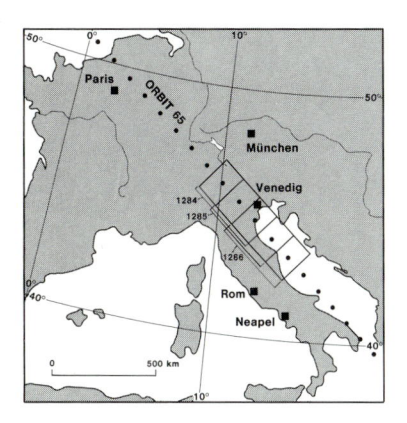

Fig. 2:
Szenen der LFC-Aufnahmen 1284, 1285, 1286

Bild-Nr.	Film	Bewölkung	Geogr. Koordinaten	Tag	GMT	Höhe [km]	Überlappung	Sonnenhöhe
1284	Kodak 3414 B&W	10 %	45°10' N 12°01' E	9.10.	11:34:38,997	236.86	70 %	38.53°
1285	3414 B&W	10 %	44°49' N 13°10' E	9.10.	11:24:51,833	236.69	70 %	39.02°
1286	3414 B&W	10 %	43°53' N 14°02' E	9.10.	11:25:05,675	236.51	70 %	39.49°
Auflösung nach EROS Data Center betrug: High 800 l/mm; Low 250 l/mm; nach DOYLE:: 90 lp/mm AWAR								

Tab. 1: LFC-Bilddaten für den Bereich Nord-Italien vom 5. bis 13. Oktober 1984

2. Witterungsverhältnisse zum LFC-Aufnahmezeitpunkt

Der Aufnahmezeitpunkt des LFC-Bildmaterials Norditalien fällt in die Übergangsphase vom trockenen und heißen Sommerwetter zum feuchtkühlen Winterwetter. In dieser Phase dehnt sich die Westwindzone der gemäßigten Breiten allmählich auf das ganze Mittelmeer aus. Dann wechseln Tiefdruckgebiete, die entweder über die wenigen Durchlässe (Südfrankreich, Südspanien, Straße von Gibraltar) vom Atlantik hereinziehen, oder als selbständige Druckgebilde über dem Mittelmeer entstehen, mit ruhigen und freundlichen Hochdrucklagen. Durch die starke orographische Gliederung kann es zu regional unterschiedlichen Witterungsverläufen kommen.

Ähnlich war auch der Witterungsverlauf in den Tagen vor der Aufnahme des LFC-Bildmaterials. Seit Mitte September ziehen wiederholt Tiefdruckgebiete mit Gewittern und Niederschlagsfeldern über das Aufnahmegebiet hinweg. Sie bringen auf ihrer Vorderseite oft sehr warme Luftmassen, die im weiteren Verlauf von Westen her durch kühle Luftmassen abgelöst werden. Bezüglich der Temperatur- und Niederschlagswerte (Fig. 3 u. 5) zeigen sich im Aufnahmegebiet deutliche regionale Differenzierungen. In den letzten Tagen vor der Aufnahme liegt der südliche Teil auf der Vorderseite eines Tiefdruckgebietes unter dem Einfluß warmer Luftmassen mit Temperaturen um 27°C, die in Lee des Apennin föhnige Aufheiterungen und geringe Niederschläge verursachen. Nördlich der Luftmassengrenze fallen die Temperaturen unter 20°C und es kommt zu ergiebigen Niederschlägen im Staubereich der Alpen. Mit dem Durchzug des Tiefs hebt sich der Temperaturgegensatz wieder auf, es kommt zu schauerartigen Niederschlägen, die diesmal im Stau des Apennin ergiebiger ausfallen. Am 9.10.84, dem Aufnahmedatum, dehnt sich vom Balkan her ein Hochdruckgebiet bis in den Adriabereich aus, und schafft wolkenarme, niederschlagsfreie Aufnahmebedingungen (Fig. 1 u. 4).

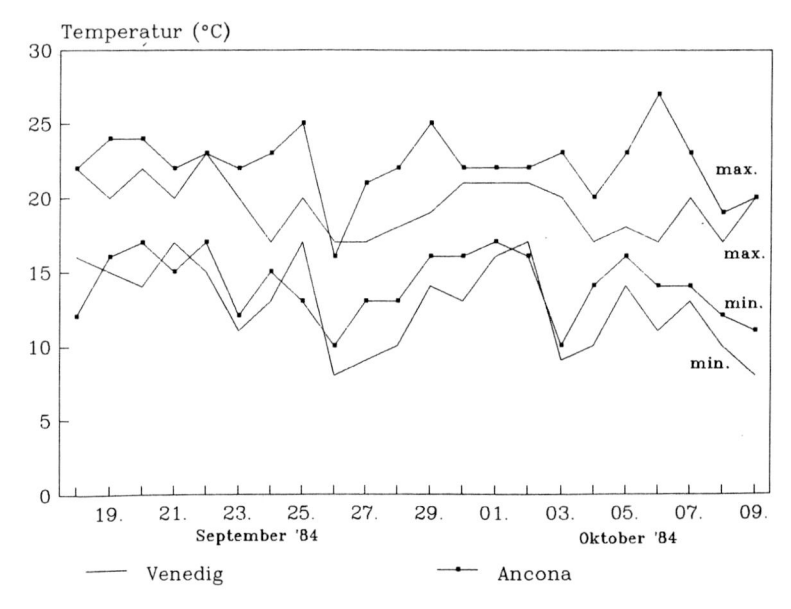

Fig. 3: Temperaturverlauf im Aufnahmegebiet

Fig. 4: METEOSAT - Aufnahme vom 9.10.1984 11:00 GMT; sichtbarer Spektralbereich.

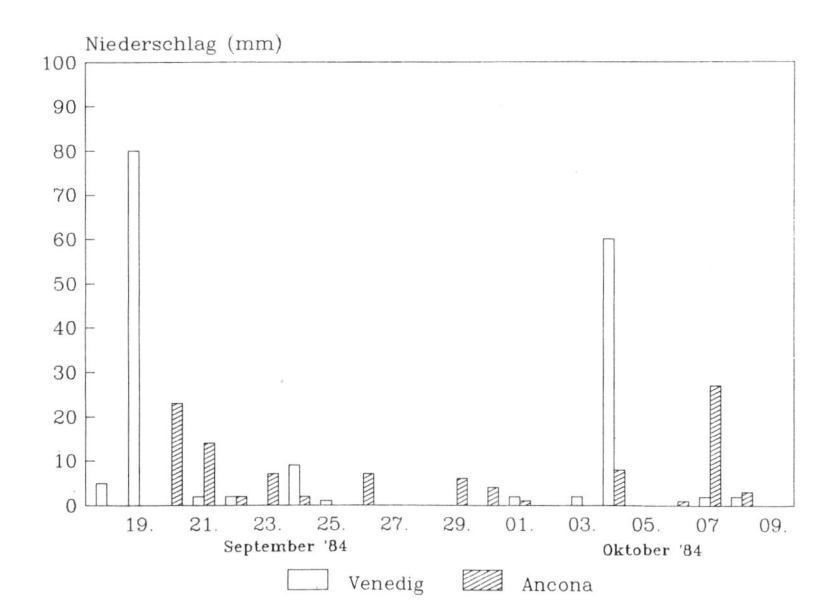

Fig. 5:

Niederschläge im Aufnahmegebiet

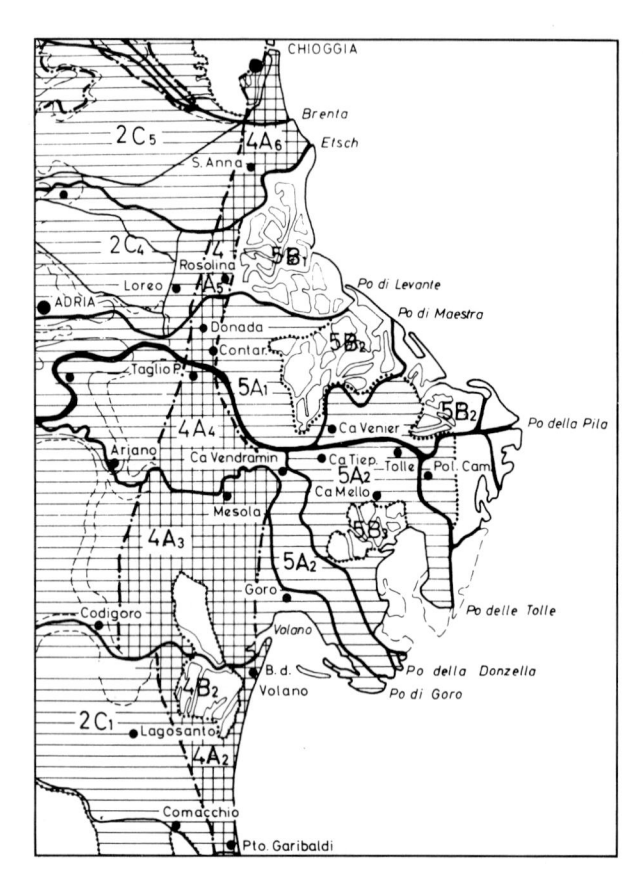

Fig. 6: Naturräumliche Gliederung nach DONGUS, 1966

Legende:

2   = Innere Polesine oder Ebene von Ferrara und Rovigo
2c = Küstensümpfe (Bonfifica oder Larghe)
4   = Strandwall- und Dünenzone der Polesine
4A = Strandwälle
4B = Strandsümpfe
5   = Po-Delta
5A = Deltamarschen
5B = Fischseen

3. Die naturräumliche Gliederung

Die Poebene (Pianura Padana) kann prinzipiell in drei naturräumliche Haupteinheiten unterschieden werden: die Alta Pianura, die Bassa Pianura und das ostpadanische Tieflandsdreieck (vgl. LEHMANN 1961, DONGUS 1966 und UPMEIER 1981). Hinsichtlich der Testgebiete ist jedoch nur das ostpadanische Tieflandsdreieck, das als die östliche Fortsetzung der Schwemmlandzone betrachtet werden soll und das sich mit seinen fünf Subeinheiten trichterförmig zur Adria hin ausbreitet, relevant (vgl. Fig. 6). Die naturräumlichen Gegensätze bilden hier einen konkreten, in ihren wesentlichen Inhalten deutlich sichtbare Differenzierung der ostpadanischen Agrarlandschaft. Die Randbereiche des ostpadanischen Tieflandsdreiecks bilden die ehemaligen Süßwassersümpfe (valli dolci), die seit dem 16. Jahrhundert jedoch größtenteils melioriert wurden. Charakteristisch für diese Einheit ist der auf engem Raum sich vollziehende Wechsel zwischen schwach erhöhten, sandig-lehmigen Flußaufschüttungen, die morphologisch als Überschwemmungsbereich der Dammflüsse gedeutet werden, und jungmeliorierter Feuchtebecken bzw. einzelnen noch erhaltenen Süßwasserbecken.

Das "Innere" des ostpadanischen Tieflandsdreieckes bildet die orographisch leicht erhöhte Terre Vecchie, die ein altes, in geschichtlicher Zeit überwiegend nicht mehr versumpftes Schwemmland wiedergibt, das breite sandig-lehmige Schwemmfächerzungen und weitverzweigte Flußdämme aufweist, und dessen Gefälle zum Meer infolge der leicht nach Norden und Süden abgedachten Randplatten ein gutes Abflußverhalten verspricht.

Zwischen den sich zum Meere hin verzahnenden Flußdämmen der Terre Vecchie erstreckt sich in N-S-Richtung eine Beckenzone, brackiger bis salziger Küstensümpfe die im Osten an die Strandwälle grenzt und die auch heute noch nicht vollständig melioriert wurden und durchweg unter dem Meeresspiegel liegen. Diese ausgedehnten Schilfdickichte und stagnierenden Wasserflächen der 15-20 km breiten Zone werden auch "valli salse" bzw. im genetischen Sinn "verlandete Lagunen" (lagune morte) genannt.

Die vierte Einheit bildet die Strandwallzone, die sich zwischen eben erwähnten Meliorierungsgebiet und dem eigentlichem Po-Delta, von Ravenna bis nach Chioggia erstreckt und nur im Zentralteil vom Meer abgedrängt ist. Diese alten Strandwälle bilden eine mehrere hundert Meter breite Sandzone, denen heute einige Meter hohe bewachsene Dünen aufsitzen (vgl. DONGUS 1966).

Das eigentliche Po-Delta, das sich erst seit dem Mittelalter entwickelte, setzt sich aus den zu sechs Hauptmündungsarmen und deren Flußdämme zerteilten Po zusammen. Innerhalb dieser Flußdämme, dehnt sich ein echtes Marschland aus, das zum Meer hin von zahlreichen eingedeichten Fischseen (valli da pesca) und echten Lagunen (lagune) begrenzt wird.

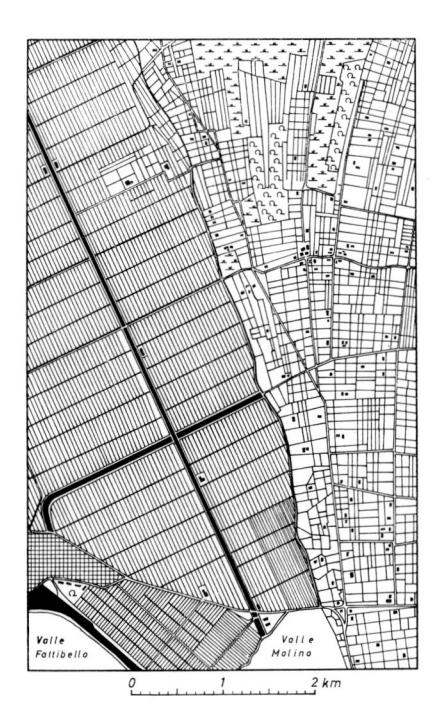

Fig. 7: Feldformen aus DONGUS 1966, S. 171

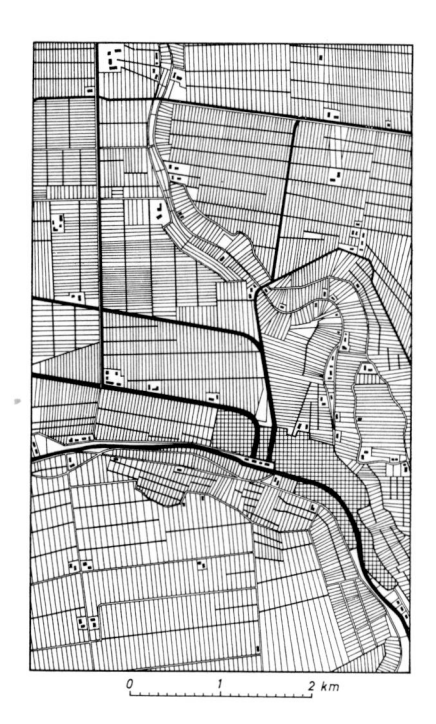

Fig. 8: Feldformen aus DONGUS 1966, S. 179

3.1 Bodennutzung

Die Bodennutzung ist im Po-Delta ebenso wie in der Poebene sehr variationsreich und teilweise sehr intensiv. Umfangreiche Kultivierung und Bodenmelioration stellten in den letzten 100 Jahren die Gunstverhältnisse teilweise auf den Kopf in dem z.B. früher ausgedehnte Sumpfgegenden im Po-Delta nun agrarisch intensiv genutzt werden. Die Grenzlinie zwischen altbesiedelten Terre vecchie und jungbesiedelten Larghe differenzieren auch zwei völlig verschiedene Bodennutzungssysteme.

Auf den Terre vecchie wird seit alter Zeit bei über 50% der Betriesflächen die Wechselfelnutzung durch Dauernutzungssysteme ergänzt, während im Polderland die Dauerkulturen fast ganz fehlen. Weinbau in der Larghe ist auf Dünenzone und die Flußdämme beschränkt, wo die ökologischen Bedingungen denen der Terre vecchie gleichen.

Bei der Wechselfeldnutzung ist eine Standortkorrelation zwischen Feldpflanzengemeinschaften und ökologischen Bedingungen zu erkennen. Eine in jüngerer Zeit zunehmende Bodennutzungsform sind Gemüse und Spezialkulturen wie z.B. Tomate, Melone, Paprika, Spargel, Kohl, Hülsefrüchte, Zwiebel, Salat, Erdbeeren, Tafeltrauben, Tabak u.s.w., die allmählich immer größere Anbauflächen in Anspruch nehmen. Vorallem auf den fluviatilen Sandböden des Po, aber auch teilweise auf alten Strandwällen infolge besonderer ökologischer Bedingungen (Sandböden, hoher Grundwasserstand) im Abschnitt zwischen Comacchio und Jesola sowie in den Gemeinden Mesola und Codigoro wurden Gebiete gartenbau-technisch kultiviert.

3.2 Historisch bedingte Strukturen der Landwirtschaft

Obgleich die kulturlandschaftliche Entwicklung der Poebene durch römische Eroberungen schon vor Christi Geburt begann, ist dieser Zeitabschnitt hinsichtlich des Deltas nicht von großer Bedeutung. Die Kolonisation der Römer erstreckte sich zwar damals schon teilweise auf Ungunstgebiete, was römische Funde im ostpadanischen Tiefland bezeugen (DONGUS 1966) doch bricht diese Siedlungsentwicklung spätestens mit dem 7.Jahrhundert zusammen, da in Folge einer relativen Meerestransgression (DONGUS 1963) die bereits besiedelten Gebiete der Versumpfung unterliegen.

Im 15. Jahrhundert versuchte man dann erneut die inneren Süßwassersümpfe und die äußeren Küstensümpfe trocken zu legen, um sie extensiv als Weideland nützen zu können.

Aber erst um die Mitte des 19.Jahrhunderts wurden die ausgedehnten Feuchtebecken der Ostpadania durch eine großflächige Meliorierung (Bonifica) in Kultur genommen. Grund war eine sich intensiver mit der Meliorierung von Ödland befassende Agrarpolitik ab 1860 (vgl. UPMEIER 1981).

Im Rahmen der Bonifica Integrale (1922-1945) wurden die Meliorierungsmaßnahmen zur Inwertsetzung neuen Kulturlandes fortgesetzt, jedoch mit einer verbundenen Binnenkolonisation, die eine Siedlungsverdichtung und eine Vermehrung des Kleinbesitzes (Einzelhöfe von 10-20ha) mitsich führte.

Eine grundlegende Umstruktuierung der Agrarlandschaft fand ab 1950 in folge der Bodenreform statt (vgl. MIGLIORINI 1962). Die 50-100ha großen Boarien-Gehöfte des tausende Hektar umfassenden Großgrundbesitzes wurden nun durch Familienbetriebe zwischen 7-14ha ersetzt (vgl. DONGUS 1966).

3.3 Feldformen des Polderlandes

Das augenfälligste Kennzeichen der Bonifica ist die streng geometrische Flurgliederung die durch das Netz der Entwässerungsgräben -und kanäle in der flachen Ebene vorgegeben ist. Diese jungen Flurformen, die selten älter als 200 Jahre sind, behielten zumeist ihre ursprüngliche Form und wurden höchstens durch den Ausbau des Kanalsystems stärker untergliedert, aber nicht wesentlich umstruktuiert. Daher sind die Flure des Deltas sehr schematisch und heben sich von denen des Altsiedellandes gut ab. Aus einer Anzahl von Kolonisationsfluren haben sich folgende vier regionsspezifische Grundtypen herauskristallisiert, die einerseits Altersschichten der Kolonisation, anderseits Varianten der Anbaumethoden sowie Betriebsformen und -größen innerhalb der Bonifica wiedergeben: Die großgliedrige Plan-Streifenflur, die großgliedrige Plan- Blockflur, die kleingliedrige Plan-Streifenflur der Bodenreformzone und hufenflurartige Formen (vgl. Fig. 5 und 6).

3.4 Geologie

Die Poebene stellt geologisch ein tertiäres Senkungsfeld zwischen Apennin und Süd-Alpen dar, das durch eine Vielzahl verschiedener Vortiefen und Rücksenken gekennzeichnet ist und dessen Entwicklung noch nicht abgeschlossen ist, was kontinuierliche Senkungstendenzen im Delta aufzeigen (vgl. LEHMANN S. 90, 1961).

Die anfänglich nördlich des Apennin-Außenrandes verlaufende Pliozäne-Tiefenachse hat sich im Laufe des Jungtertiär und Pleistozän nach Norden verlegt, da pleistozäne Sedimentationsmächtigkeiten von bis zu 3000 Meter an der Po- Mündung durch gewaltige Schuttmassen aus den aufsteigenden Gebirgen im Norden und Süden kompensiert wurden (vgl. SCHÖNENBERG 1979). Die tertiären Gesteine setzen sich hauptsächlich aus Eozänen Schiefern sowie jung-und alttertiären, marinen Sedimenten zusammen und werden im ältesten Pleistozän überwiegend von kontinentalen Bildungen abgelöst. Bei Latisana, im Bereich des pleistozänen Tagliamentodeltas trifft man z.B. erst in 200 Meter Tiefe auf marine Sedimente. Die pleistozänen Ablagerungen sind wiederum abhängig von den beginnenden Kaltzeiten mit ihren Aufschotterungsphasen bzw. von den Warmzeiten und ihren fluviatilen-limnischen Ablagerungen in Folge einiger Transgressionen (vgl. Dongus 1963). Die im Pleistozän hauptsächlich entstandenen Schwemmfächer werden schließlich im Holozän durch Flußalluvionen überprägt.

Erste Ansätze einer Deltabildung zeigen sich in römischer Zeit im Bereich des Po-Grande und nördl. von Ravenna.

In folge der berühmten "Rotta von Ficarolo" oberhalb Ferrara lenkte man bereits 1150 die Hauptmenge des Po-Wassers zum Po Grande und bildete damit den Grundstock zu dem heutigen Delta. Die in den nächsten Jahrhunderten häufig stattfindenden Verlegungen von Stromarmen im Mündungsgebiet des Po spiegeln sich wider, in dem Wechsel von sandigen Böden, die alten Uferdämmen bzw. Schwemmfächern entsprechen und schweren Tonböden, die sich in den interfluvialen Depressionen abgelagert haben (ORTOLANI 1956).

4. Literaturverzeichnis

DONGUS, H. (1963): Die Entwicklung der östlichen Po-Ebene seit frühgeschichtlicher Zeit. In: ERDKUNDE; 17; S. 205-222

DONGUS, H. (1966): Die Agrarlandschaft der östlichen Po-Ebene. In: Tübinger Geographische Studien, Sonderband 2, Tübingen

LEHMAN, H. (1961): Das Landschaftsgefüge der Padania. In: Frankfurter Geographische Hefte, 37, S. 87-158

MIGLIORINI, E. (1962): Veneto. In: Le Regioni d'Italia, 4, 515 S.

ORTOLANI, M. (1956): La Pianura Ferrarese. In: Memorie di Geografia Economica, 15, 197 S.

SCHÖNENBERG, R. (1971): Einführung in die Geologie Europas. Freiburg 1971, 300 S.

UPMAIER, H. (1981): Der Agrarwirtschaftsraum der Po-Ebene. In: Tübinger Geographische Studien, H. 82, Tübingen

Kartographische Aspekte der Auswertung linearer Elemente aus dem LFC-Bild "Po-Delta"

Zur Nachführung topographischer Karten 1:50.000 und 1:100.000

Hans Jobst Mette

SUMMARY

The author has analysed two test sites in the Po Delta (N) Italy with regard to the updating of linear elements in topographical maps of the scales 1 : 50.000 and 1 : 100.000, according to the legends of these maps. The analysis was carried out with the equipment of the Institute of Geography. It included also methodological considerations, as for instance the preparation and enlargement of the original LFC photo for the subsequent mapping in a working scale of 1 : 25.000, but also a study of the detection of linear elements of varying widths and of varying radiometric conditions. The result is that only 60 % of all linear elements of a topographical map 1 : 50.000 could be mapped from the LFC photo. A more extensive, definite identification and classification was impossible in most cases, unless additional means were employed. There are multiple reasons for this, as for example the evaluation procedure, the quality of the available images, the instruments employed, but above all the still insufficient spatial resolution of the LFC photo.

1. Kartierung linearer Elemente aus einem LFC-Bild

Die Arbeit soll die Möglichkeiten der Erfassung linearer Elemente aus einer LFC-Aufnahme zur Nachführung/Neuzeichnung topographischer Karten - mit den am Institut für Geographie vorhandenen Geräten - ermitteln. Darunter war zu verstehen, daß die quantitative als auch qualitative Erfassung linearer Elemente hinsichtlich ihrer Lage im Raum dem Anspruch topographischer Karten entsprechend erfolgen sollte. Zu diesem inhaltlichen Anspruch an die Arbeit gesellte sich bald ein stark methodisch orientierter.

1.1 Themeneingrenzung

Um die Arbeit überschaubar zu halten, wurde sie thematisch auf lineare Elemente in topographischen Karten des Maßstabsbereichs 1:50.000 und 1:100.000 begrenzt; regional auf das Gebiet des Po-Deltas mit drei zusammenhängenden Testgebieten, von denen zwei in dieser Arbeit Erwähnung finden. (vergl. Fig. 1 und 2)

Es wird keine Aussage über das geometrische Verhalten von Objekten bezüglich ihrer Lagegenauigkeit gemacht, da die hierfür notwendigen photogrammetrischen Einrichtungen am Institut nicht verfügbar waren. Als Referenz zu diesem Problem seien hier die Arbeiten von GRUEN & SPIESS (1986) sowie TOGLIATTI & MORIONDO (1986) angeführt.

1.2 Testareale der Kartierung

Die Auswahl der drei Testgebiete orientierte sich an den regionalen geographischen Gegebenheiten, ausgedrückt durch unterschiedliche naturräumliche Einheiten, sowie an rein pragmatischen Gesichtspunkten arbeitstechnisch - organisatorischer Art. Zu den geographischen Kriterien der Auswahl gehörte es, zwei Teilräume herauszugreifen, die von ihrer naturräumlichen Ausstattung her, v.a. auch unter dem Aspekt anthropogen geschaffener Merkmale, unterschiedliche Bezüge aufwiesen.

Testgebiet 1:
Strandwallzone zwischen Mésola - Bosco Mésola - Goro, im N und E eingerahmt durch den Po di Goro (ca. 44°49'N; 12°15'E; Carta d'Italia - 1:50.000, Blatt 187 "Codigoro"). Die durch das Wegenetz vorgegebene Aufgliederung der Kulturfläche besteht aus recht gleichmäßigen Blöcken von 40 x 80 m und 80 x 160 m Kantenlänge.

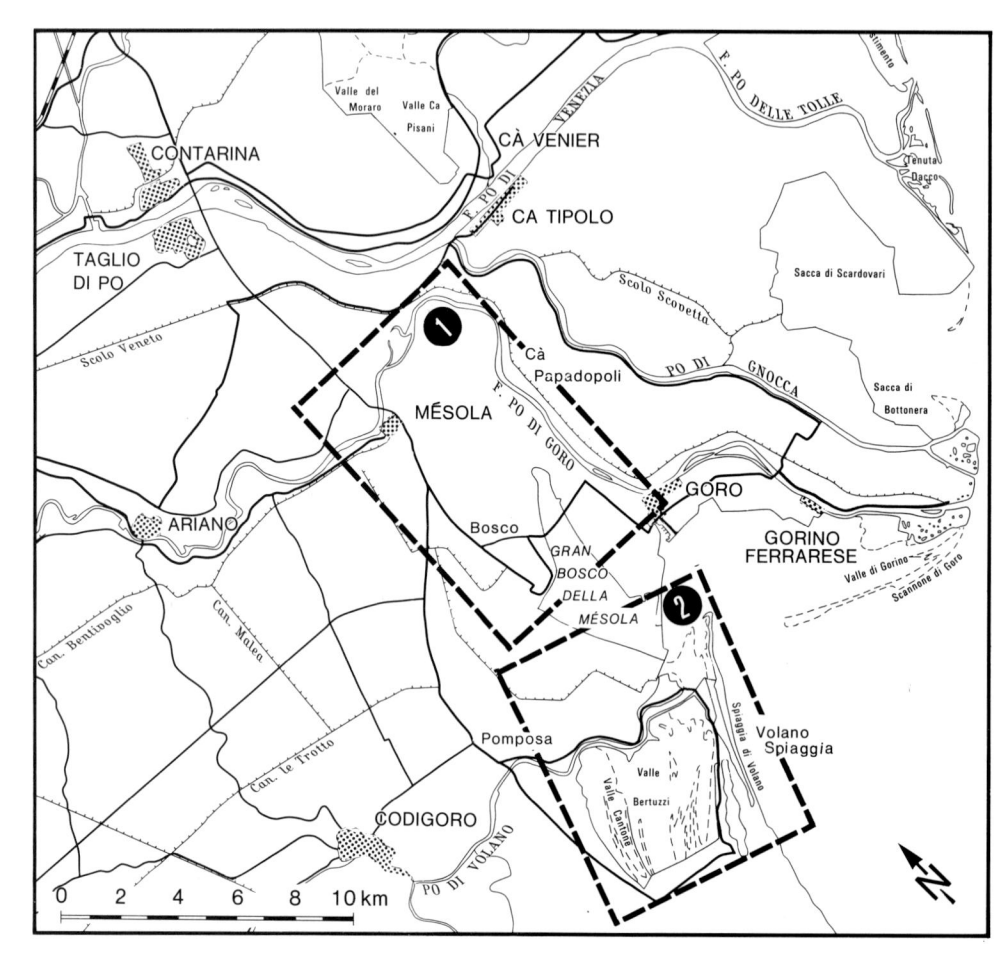

Fig. 1: Die Karte zeigt im Maßstab 1:250.000 einen Ausschnitt des "Po-Deltas" mit den beiden Testarealen (1) "Mésola" und (2) "Valle Bertuzzi".

Testgebiet 2:
Zum Bereich der ehemaligen Küstensümpfe gehört das zweite Gebiet mit dem "Valle Bertuzzi" im Zentrum. Dieser in die Strandwallzone eingelagerte Küstensee zeichnet sich durch eine große Ansammlung verschiedener Gewässerobjekte aus, die schwierig zu kartieren waren. (ca. 44°48'N, 12°12'E; Carta d'Italia, 1:50.000, Blatt Nr. 205 "Comacchio" und Nr. 187 "Codigoro").

2. Methodische Aspekte der kartographischen Auswertung

Ausgangsprodukt der Auswertung des LFC-Bildes Nr. 1285 und seiner nachfolgenden kartographischen Bearbeitung war ein LFC-Diapositiv im Maßstab ca. 1:772.000 (Format 23 x 46 cm). Von diesem Diapositiv wurde über ein Zwischennegativ ein um 495% vergrößerter Halbtonpapierabzug (Ausschnitt), davon wiederum ein Zwischennegativ im Maßstab 1:100.000 erstellt. Erst von diesem Negativ, das sich in Format (max. 23 x 23 cm) und Maßstab (max. 4- fache Vergrößerung möglich) dem Endprodukt anzupassen hatte, wurde für den Bereich der Testgebiete im Maßstab 1:25.000 eine Kartierungsgrundlage auf Photopapier erzeugt. Insgesamt konnte so eine Vergrößerung um das 30-fache erzielt werden. Dieser gerätebedingte Arbeitsprozeß beinhaltete alle Nachteile einer mehrfachen Umkopie in Bezug auf Randschärfe und Grauwertabstufung des Original-Dias (vgl. Fig. 3). Durch Einsparung eines Zwischennegativs konnte die Qualität der Abbildung im Maßstab 1:25.000 gesteigert werden. Dieser Arbeitsschritt verlangte aber den Umbau des benutzten "Durst-Projektors" und eine Verlagerung der Projektionsebene von der Vertikalen in die Horizontale zu einer mehrere Meter entfernten Projektionsebene, eine Maßnahme, die nur im Ausnahmefall zu wiederholen ist, da die dabei auftretenden geometrischen Abbildungseigenschaften des Bildes schwer exakt reproduzierbar sind. Bei einer anderen Geräteausstattung ist dieses aber ein durchaus geeigneter Weg, um zu einer besseren Kartierungsvorlage zu gelangen.

Fig. 2: LFC-Ausschnitt der Testgebiete im Maßstab 1:250.000

Versuchsweise wurde ein zusätzliches Original-Dia-Negativ der Szene 1285 aus den USA beschafft, um ohne jegliche Zwischenstufen - in einem Arbeitsgang - zu einer kartierbaren Vorlage zu gelangen. Dieses Unterfangen blieb ein Versuch, da dieses Original-Dia-Negativ qualitativ sehr schlecht ausfiel und daher die Belichtungszeiten außerhalb der Normen lagen. Es wurden Belichtungszeiten von ca. 35 Minuten erreicht, um von dem Dia 1:772.000 eine photographische Vergrößerung von ca. 1:80.000 zu erhalten. Trotzdem zeigte dieser Versuch, daß auch bei einer schlechten Vorlage die Qualität des Endproduktes nochmals zu steigern ist.

Auf der Grundlage der photographischen Vorlage wurden die den topographischen Kartenlegenden entsprechenden linearen Elemente kartiert. Die dabei eindeutig erkennbaren und vermuteten Objekte, die weder identifiziert noch klassifiziert wurden, wurden durch solche ergänzt, die nur in Zusammenschau mit vorhandenen topographischen Karten (zumeist 1:50.000) zu verifizieren waren. Die Auswertung beschränkte sich auf die in Tab. 1 aufgeführten linearen Elemente. Andere Objekte des Verkehrs- und Gewässernetzes, die zusätzliche Informationen beinhalten, wurden dagegen in die Kartierung nicht mit aufgenommen.

Die andere Form der Auswertung, am "Interpretoskop" der Firma Zeiss/Jena mit einem 16-fachen Vergrößerungsfaktor, bedeutete keine Verbesserung der Erkennbarkeit gegenüber der photographischen Vorlage, da bei dem vorhandenen flachen Relief der stereoskopische Eindruck den Informationsgehalt nicht steigerte.

Um die Anteilsverhältnisse, der aus einem LFC ermittelten linearen Elemente gegenüber den durch topographische Karten ergänztem Teil prozentual erfassen zu können, wurde über eine Fläche von 5 x 5 km ein Netz mit einer Spannweite von 250 x 250 m gelegt. Somit konnten in 400 Netzflächen die Elemente der topographischen Karte mit denen der LFC-Kartierung, beide im Maßstab 1:50.000, verglichen werden und somit Orientierungswerte liefern.

Ohne jegliche Hilfsmittel wurden ca. 40% der im Testgebiet vorhandenen linearen Elemente ermittelt, die zum großen Teil aber weder identifizier- noch klassifizierbar waren. Durch eine Kontrolle mit vorhandener topo-

HERSTELLUNGSSCHEMA DER KARTIERUNGSGRUNDLAGE

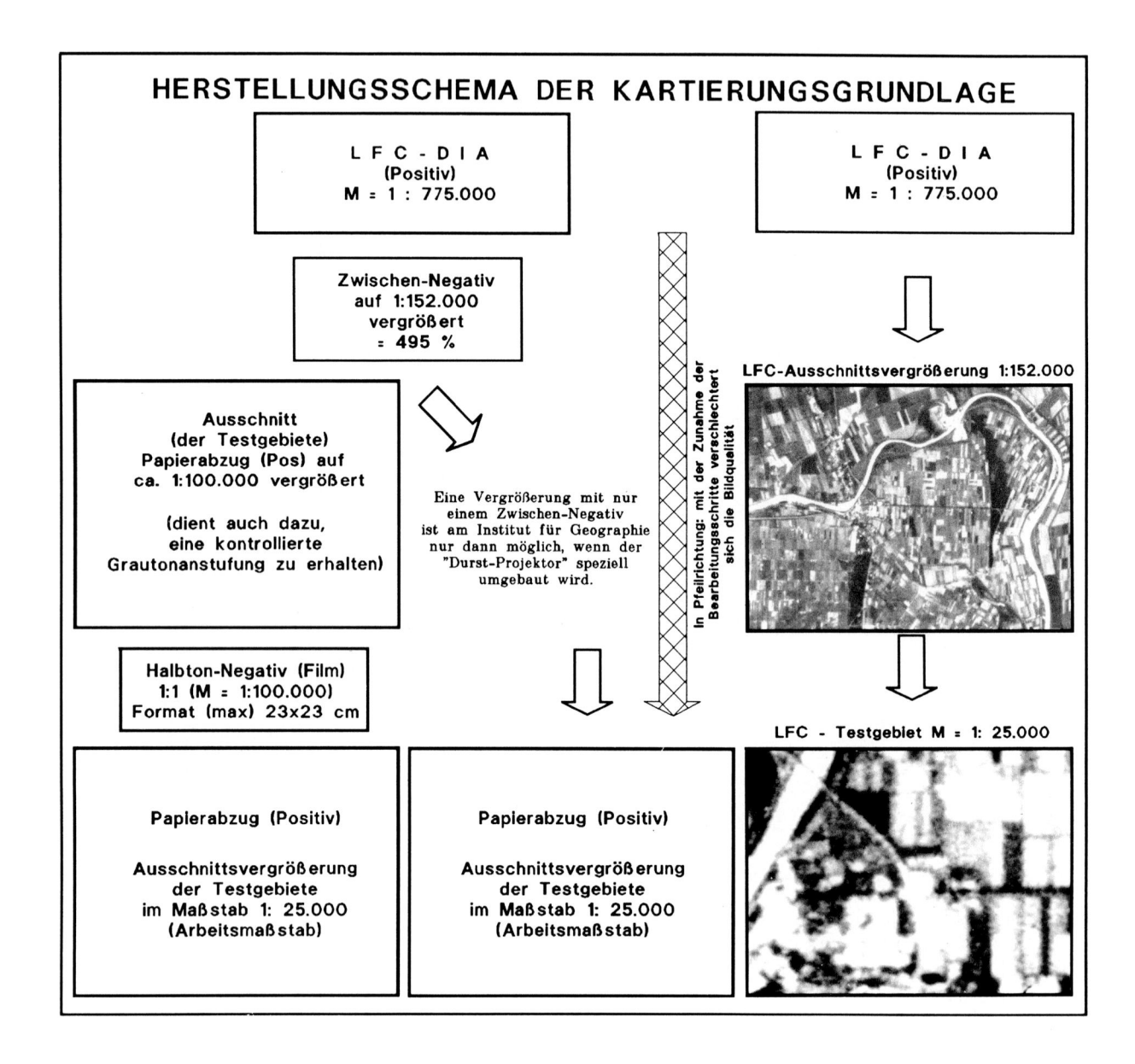

```
LFC-DIA                                    LFC-DIA
(Positiv)                                  (Positiv)
M = 1 : 775.000                            M = 1 : 775.000

Zwischen-Negativ
auf 1:152.000
vergrößert
= 495 %
                                           LFC-Ausschnittsvergrößerung 1:152.000
Ausschnitt
(der Testgebiete)
Papierabzug (Pos) auf
ca. 1:100.000 vergrößert      Eine Vergrößerung mit nur
                              einem Zwischen-Negativ
(dient auch dazu,             ist am Institut für Geographie
eine kontrollierte            nur dann möglich, wenn der
Grautonabstufung zu erhalten) "Durst-Projektor" speziell
                              umgebaut wird.

Halbton-Negativ (Film)
1:1 (M = 1:100.000)
Format (max) 23x23 cm
                                           LFC - Testgebiet M = 1: 25.000

Papierabzug (Positiv)         Papierabzug (Positiv)

Ausschnittsvergrößerung       Ausschnittsvergrößerung
der Testgebiete               der Testgebiete
im Maßstab 1: 25.000          im Maßstab 1: 25.000
(Arbeitsmaßstab)              (Arbeitsmaßstab)
```

(In Pfeilrichtung: mit der Zunahme der Bearbeitungsschritte verschlechtert sich die Bildqualität)

Fig. 3: Das Schema veranschaulicht die einzelnen notwendigen Schritte zur Herstellung der Kartierungsgrundlage im Maßstab 1:25.000

graphischen Karte 1:50.000 erhöhte sich die Anzahl der erkannten und zum Teil nur vermuteten Objekte auf ca. 57%. Durch Geländekenntnisse (ground truth) konnte dieser Wert noch geringfügig auf ca. 62% gesteigert werden.

Die Auswertung selbst erfolgte monoskopisch, visuell durch direktes Hochzeichnen der erkannten oder vermuteten linearen Elemente auf eine hochtransparente Folie im Arbeitsmaßstab 1:25.000. Eine Methode, die nur bei genügender Übung zu einem brauchbaren Resultat führen kann. Die Problematik liegt hierbei im arbeitstechnischen Bereich, da eine Strichführung von 0.15 mm erreicht werden sollte, um den Ansprüchen topographischer Karten an Lagetreue und Generalisierungsgrad der Objekte gerecht werden zu können.

Lineare Elemente	Maßstäbe					
	1: 50.000	1:100.000	1:200.000	1:300.000	1:500.000	1:1.000.000
VERKEHRSNETZ						
Vollspurige Bahn						
mehrgleisig	X	X	X	X	X	X
eingleisig	X	X	X	X	X	X
Schmalspur-Bahn	X	X	X	X	X	X
Straßen- u. Wirtschaftsbahn	X	X	X	-	-	-
Autobahn (AB)	X	X	X	X	X	X
Autostraße (AB-ähnlich)	X	X	(X)	(X)	(X)	(X)
Fernverkehrsstraße	(X)	X	X	X	(X)	(X)
Straße IA (I. Ord.)	X	X	X	X	X	X
IB (II. Ord.)	X	X	X	X	X	X
Weg IIA (mit fester Fahrbahn)	X	X	X	X	(X)	X
IIB (weniger gut)	(X)	X	(X)	X	-	(X)
III (Feld- und Waldweg)	X	X	X	(X)	-	-
Fußweg	X	X	X	X	-	-
GEWÄSSERNETZ						
Kleiner Bach	X	X	X	-	-	-
ab 5 m Breite	X	X	(X)	X	-	-
ab 3 m Breite	X	-	-	-	-	-
Gräben	X	X	X	X	-	-
Kanal bis 5 m Breite	X	X	X	X	X	(X)
über 5 m Breite	X	X	(X)	(X)	X	X
Fluß, Strom	X	X	X	X	X	X

Tab. 1: Zusammenstellung linearer Elemente ausgewählter Maßstäbe nach Musterblättern topographischer Karten der Bundesrepublik Deutschland. (X) = Objekte, die nicht explizit in der Legende aufgeführt sind, jedoch der Größe nach zuortbar wären.

3. Ergebnisse der Kartierungsarbeit

3.1 Auswertung der LFC-Aufnahme für das Testgebiet 1 "Mésola"

Das Testgebiet gehört zu großen Teilen zum naturräumlichen Bereich des "Ostpadanischen Tieflandsdreiecks" mit dem Teilgebiet der Strandwallzone. Nach N und E an den Po di Goro schließen noch Teile des Delta- oder Lagunenbereichs mit seinem größtenteils unter dem Meeresspiegel liegenden Polderland an. Für die Auswertung des Verkehrs- und auch des Gewässernetzes waren die siedlungsgeographischen Fakten, wie sie DONGUS (1966) und UPMEIER (1981) beschreiben, von nicht geringer Bedeutung. Gerade die Strandwallzone wird durch kleinparzellierte Blockfluren stark gegliedert. Diese richten sich schematisch an dem bestehenden Wege- und Kanalnetz aus. Die so entstandenen rechteckigen Blöcke schwanken in ihren Maßen zwischen 40 x 80 m und 80 x 160 m (DONGUS 1966, S.169). Im Bereich des eigentlichen Deltas vergrößern sich die Planstreifen- oder Planblockfluren.

Verkehrs- und Siedlungsnetz:
Innerhalb dieses Testgebietes waren weder eine Autobahn oder eine vergleichbare Straßenklasse, noch eine Eisenbahn vorhanden. Es gab v.a. Straßen 1. Ordnung mit einer Breite von 3.5 bis 7 m sowie Straßen 2. Ordnung. Die Siedlungsstruktur wird v.a. durch die Aufreihung vieler Häuser am vorhandenen Straßennetz gekennzeichnet. Die einzigen größeren Ortschaften in diesem Gebiet sind Mésola und Bosco Mésola. Die Kartierung der einzigen Straße über 7 m Breite (in der LFC-Ausschnittsvergrößerung 0.5 mm = 12.5 m; 9.0 m Natur) konnte ohne größere Schwierigkeiten durchgeführt werden (vgl. Fig. 6/1). Erste Probleme traten hingegen schon bei der nächsten Kategorie von Straßen zwischen 3.5 m und 7.0 m auf (0.3 mm = 7.5 m). Zum Teil führte ihre Identifikation zu Fehlschlüssen (vgl. Fig. 6/2).

Desweiteren konnte der Verlauf dieser Straßen in dichter bebauten Bereichen, wie in den beiden oben genannten Ortschaften, häufig nicht verifiziert werden (vgl. Fig. 6/3 "Mésola"). Dieses lag zu großen Teilen an der Überlagerung der radiometrischen Werte für Straßen und Bebauung. Feldwege, auch wenn sie asphaltiert waren, konnten nur dann schlüssig kartiert werden, wenn ihr Kontrast besonders hoch ausfiel (vgl. Fig. 6/7).

Gewässernetz:
Hierzu gehört als dominierendes Element in diesem Gebiet der Po di Goro mit einer Breite von über 100 m. Charakterisiert wird dieses Gebiet jedoch durch die große Anzahl von Kanälen und Gräben. Für die geringere

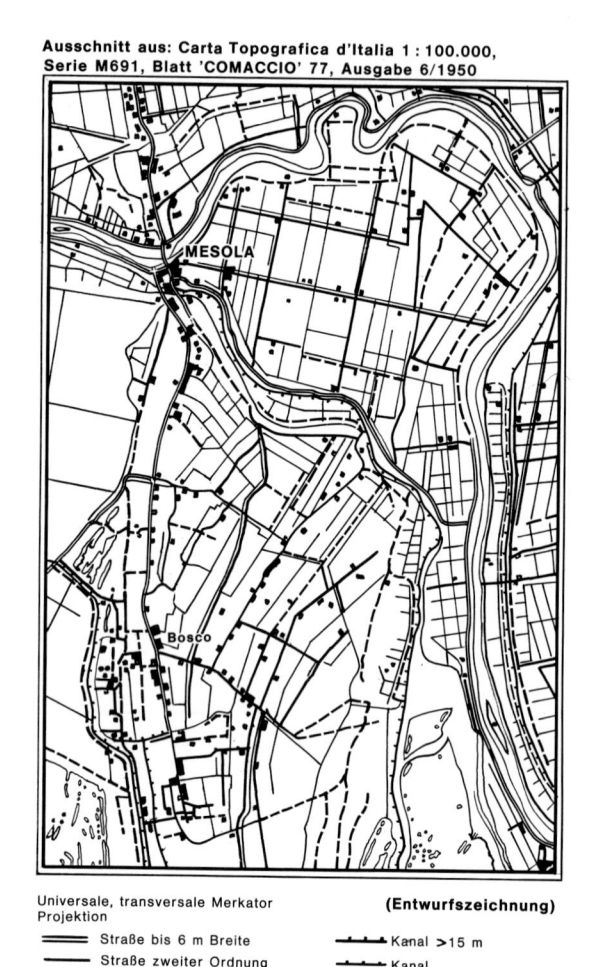

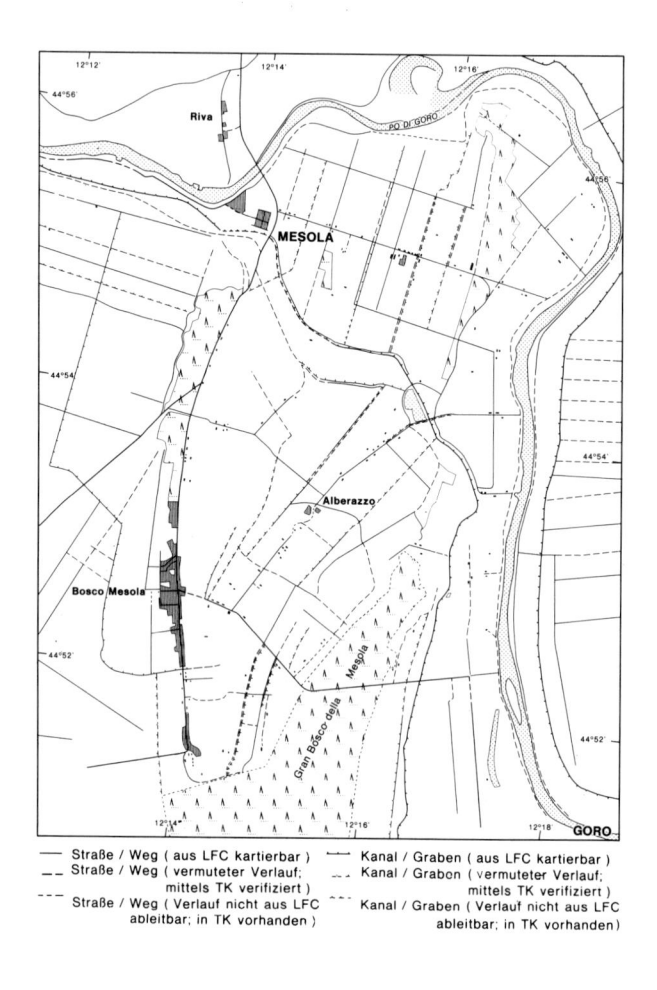

Fig. 4: Extraktion der linearen Elemente aus der topographischen Karte 1:100.000 für den Ausschnitt des Testgebietes "Mésola"

Fig. 5: LFC-Ausschnittskartierung der linearen Elemente im Maßstab 1:100.000.

Breite (< 15 m) gilt das gleiche wie für kleine Straßen und Wege. Radiometrisch unterschieden sie sich durch einen durchschnittlichen Dichtewert von ca. 1.2 als dunkles lineares Element (vgl. Fig. 6/8) von den 0.2 bis 0.5 der Straßen und Wege, die sich hell hervorhoben. Im Vergleich mit der topographischen Karte 1:100.000 (Stand 1950) zeigt das LFC-Bild neben Änderungen von Verkehrs- und Gewässernetz v.a. Veränderungen im Bereich ehemaliger alter Küstenseeflächen, so im südlichen Teil des Ausschnitts.

Bei dieser Kartierung ergaben sich folgende Schwierigkeiten:

- Bei geringem Kontrast reichte die Eigencharakteristik linearer Elemente unter 15 m Breite nicht mehr aus, um deutlich signifikant zu sein.
- Das häufige Nebeneinander von Straßen- und Kanal- bzw. Grabenführung führte zum Erkennen nur eines linearen Elements (vgl. Fig. 6/5).
- Im Schattenbereich von geschlossenen Waldgebieten (z.B. Gran Bosco della Mésola) trat dieser als das die Straße überlagernde Phänomen hinzu, wenn der Objektazimut ca. 90° betrug (vgl. Fig. 6/2).
- In einigen Fällen wurden Straßen und Wege durch Alleebäume in ihrer Radiometrie verändert. Dieses konnte in Zusammenhang mit dem Schattenwurf und einem angrenzenden Graben mit dazwischengelagertem Grasstreifen dazu führen, daß die Straße nicht als helles Band, sondern in der Charakteristik eines größeren Kanals erschien (vgl. Fig. 6/8 und Fig. 8, Bild 4). Anzumerken in diesem Fall ist allerdings, daß eine

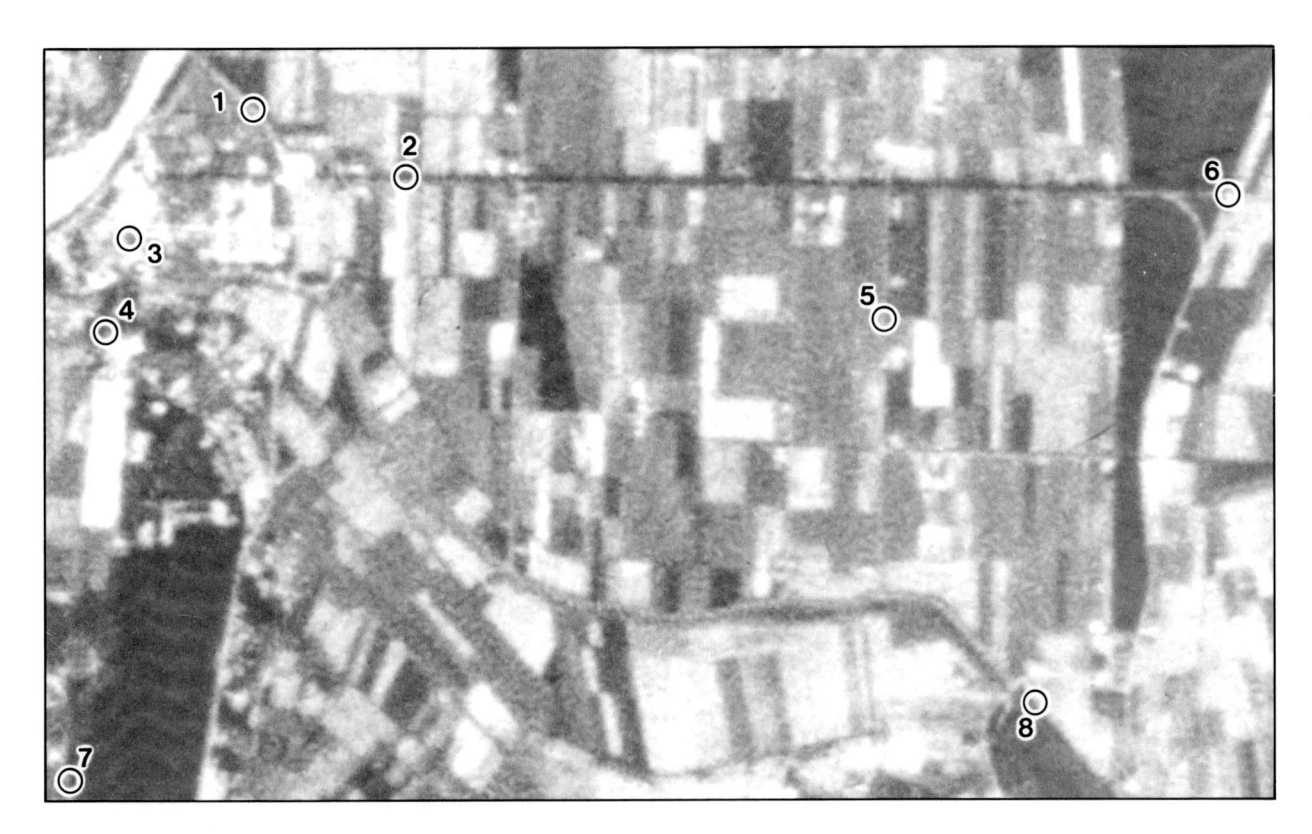

Fig. 6: Der LFC-Ausschnitt im Maßstab der Kartierungsgrundlage 1:25.000 zeigt an verschiedenen Beispielen die Probleme der Erkennbarkeit linearer Elemente im Satellitenbild.

verbesserte Bildqualität eine Trennung der Objekte zumindestens vermuten läßt; dieses haben Versuche zur Verbesserung des Bildmaterials gezeigt.

Fig. 5 zeigt in Zusammenschau mit Fig. 4, der Extraktion der linearen Elemente aus der topographischen Karte 1:100.000, das Ergebnis der Kartierung aus dem LFC-Bild 1285; original kartiert in 1:25.000 und auf 1:100.000 verkleinert. Bemerkenswert an diesem Vergleich sind folgende Punkte:

- Das LFC Bild gibt nur teilweise den Inhalt linearer Elemente der Karte 1:100.000 wieder.
- Veränderungen seit 1950 v.a. im Bereich der alten Küstenseen (SW-Ecke und SE-Ecke der Karte) lassen sich gut erkennen.

Die schon oben angesprochenen 62% der erkannten linearen Elemente beinhalten auch Objekte, die nur vermutet wurden und nur mittels anderer Hilfsmittel (zumeist topographischen Karten) verifiziert werden konnten. Häufig gelang es nur Fragmente des gesamten linearen Verlaufs auszumachen, was v.a. dann problematisch war, wenn häufige Richtungsänderungen vorlagen, eine genaue, sprich lagetreue Kartierung somit nicht mehr gewährleistet werden konnte. Viel schlechter fiel das Ergebnis aus, wenn diese Hilfsmittel nicht in den Vergleich von topographischer Karte und LFC-Kartierung einbezogen wurden. Nunmehr kann nur noch von einem 40%-igen Erkennen gesprochen werden. Dem Erkennen folgt die Identifizierung und Klassifizierung, die nochmals erhebliche Probleme aufwarfen. Objekte konnten nur dann eindeutig identifiziert werden, wenn sie sich durch ihre Breite und/oder durch ihr charakteristisches radiometrisches Verhalten und gleichzeitig durch ihre relative Lage im Raum zu bestimmten Objektgruppen zuordnen ließen.

3.2 Auswertung der LFC-Aufnahme für das Testgebiet 2 "Valle Bertuzzi"

Das Testgebiet "Valle Bertuzzi" zeichnet sich wegen seiner vielfältigen Landschaft besonders aus. Im Bereich dieses Testgebietes liegt der Küstensee "Valle Bertuzzi" und eine große Strandzone. Zusätzlich zu den linearen Elementen des Testgebietes "Mésola" kamen noch die See- und Küstenkonturen hinzu (vergl. Fig. 7).

Die besonderen Auswerteschwierigkeiten in diesem Testgebiet betrafen insbesondere die Kartierung des nördlichen Teils des Küstensees. Hier grenzen mehrere Gewässerobjekte und Straßen auf engstem Raum (ca. 5 mm in der topographischen Karte 1:50.000 = 250 m in der Natur) aneinander. Schon in der topographischen

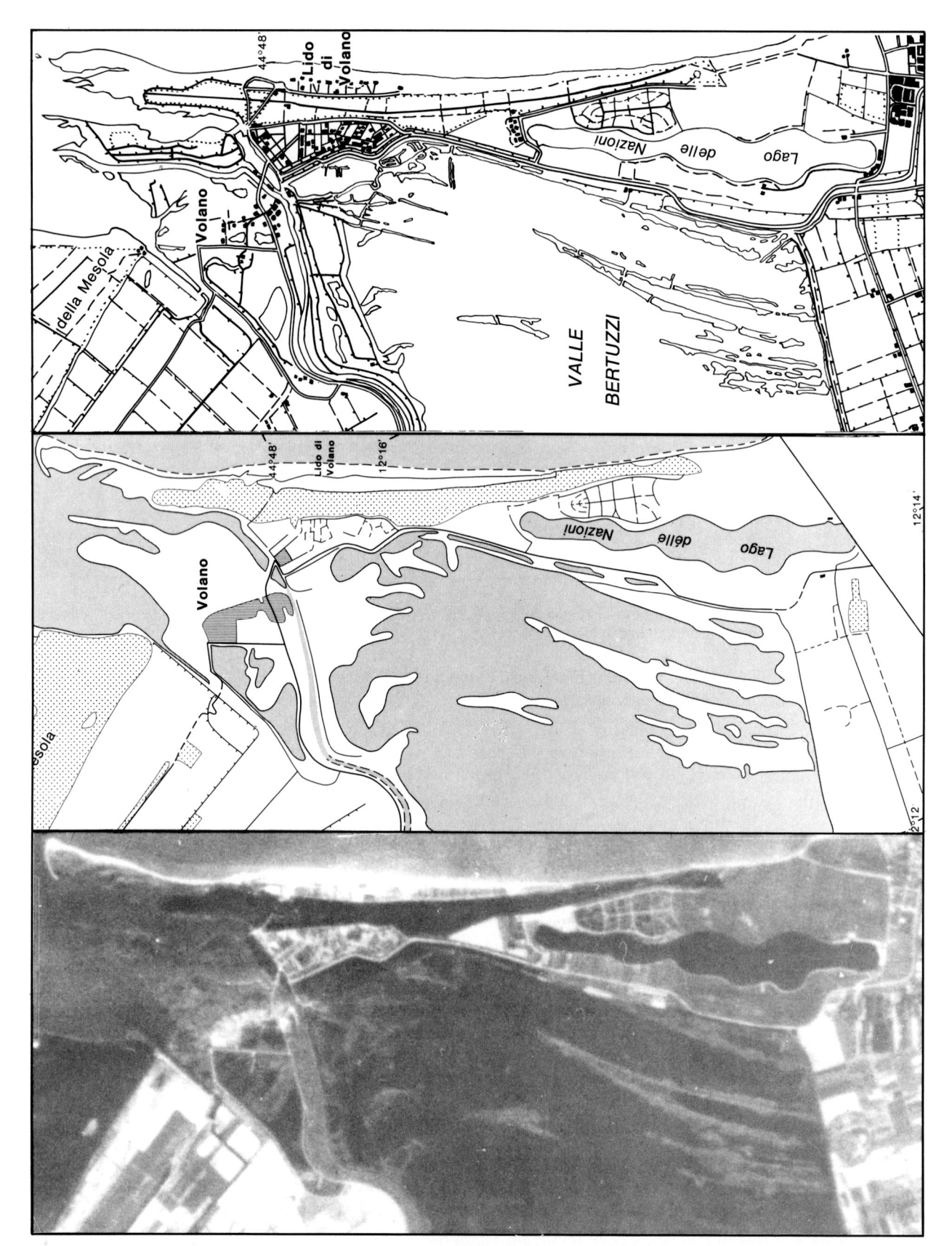

Fig. 7: Im Vergleich (von links nach rechts) von LFC-Ausschnittsvergrößerung 1:50.000 (2) "Valle Bertuzzi" zur Kartierung der linearen Elemente und einer entsprechenden Extraktion aus der topographischen Karte 1:50.000 (Blatt Nr. 187 "Codigoro" und Nr. 205 "Comacchio") wird ersichtlich, daß die quantitative Vielfalt der topographischen Karte nicht erreicht wird. Qualitativ wird eine Verbesserung v.a. im Bereich der Küstenkonturen erzielt.

Karte 1:50.000 bereitet diese Fülle linearer Elemente Verdrängungsprobleme (vgl. Entwurfszeichnung; Fig. 7). Um so schwieriger war hier die Abgrenzung von Straße - Po di Volano - z.T. parallel laufendem Kanalsystem - und dem Valle Bertuzzi. Die Grauwertdifferenzierung ließ keine eindeutige Abgrenzung der einzelnen Objekte zu. Der Verlauf des Po di Volano, mit einer Breite von immerhin über 60 m, ist nur als vermutet anzugeben.

Ein anderes Problem betrifft die Kartierung der zeitweise im Valle Bertuzzi trocken fallenden alten Strandwälle, die mit Gras bestanden sind. Sie lassen sich in ihrem Grauwert nur sehr schlecht vom umgebenden Wasser abgrenzen. Hier entscheidet der jahreszeitliche Wasserstand des Valle, welche Teile zu kartieren sind. Somit liegt es am Bearbeiter selbst, welche Abgrenzung vorzunehmen ist; eine Problematik, die durch häufig gleitenden Übergänge des Grauwerts erschwert wird.

Positiv konnte registriert werden, daß der Verlauf der Küstenkontur einschließlich des bei Volano befindlichen Strandhakens gut im LFC-Bild sichtbar war; wobei besonders der Strandhaken in seiner Veränderung gegenüber der topographischen Karte 1:50.000 zu erwähnen ist. Problematisch, selbst bei der Geländebegehung kaum auszumachen, blieb die Abgrenzung der landwärts (nach W) zugewandten, sumpfigen und mit Schilf bestandenen Bereiche. Gerade auch in diesem Gebiet trafen die schon oben genannten Schwierigkeiten der Abgrenzung von Wasser, Sumpffläche bzw. mit Gräsern bestandene Landfläche in erhöhtem Maße wegen fehlenden Kontrastes zu.

Das übrige Gewässer- und Verkehrsnetz konnte mit den im Testgebiet "Mésola" gemachten Einschränkungen kartiert werden.

4. Methodik und Ergebnisse der Untersuchung der Einflußfaktoren

Diese Form der Analyse zielte darauf ab, die Bedingungen kennenzulernen, die notwendig sind, um lineare Elemente im LFC- Bild erkennen zu können. Da die gegenseitige Abhängigkeit nicht nur von den beiden Parametern "Objekt-Breite" und "Objekt- Kontrast", sondern von vielen sich gegenseitig beeinflussenden Parametern bestimmt wird, ist eine Aussage zu diesem Komplex nur mit vielen Einschränkungen möglich.

Für ca. 60 Einzelobjekte unterschiedlicher Klassifikation wurde vom Autor ein Dokumentationsblatt angefertigt (vgl. Fig. 8). Dieses beinhaltet neben der photographischen Dokumentation eine Objekt-Klassifikation, Breite und Oberflächenzustand des Objektes sowie Dichtemessungen des Objektes und seiner unmittelbaren Umgebung zum Zwecke der Kontrastermittlung.

Zuerst wurde eine Abschätzung der Objekt-Erkennbarkeit im LFC-Bild nach einer 5-stufigen Werteskala vorgenommen:

+ + +	Objekt ist sehr gut erkennbar (deutlich im Grauwert von der Umgebung abgesetzt);
+ +	Objekt ist gut erkennbar;
+	Objekt ist nicht durchgehend erkennbar; d.h., daß es in Teilbereichen nicht erkannt werden kann;
-	Der Objektverlauf ist nur zu vermuten; diese Einschätzung erfolgte aufgrund von Merkmalen im Gelände, z.B. aufgereihte Häuser, anschließenden linearen Elementen oder durch Analogschluß v.a. bei Gewässern (Einmündung von Kanälen in Flüsse oder Lagune);
- -	Objekt ist nicht erkennbar; hier ist trotz Vergleich mit topographischer Karte keine Linienführung auszumachen.

Die Angabe von Objektart (Straße, Weg, Kanal, Graben, Fluß usw.) sowie dessen Oberflächenbeschaffenheit (Asphalt, Schotter, Sand, Wasser) diente v.a. der Kenntnisnahme des Reflexionsverhaltens. Hinzu kam noch die Festellung des Objekt-Verlaufs: ob gerade oder gekrümmt. Dieses war für die Problematik einer später durchzuführenden Generalisierung von Bedeutung.

In einigen Bereichen gestaltete sich die Dichtemessung des Objektes als nicht durchführbar. Da lineare Elemente in der Größenordnung von einem oder weniger als 1/10 mm in der photographischen Vorlage 1:25.000 nicht mit dem Densitometer "Sixtplay" erfaßt werden konnten, blieb nur die Möglichkeit, den jeweiligen Grauwert visuell mit einem an das Objekt angelegten Graukeil vergleichend zu bewerten. Dieser 16-stufige Grauwertskala wurde mit einem Densitometer zuvor kalibriert und den einzelnen Stufen entsprechende Dichtewerte zugeordnet. Aus diesen Messungen resultierten die in Fig. 8 angegebenen minimalen und maximalen Kontrastwerte.

BEISPIEL 1: Straße bei Mésola	Objekt-Nr. 15
Objekt-Erkennbarkeit	
im LFC-Bild:	+ + +
Objekt-Bezeichnung:	Straße (Pappel-Allee)
Objekt-Breite:	4.5 m
Objekt-Oberfläche:	Asphalt
Objekt-Verlauf:	gerade
Objekt-Azimut:	180°
Objekt-Klassifikation in TK:	Straße mit 1 Spur 3.5 bis 7 m Breite
KONTRASTBESTIMMUNG	
Dichtewerte für 1:	1.23
2:	0.40
3:	0.27
maximaler Kontrast:	68.6 %
minimaler Kontrast:	59.3 %

BEISPIEL 2: Ortsdurchfahrt Mésola	Objekt-Nr. 61
Objekt-Erkennbarkeit	
im LFC-Bild:	- -
Objekt-Bezeichnung:	Straße
Objekt-Breite:	6.5 m
Objekt-Oberfläche:	Asphalt
Objekt-Verlauf:	gekrümmt
Objekt-Azimut:	160°
Objekt-Klassifikation in TK:	Straße mit 1 Spur 3.5 bis 7 m Breite
KONTRASTBESTIMMUNG	
Dichtewerte für 1:	-
2:	-
3:	-
maximaler Kontrast:	Messung
minimaler Kontrast:	nicht möglich

BEISPIEL 3: Kreuzung	Objekt-Nr. 40
Objekt-Erkennbarkeit	
im LFC-Bild:	+ +
Objekt-Bezeichnung:	Weg / Straße
Objekt-Breite:	4.5 m
Objekt-Oberfläche:	Schotter / Asphalt
Objekt-Verlauf:	gerade
Objekt-Azimut:	90° bzw. 180°
Objekt-Klassifikation in TK:	Straße 2. Ordnung
KONTRASTBESTIMMUNG	
Dichtewerte für 1:	0.09
2:	0.21
3:	1.21
maximaler Kontrast:	66 %
minimaler Kontrast	8 %

BEISPIEL 4: "Canale Bianco"	Objekt-Nr. 10
Objekt-Erkennbarkeit	
im LFC-Bild:	+ +
Objekt-Bezeichnung:	Kanal
Objekt-Breite:	22 m
Objekt-Oberfläche:	Wasser
Objekt-Verlauf:	gekrümmt
Objekt-Azimut:	45°
Objekt-Klassifikation in TK:	Kanal > 15 m
KONTRASTBESTIMMUNG	
Dichtewert für 1:	0.46
2:	0.78
3:	0.42
maximaler Kontrast:	19 %
minimaler Kontrast:	2 %

Fig. 8: Dokumentationsblatt mit vier Bildbeispielen sowie entsprechenden Objektangaben und Kontrastmessungen

ARBEITSSCHEMA: zur Problematik der Erkennbarkeit "LINEARER ELEMENTE" aus einem LFC-Bild

LFC DIA 1:775.000 ⇒ photographische Teilvergrößerung auf 1: 25.000 → Erfassung einzelner linearer Elemente nach Grauwert (visuell)

- **DICHTEMESSUNG (Kontrastbestimmung)** mit "SIXT"-Densitometer oder visuell mittels genormten Graukeil der Objekte und deren Umfeld
- Festlegung der räumliche Lage des Objektes in topographischer Karte Bestimmung des Objekt-Azimuths
- **GELÄNDEBEGEHUNG** photographische Dokumentation der aufgenommenen Objekte Objektvermessung

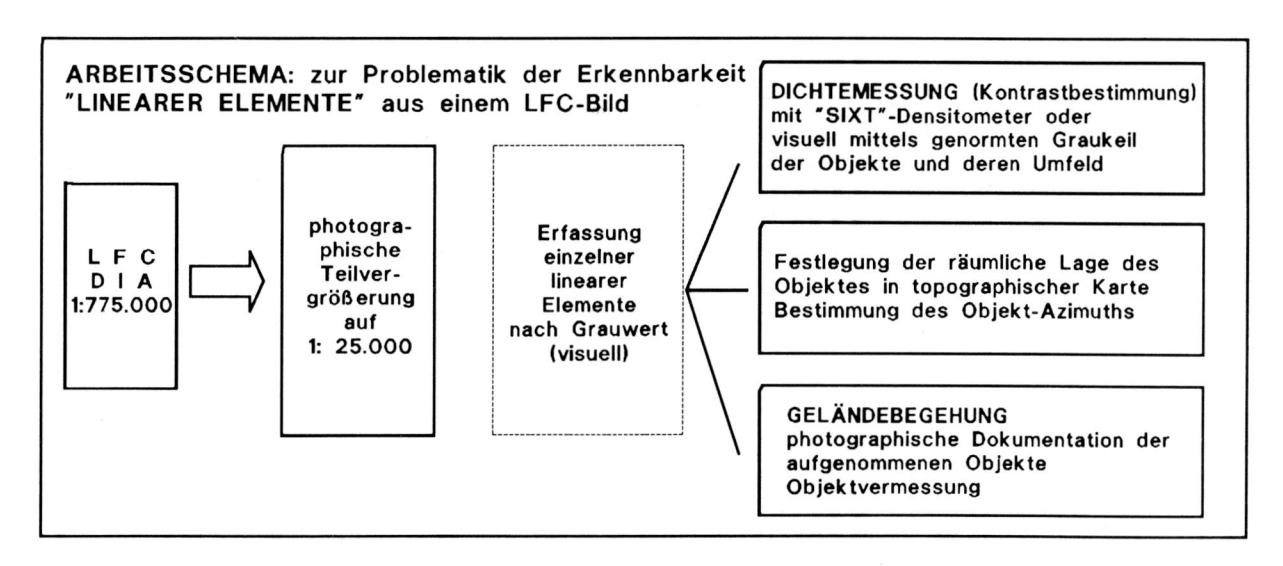

Fig. 9:

Wegen der häufig wechselnden Grautonwerte entlang eines linearen Elements wurde die Messung von Minimum und Maximum des Grauwertes der angrenzenden Fläche nur im photographisch und in einer Lageskizze festgehaltenem Bereich durchgeführt. Dadurch ist die aus diesen Messungen resultierende Aussage nur für den jeweilig dokumentierten Teil gültig. Ferner wurden eventueller Schattenwurf, das Azimut des Objektes sowie seine relative geometrische Lage zu seiner Umgebung festgehalten. Anhand der aufgelisteten Merkmale der einzelnen Objekte wurden diese von mir nach verschiedenen Kriterien zusammengefaßt.

Beispiel:
Objekterkennung bei Straßen und Wegen in Abhängigkeit von Objektbreite und Oberflächenbeschaffenheit.

- Von 44 Objekten konnten nur 13 als erkennbar, 20 als nur vermutet und 11 als überhaupt nicht erkennbar eingestuft werden. (Diese Objekte waren nicht aufgeschlüsselt, nicht klassifiziert)
- Es ergab sich ferner ein nicht sehr differenziertes Verhalten bezüglich der Erkennbarkeit der Objektbeläge Asphalt, Schotter und Sand.
- Straßen in Ortschaften, auch wenn sie überdurchschnittlich breit waren (7.5 m bis 10.0 m), ließen sich nur schwer erfassen; teilweise überhaupt nicht. Der Grund liegt in der starken radiometrischen Angleichung von bebauter Fläche und dem vorherrschenden Asphaltbelag. Häufig konnte auch aus diesem Grunde keine Kontrastmessung durchgeführt werden. Wo dieses dennoch möglich war, geschah es nur partiell an wenigen Stellen, so daß insgesamt der Verlauf einer Straße großteils nur vermutet werden konnte.

Bei genügendem Kontrast konnten Wege geringer Breite (3.5 m) mit Asphalt- oder Sandbelag *sehr gut* erkannt werden. Der Kontrastüberhang mußte allerdings ca. 50% betragen.

Die als *gut* sichtbar klassifizierten Straßen und Wege mit einer durchschnittlichen Breite von ca. 4.5 m machten den Hauptbestandteil aller untersuchten Objekte aus. Dieses *gut* bedeutet allerdings nicht, daß sie durchgängig in ihrem gesamten Verlauf *gut* sichtbar waren. In ihrem Kontrast wurden weitgehend Werte von über 30% gemessen; z.T. lagen die Werte erheblich darüber.

Die Objekte, die sich nur teilweise verifizieren ließen, hatten eine Breite von 3.0 bis zu 10.0 m. Die Erkennbarkeit fiel v.a. durch das Problem eines einseitigen Kontrastmaximums sichtbar ab.

Dieses Phänomen kam bei Straßen bzw. Wegen noch geringerer Erkennbarkeit verstärkt zur Geltung. Ein einseitig zu verzeichnendes Kontrastmaximum, auch wenn dieses über 20% lag, vermochte den geringen Grautonunterschied zwischen dem Objekt und seiner Umgebung, der angrenzenden Fläche, nicht auszugleichen. Häufig, gerade in eng bebauten Bereichen von Ortschaften, kommt es dabei zu Überstrahlungseffekten.

Abgeleitet aus den Erkenntnissen der Objekterkennbarkeit der ebenfalls untersuchten Kanäle und Gräben kann man festhalten, daß die Objektbreite als solche erst ab ca. 14 m ausschlaggebend für die Erkennbarkeit eines linearen Elementes wird. Dieses aber eindeutig auch nur dann, wenn ein Mindestkontrast von ca. 20% vorhanden ist.

5. Zusammenfassung

Der Maßstabsbereich 1:50.000 und 1:100.000 wurde schon zuvor bei früheren Untersuchungen photographischer Aufnahmeverfahren von Satelliten (so bei Metric Camera) für praktikabel gehalten, um für sie Möglichkeiten einer kostenreduzierten Nachführung bzw. Neuherstellung zu erkunden. (GIERLOFF-EMDEN, DIETZ u.a. 1985) Für die Large-Format-Camera (LFC) trifft dieses sicherlich im höheren Maße zu als für die Metric-Camera (MC). Faßt man das LFC-Bild als ein Hilfsmittel unter anderen auf, kann es sicherlich auch für den Bereich der topographischen Karten eine wertvolle Hilfe sein. Geht man aber von der Vorstellung aus, nur mit einem LFC-Bild und eventuell älteren vorhanden topographischen Karten die aktuelle topographische Realität nach den Anforderungen einer topographischen Karte einfangen zu wollen, wäre es vermessen, dieses zu tun. Denn über das Erkennen linearer Elemente hinaus wäre immer noch das Problem der Identifikation und Klassifikation zu lösen.

Ein wichtiges Anliegen dieser Arbeit war es, das Ausgangsmaterial der Kartierung zu optimieren. Dieses ist z. T. sicherlich gelungen, wenn auch die Möglichkeiten von der technischen Seite her beschränkt blieben. Das Ergebnis als solches zeigt aber auch, daß gerade in dem Bereich der Aufbereitung des Ausgangsmaterials noch einiges zu leisten wäre (hier bezogen auf den Bereich photographischer Verfahren). Erst die qualitativ beste Vorlage kann die Grenzen eines Aufnahmesystems aufzeigen.

Das Untersuchungsgebiet war von seiner Struktur her sicherlich nicht einfach auszuwerten. Allein die große Anzahl von kleinen Wegen und Kanälen stellte an die Auswertemöglichkeiten des LFC-Bildes hohe Anforderungen. Wenn man die linearen Elemente der in Tab. 1 aufgeführten Kartenmaßstäbe 1:50.000 bis 1:1.000.000 (hier für den Bereich der Bundesrepublik Deutschland) betrachtet, wird man feststellen, daß es bis in den Maßstabsbereich von 1:300.000 keine wesentlichen Einschränkungen hinsichtlich der angeführten Objektvielfalt gibt. Da für alle amtlichen Kartenlegenden im Maßstabsbereich 1:50.000 bis 1:300.000 die Identifizierung von Straßen verschiedener Ordnungen notwendig ist und diese aus dem LFC-Bild heraus nicht kartierbar sind, ist eine Kartennachführung im Bereich des Verkehrsnetzes nicht möglich.

Die gemachten Aussagen lassen sich relativieren, legt man andere Ansprüche an Genauigkeit und Vollständigkeit als Maßstab der Auswertung zugrunde.

6. Literaturverzeichnis

DONGUS, H., (1966): Die Agrarlandschaft der östlichen Po-Ebene. Tübinger GeographischeStudien, Sonderband 2, Tübingen, 308 S.

GIERLOFF-EMDEN, H.G. & DIETZ, K.R. & HALM, K., (Hrsg.), (1985): Geographische Bildanalyse von Metric-Camera-Aufnahmen des Space-Shuttle-Fluges STS-9. Beiträge zur Fernerkundungskartographie.
(= Münchener Geographische Abhandlungen, Bd. 33), München, 164 S.

GRUEN, A. & SPIESS, E., (1986): Point positioning and mapping with Large Format Camera data.
In: ESA SP-254, August 1986, Proceedings of IGARSS'86 Symposium, Zürich; 8-11 Sept. 1986, S. 1485-1494

TOGLIATTI, G. & MORIONDO, A., (1986): Large Format Camera: The second generation photogrammetrie camera for space cartography. In: ESA SP-258, Dec 1986, ESA/ERSel Symposium on Europe from Space, Lyngby, DK, 25-28 June 1986, S. 15-18

UPMEIER, H., (1981): Der Agrarwirtschaftsraum der Po-Ebene. Tübinger Geographische Studien, H. 82, Tübingen, 280 S.

Bildanalyse punktförmiger und flächenhafter Elemente im LFC-Bild "Po-Delta" zur Nachführung topographischer Karten im Maßstab 1:50.000 und 1:100.000

Harald Mehl

SUMMARY

This article intends to be a contribution to the determination of the potential application of LFC images for the updating of topographical maps with scales of 1 : 50.000 and 1 : 100.000. The analysis concentrated on the quantitative recording of point-shaped and areal features with regard to their recognizability, identification, and the possibilities to map them. Therefore, paper prints were produced from the original film transparencies with scales of 1 : 775.000. These enlarged paper prints (enlargement ca. 30 times), as well as the original photos, were analysed mono- and stereoscopically. As a result it can be stated that maps of both scales could be updated in details. Due to the high information content of topographical maps, however, only the updating of maps 1 :100.000 can be of practical interest (cf. GRUEN & SPIESS, 1986). Additionally, the "original" LFC photos of an unknown negative generation, which are available at present, permit the updating of maps 1 : 100.000 only, assuming the present cartographic standards, if it is partly supported by secondary information and repeated ground checks. A discussion or redefinition of the present cartographic standards with regard to the amount of detail, completeness, and accuracy might be useful, however, not for the sake of making space-born camera systems operational, but above all to possibly lower the tremendous costs of topographical map making by means of this new tool.

1. Testareale der Kartierung

Bei der Auswahl der Testgebiete stand die Allgemeingültigkeit der zu erzielenden Ergebnisse im Vordergrund, wobei zu berücksichtigen war, daß die Testgebiete verschiedene naturräumliche und kartographisch relevante Flächen beinhalten sollten. Die Auswahl erfolgte nicht nur über die physisch-geographische Grundaus-

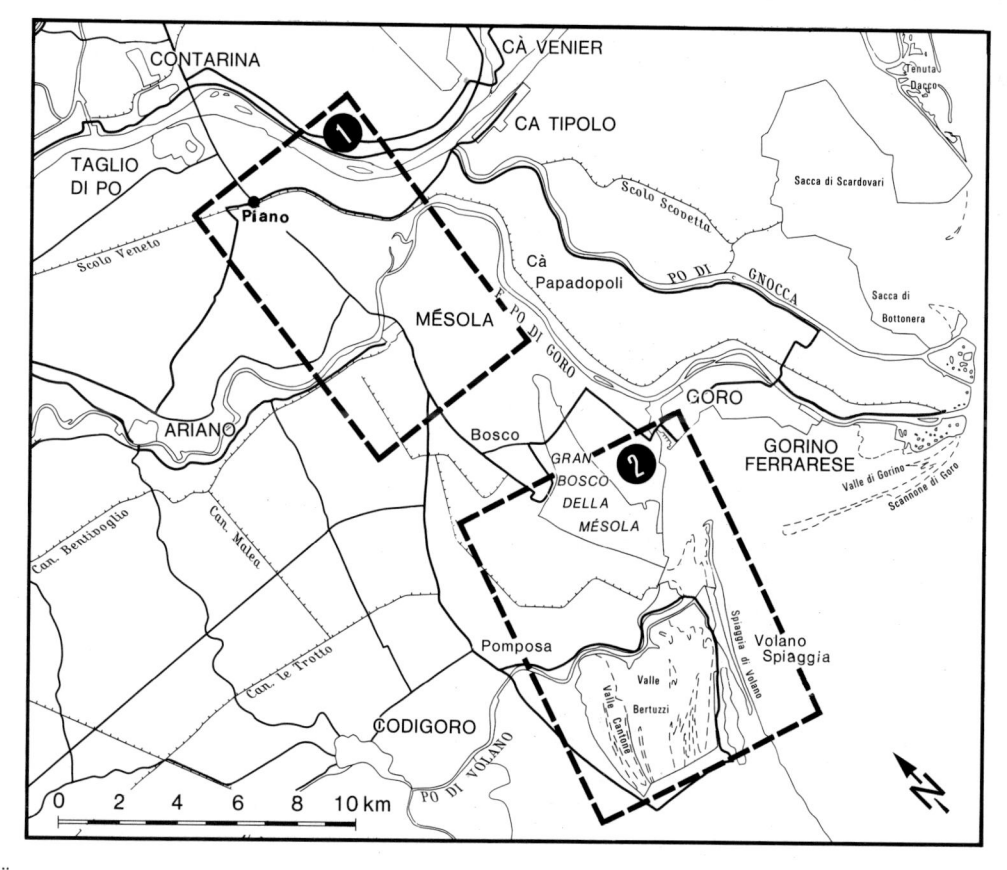

Fig. 1 Übersicht der Testareale

stattung, sondern es wurden auch anthropogene Phänomene wie agrar- und kulturtechnische Objekte berücksichtigt.

Das Testgebiet 1 "Piano" umfaßt in N-S Richtung Teile der Strandwallzonen von Piano-Mésola- Bosco Mésola und Pontelangorino - Massenzàtica - Grillara sowie in W-E Richtung den Kanal "Scolo Veneto" und Teile des Po di Goro. Das Flurbild des Testgebietes, das sich hauptsächlich aus Block und Streifenflur zusammensetzt, läßt sich in einen nördlichen Teil mit großflächigen und einen südlichen Teil mit kleinflächigen Feldern differenzieren. Der südliche Teil, vor allem aber das in dieser Region am spätesten meliorierte Gebiet "La Vallona", ist durch eine streng geometrische Flurgliederung, bedingt durch ein Netz von Entwässerungsgräben und -kanälen, gekennzeichnet. Typische Siedlungsformen sind ländliche Streusiedelungen mit Boarien-Gehöft (vergl. DONGUS 1966, S.55ff) und Einzelhöfen sowie einzelne Reihensiedelungen. Die Bodennutzung ist auf den meliorierten Gebieten durch eine intensive Wechselfeldnutzung, auf den fluviatilen Sandböden des Po bzw. auf alten Strandwällen durch Gemüse -und Sonderkulturen geprägt. Ferner ist noch der agrarische Anbau von Pappelkulturen mit kurzer Umtriebszeit nicht nur auf Ungunststandorten sondern infolge hoher Renditen auch auf Ackerstandorten feststellbar.

Das Testgebiet 2 "Volano" umfaßt Teile einer N-S ausgerichteten Beckenzone brackiger bis salziger Küstensümpfe, die sich größtenteils unter dem Meeresspiegel befinden. Teile davon wurden im Laufe mehrerer Meliorierungsphasen zu intensiv genutztem Ackerland umgestaltet (z.B. Valle Giralda, Valle Pioppa), während andere Küstenseen (Valle Bertuzzi) ihren ursprünglichen Charakter mit ausgedehntem Schilfdickicht und stagnierenden Wasserflächen bewahrt haben. Östlich daran folgt die Strandwallzone mit ihren teilweise ausgedehnten Kiefern -und Eichenforsten (Gran Bosco della Mèsola), die in erster Linie der Dünenbefestigung und dem Windschutz, aber auch den in dieser Region stark verbreiteten touristischen Zentren als Erholungszone dienen. Die Siedlungsstrukturen gleichen dem des Testgebietes 1.

2. Kartierung punktförmiger Elemente

Das Ziel dieser Untersuchung lag in der quantitativen Erfassung von Einzelgebäuden und Gebäudekomplexen im LFC-Bild hinsichtlich Erkennbarkeit, Identifizierbarkeit und Kartierbarkeit und deren mögliche Nachführbarkeit in topographischen Karten der Maßstäbe 1:50.000 bzw. 1:100.000. Um den zeitlichen Rahmen nicht zu sprengen, wurden die Untersuchungen auf den ländlichen Raum beschränkt.

2.1 Test-Methode (s.a. Fig. 2)

- Der erste Arbeitsschritt bestand in der reprotechnischen Vergrößerung des LFC-Positivs(1:775.000) auf Papierabzüge im Maßstab 1:25.000 sowie der Vergrößerung (Kontaktkopie auf Photopapier) der Top.Karte 1:50.000 auf 1:25.000 (vgl. METTE, S. 58).

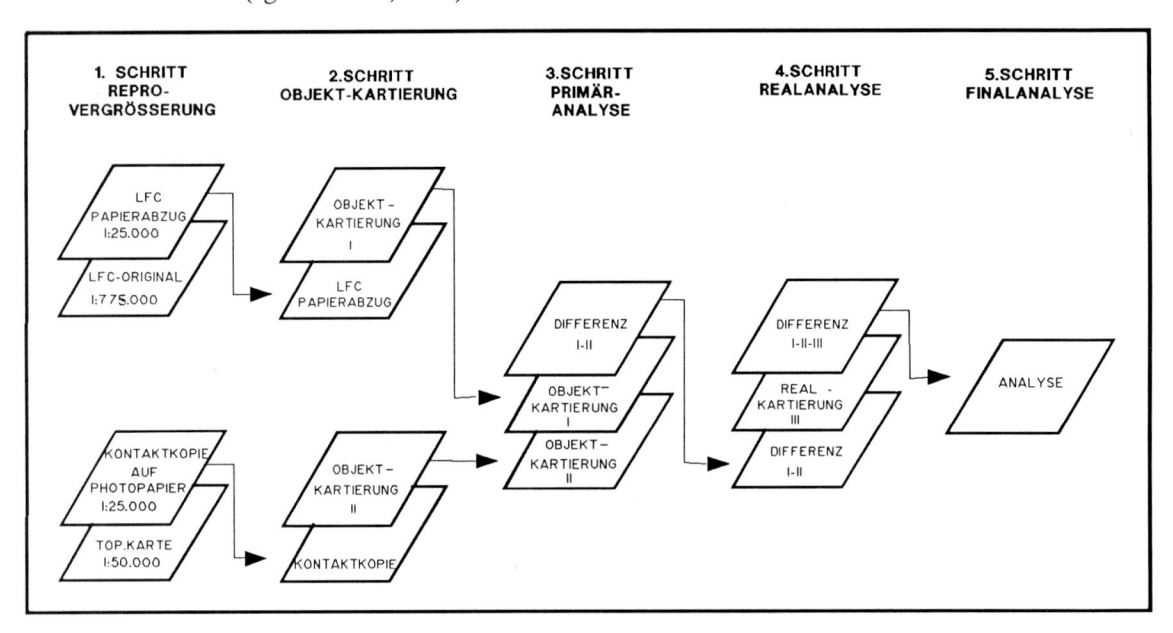

Fig. 2: Methodischer Arbeitsablauf zur Objekt(Gebäude)-Kartierung

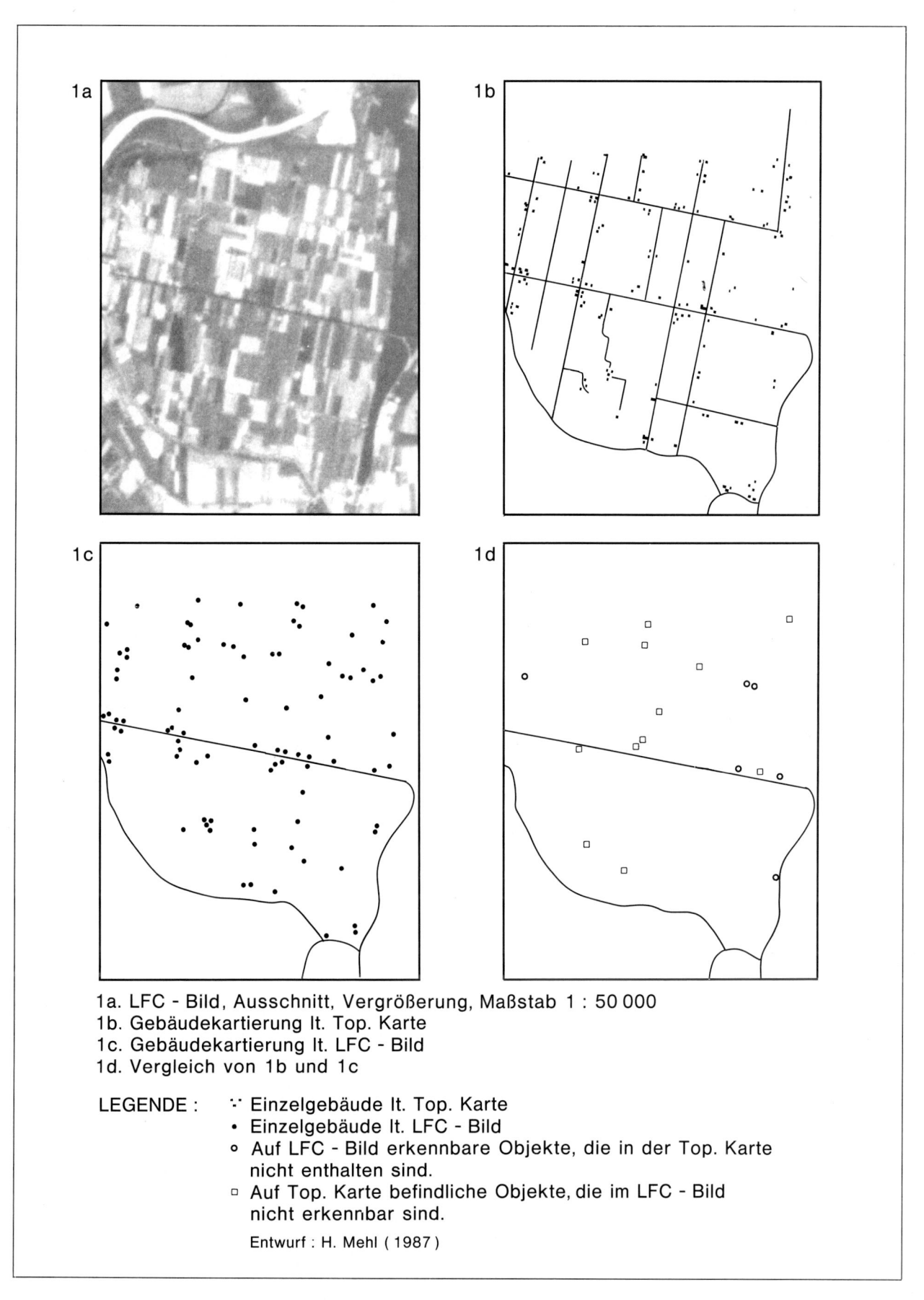

1a. LFC - Bild, Ausschnitt, Vergrößerung, Maßstab 1 : 50 000
1b. Gebäudekartierung lt. Top. Karte
1c. Gebäudekartierung lt. LFC - Bild
1d. Vergleich von 1b und 1c

LEGENDE :   ∵ Einzelgebäude lt. Top. Karte
• Einzelgebäude lt. LFC - Bild
○ Auf LFC - Bild erkennbare Objekte, die in der Top. Karte nicht enthalten sind.
□ Auf Top. Karte befindliche Objekte, die im LFC - Bild nicht erkennbar sind.

Entwurf : H. Mehl (1987)

Fig. 3: Gebäude - Kartierungstest zur Karte 1:50.000. Karte: Carta d'Italia - Scala 1:50.000, Foglio No. 187 - Codigoro. Testgebiet: Mésola, Po-Delta

- Im zweiten Schritt wurden alle im LFC-Bild erkennbaren Einzelobjekte und Gebäudekomplexe auf maßstabshaltiger, hochtransparenter Folie visuell kartiert; dabei wurden rund 320 Objekte in zwei Testgebieten untersucht. Es wurden nur solche "weißen Bildelemente" kartiert, die an Hand ihrer typischen "korn-ähnlichen" Form eindeutig zu erkennen waren. Auf einer zweiten Folie wurden alle auf der topographischen Karte befindlichen Objekte kartiert.
- Mit Hilfe von Paßmarken wurden anschließend beide Folien lagegerecht übereinander gelegt. Auf einer dritten Folie wurden dann alle Unstimmigkeiten bzw. Differenzen festgehalten.
- Im folgenden Schritt wurde im Testgebiet eine Realkartierung aller Objekte erstellt und diese Kartierung dann mit den Ergebnissen der Folie 3 verglichen.
- Abschließend erfolgte die Analyse und Zusammenfassung aller Kartierungergebnisse.

2.2 Allgemeine Testergebnisse

Die Erkennbarkeit von Gebäuden bzw. Gebäudekomplexen beruht hauptsächlich auf Helligkeitskontrasten, d.h. verstreut liegende Häuser können um so sicherer im LFC-Bild erkannt werden, je größer der Unterschied der Grautonwerte zwischen zu erkennenden Objekt und Umgebung ist (vgl. Fig. 4). Sie wird unmöglich, wenn sich in direkter Umgebung eines Objektes stark überstrahlende Flächen (z.B. Felder) befinden bzw. wenn Objekt und Umgebung den gleichen Grauwert besitzen. Typischer Grauwert für Einzelgebäude ist Weiß; für Gebäudekomplexe ein "schlieriges" Hellgrau. Zur Objektidentifikation potentiell verwendbare Parameter wie Größe, Form, Muster, Schatten, Lage, Textur und Grautöne können auf die zwei zuletzt genannten reduziert werden. Die Identifizierbarkeit von Objekten ist im LFC-Bild nur bedingt möglich und besteht in dem Analogieschluß, daß erkannte Grauwerte in ihrem Kontrast zur Umgebung ein Objekt wiedergeben. Also beruht die Detektion von Einzelgebäuden auf keiner bestimmten, objektspezifischen Form, sondern auf der Annahme, daß weiße, punktartige Grauwertsignale solche Objekte darstellen. Die Größe der Objekte kann infolge der Überstrahlung nicht aus dem LFC-Bild herausgemessen werden.

Die Klassifizierung von Einzelgebäuden, z.B. in Wohn- und Wirtschaftsgebäude, Kapellen, Wassertürme u.a. ist im geometrischen Auflösungsbereich von 10 - 20m im LFC- Satellitenbild nicht möglich. Eine innere Differenzierung von Gebäudekomplexen ist nur sehr bedingt durchführbar, da die spektrale Auflösung so unterschiedlicher Elemente wie z.B. Ziegeldach, Industriedach, Sandplatz und Teerfläche infolge starker Überstrahlung zumeist den gleichen weißen Grauton ergibt (vgl. Fig. 6). Weiterhin ist zu bemerken, daß sowohl Gebäude als auch Gebäudekomplexe gemäß den kartographischen Anforderungen nicht eindeutig lagetreu kartiert werden können. Ursachen sind einerseits die Überstrahlung der Objekte bzw. der zumeist parallel dazu laufenden Straßen, oder aber eine stark verminderte Erkennbarkeit dieser Elemente. Bezüglich der potentiellen Nachführung der topographischen Karte 1:100.000 ist jedoch die Frage zu stellen, ob die Kartierungsgenauigkeit aus LFC-Bildern nicht ausreicht, wenn man dieser die Faktoren Verdrängung und Zeichengenauigkeit einer Karte im gleichen Maßstab gegenüberstellt (vgl. Fig. 7). Im Laufe der "ground-truth" - Untersuchungen wurde z.B. festgestellt, daß fast alle Häuser in den Testgebieten einen 10-15m breiten Garten vor, seitlich neben, bzw. um das ganze Haus haben (vgl. Fig. 8). Diese Gartenflächen liegen damit einerseits

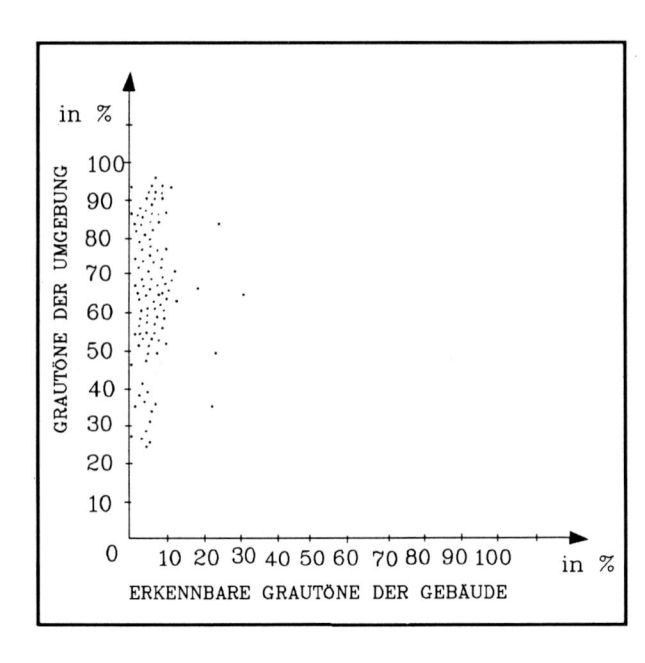

Fig. 4: Darstellung des Objektkontrastes

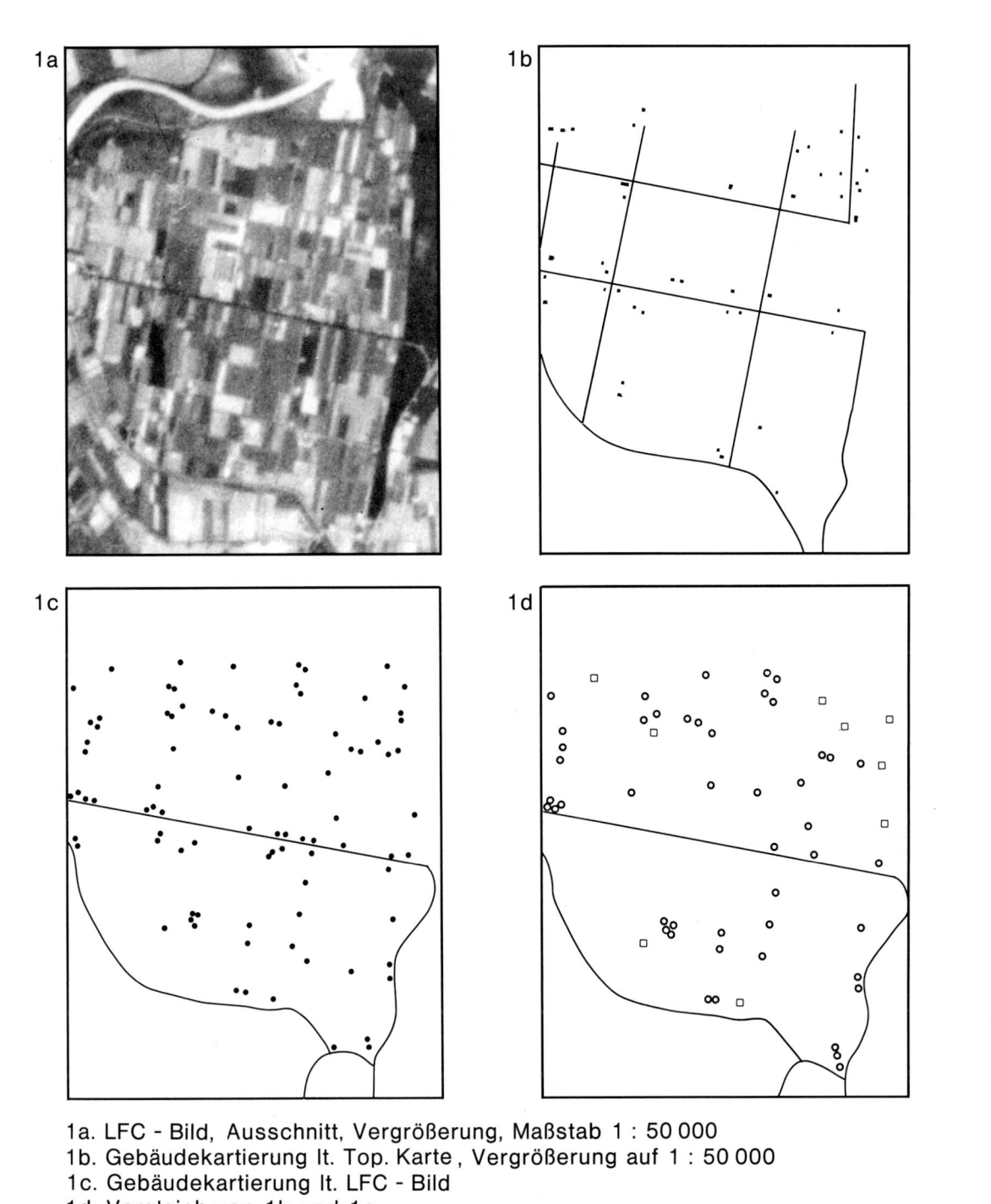

1a. LFC - Bild, Ausschnitt, Vergrößerung, Maßstab 1 : 50 000
1b. Gebäudekartierung lt. Top. Karte, Vergrößerung auf 1 : 50 000
1c. Gebäudekartierung lt. LFC - Bild
1d. Vergleich von 1b und 1c

LEGENDE :   ▪ Einzelgebäude lt. Top. Karte
• Einzelgebäude lt. LFC - Bild
○ Auf LFC - Bild erkennbare Objekte, die in der Top. Karte nicht enthalten sind
□ Auf Top. Karte befindliche Objekte, die im LFC - Bild nicht erkennbar sind.

Entwurf : H. Mehl (1987)

Fig. 5: Gebäude - Kartierungstest zur Karte 1:100.000. Karte: Carta d'Italia - Scala 1:100.000, Foglio No. 77 - Comacchio. Testgebiet: Mésola, Po-Delta

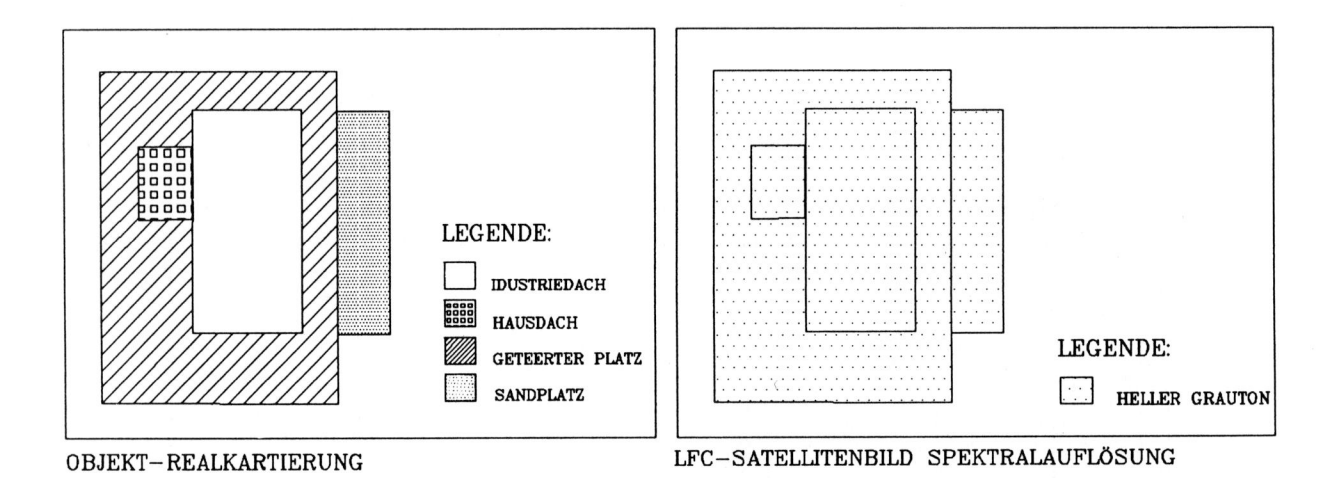

Fig. 6: Realkartierung versus spektrale Auflösung

unterhalb der erkennbaren spektralen Auflösung, anderseits aber auch unterhalb der kartographisch darstellbaren Minimaldimension.

2.3 Ergebnisse hinsichtlich der Nachführbarkeit

• Vergleich LFC-Bild und Top.Karte 1:50.000

Der Vergleich einer LFC/Top. Karten - Kartierung zeigt, daß der Informationsgehalt hinsichtlich von Gebäuden und Gebäudekomplexen in der topographischen Karte 1:50.000 höher ist als in einem LFC-Bild (vgl. Fig. 3). Von den 148 im Testgebiet vorhandenen Gebäuden konnten 93 erkannt werden, was einer Trefferquote von 63% entspricht. Auch die Vorgabe, daß bei Gebäudekomplexen wenigstens ein Gebäude im LFC-Bild erkannt werden muß, verbessert das Ergebnis nicht deutlich. Positiv zu bewerten ist die Tatsache, daß aus dem LFC-Bild einige Objekte kartiert wurden, die in der Top.Karte (Ausgabe 1984) nicht existent waren. Beim "ground-check" konnten von den 7 kartierten Objekten 5 als Gebäude und 2 als kleinere Sand- bzw. Betonflächen identifiziert werden, s.a. Fig. 3.

Die Nachführung einer topographischen Karte hinsichtlich untersuchter Objekte erscheint dem Verfasser in diesem Maßstab nicht möglich zu sein.

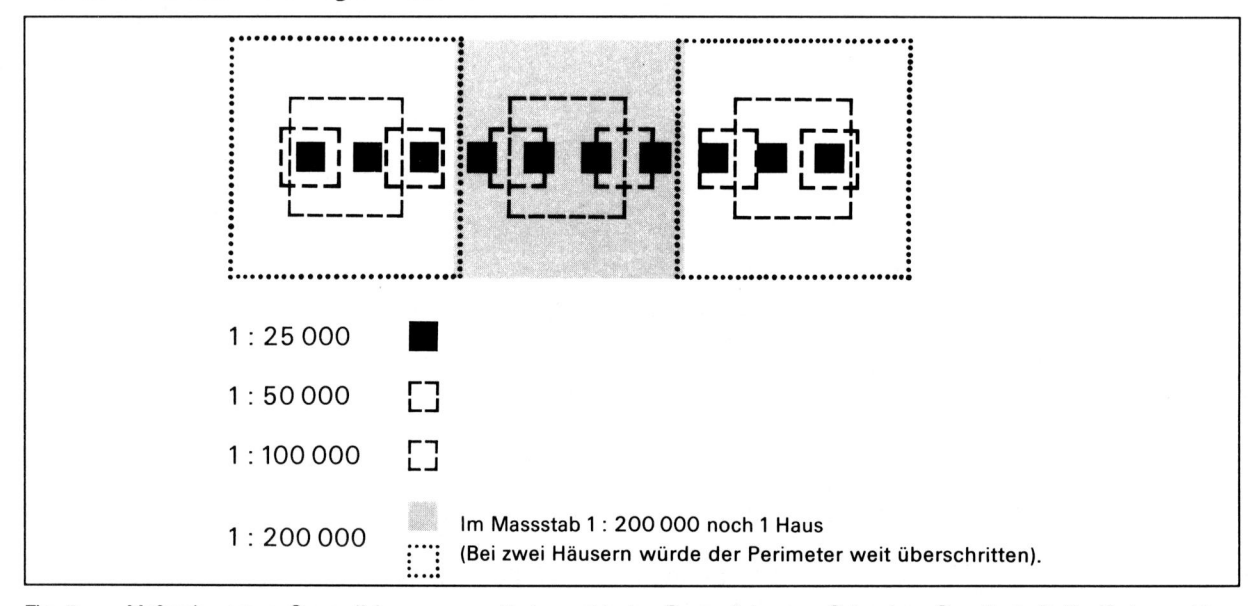

Fig. 7: Maßstab versus Generalisierung; aus: Kartographische Generalisierung, Schweizer Gesellschaft für Kartographie, Zürich 1975

• Vergleich LFC-Bild und Top.Karte 1:100.000

Der Vergleich einer LFC-Kartierung mit einer Top.Karte 1:100.000 zeigt, daß nun mit Hilfe des LFC-Bildes die Informationsebene "Gebäude und Gebäudekomplexe" aktualisiert werden könnte, vgl. Fig. 5. So waren in der topographischen Karte nur 46 Gebäude dargestellt. Das entspricht in Relation zu den 93 Gebäuden der Kartierung nach LFC und Geländebefunden einem Informationsdefizit von 51%. Zu erwähnen ist jedoch, daß die "neueste Edition" dieser topographischen Karte aus dem Jahre 1950 stammt, eine hier so positiv dargestellte Anwendungsmöglichkeit also nicht umbedingt von der Qualität des LFC-Bildes abhängt, sondern von der mehr als notwendigen Aktualisierung dieses Kartenwerkes. Anderseits deckt dieses Nachführungsdefizit auch eine effiziente, kostengünstige Anwendungsmöglichkeit von LFC-Bildern auf. Diese Angaben beziehen sich jedoch nur auf Einzelgebäude bzw. Gebäudekomplexe im ländlichen Raum. Die Kartierung einer geschlossenen Siedlung würde wesentlich mehr Schwierigkeiten bereiten, da dort infolge der starken Überstrahlung von Siedlungsflächen eine genaue Abgrenzung zum Umland nur sehr schwer möglich ist.

3. Kartierung flächenhafter Elemente

Ziel der Untersuchungen war es, hinsichtlich der Nachführung von topographischen Karten in den Maßstäben 1:50.000 und 1:100.000 den Informationsgehalt von LFC-Bildern für die Erfassung relevanter Flächennutzungen festzustellen. Dazu wurden von den Original-Positiven des Maßstabs 1:775.000 Papierabzüge angefertigt. Sowohl die ca. 30 fach vergrößerten Papierabzüge als auch die Originale wurden monoskopisch und stereoskopisch untersucht. Die stereoskopischen Auswertungen am Zeiss/Jena Interpretoskop wurden infolge des flachen Reliefs der Testgebiete bald eingestellt, da keine zusätzlichen Informationen gewonnen wurden. Die

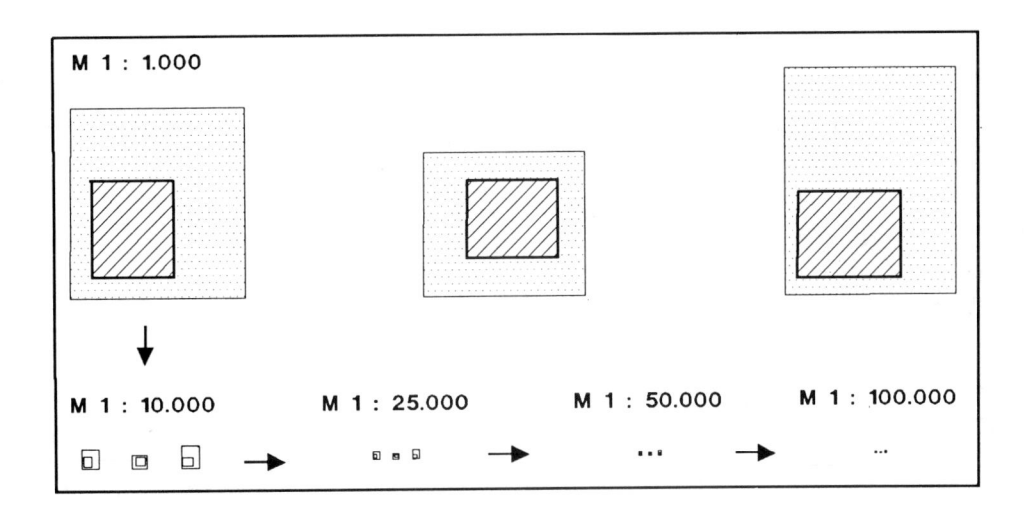

Fig. 8: Beziehung zwischen relativer Lage von Einzelhäusern mit Garten und Möglichkeiten ihrer maßstäblichen Darstellung

nach den topographischen Legendenkriterien kartierten Flächen im LFC-Bild wurden mit den entsprechenden topographischen Karten visuell und auch instrumentell mit dem Bausch & Lomb Zoom Transferscope verglichen und hinsichtlich der Parameter Erkennbarkeit, Identifizierbarkeit und Nachführbarkeit untersucht.

3.1 Testergebnisse der Kartierung "Piano"

Das Ergebnis der durchgeführten Kartierung für das Testgebiet 1 "Piano" ist in Fig. 9 beispielhaft veranschaulicht. Obgleich beim ersten übersichtsmäßigen Vergleich von topographischer Karte und LFC-Kartierung eine Homogenität der Flächen zu erkennen ist, muß dieser positive Eindruck doch relativiert werden. Zwar können alle lt. topographischer Karte vorgegebenen Flächen im LFC-Bild erkannt (vgl. Fig. 12), jedoch nur teilweise

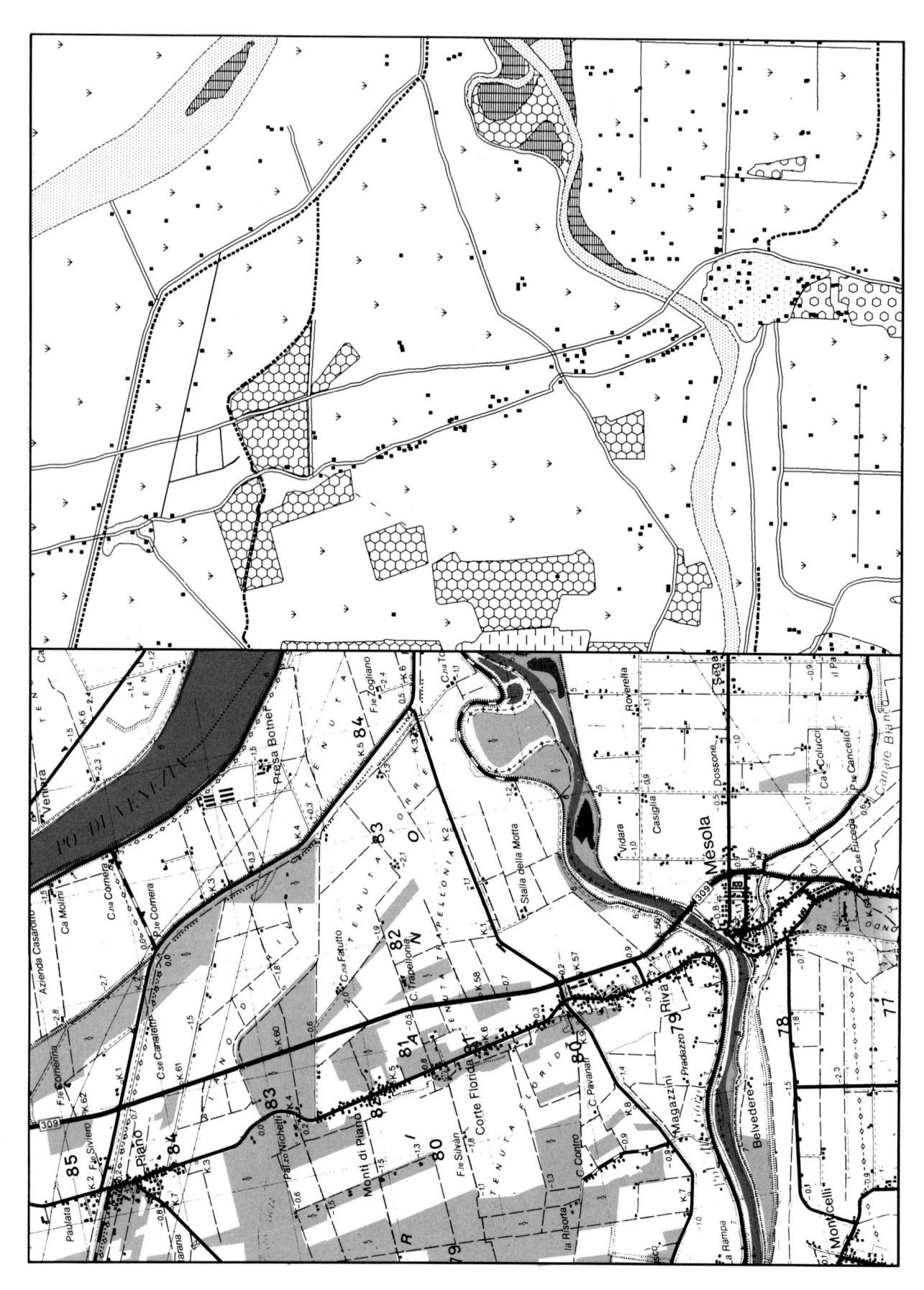

Fig. 9: Kartierungstest zur Karte 1:50.000. Karte: Carta d'Italia - Scala 1:50.000, Foglio No. 187 - Codigoro
Testgebiet: Piano, Po-Delta

LFC - SATELLITENBILD 1 : 775.000
Vergrösserung ~15x auf 1 :50.000

Legende zu:

Kartierung 1 : 50.000

Kartenausschnitt, Top.Karte
1 : 50.000   IGIM.1984

	Hauptstrasse
	Nebenstrasse
	Kanal
	Siedlung/Gebäude
	Sand und Dünen
	Sumpf/Schilf
	Fluss
	Ackerland
	Pappelwald
	Forstflächen
	Kiesfläche

	Hauptstrasse
	Nebenstrasse
	Siedlung/Gebäude
	Sand und Dünen
	Sumpf/Schilf
	Fluss
	Pappelwald
	Forstflächen
	Busch–Strauchdickicht
	Weinbau

Fig. 10:

LARGE-FORMAT-CAMERA 1 : 775.000

Vergrösserung ~ 7.5x auf 1 : 100.000

Kartierung 1 : 100.000

- Siedlung/Gebäude
- Sand und Dünen
- Valle
- Ackerland
- Pappelwald
- Nadelwald
- Flussbecken
- Wasserflächen
- Sumpf/Schilf

Kartenausschnitt, Top.Karte
1 : 100.000   IGMI.1950

- Hauptstrasse
- Nebenstrasse
- Fluss
- Siedlung
- Sumpf
- Weinbau
- Dünen

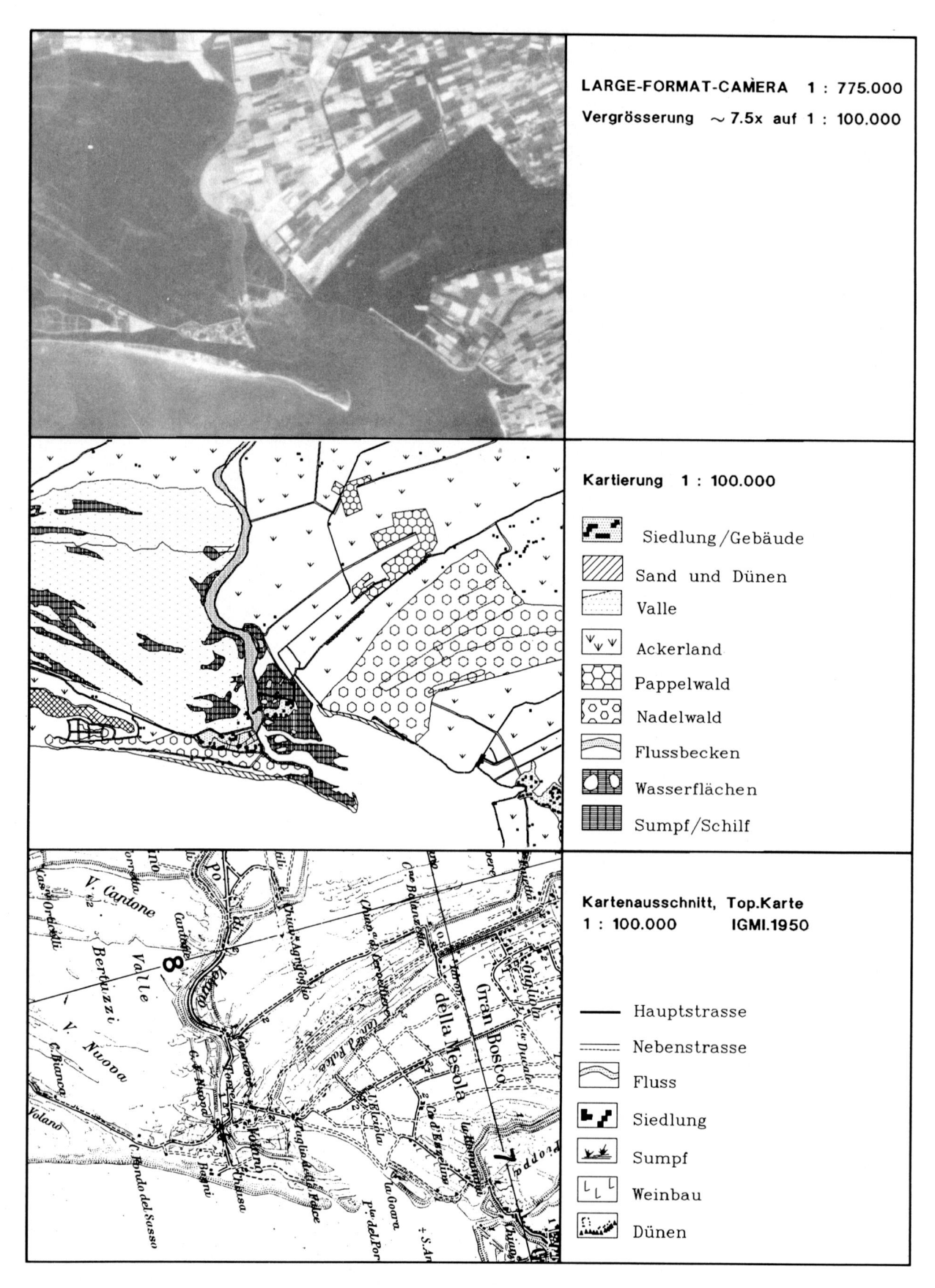

Fig. 11: Kartierungstest zur Karte 1:100.000. Karte: Carta d'Italia - Scala 1:100.000, Foglio No. 77 - Comacchio
Testgebiet: Volano, Po-Delta

identifiziert werden. Gute Testergebnisse bekommt man für Waldflächen, die zu 96% nach Grauton und Textur erkannt werden. Eine Klassifizierung ist nur in agrarisch angebaute Pappelkulturen und Forstflächen möglich, wobei die zuletzt genannten Flächen zu 94% identifiziert, die zuerst genannten zu 82% identifiziert werden können. Teilweise ist sogar eine 10 - 12m breite Pinien/Buschvegetation auf Binnendünen zu erkennen. Vergleicht man diese Ergebnisse mit den in topographischen Karten enthaltenen Waldflächen, so ist einerseits hinsichtlich der inneren Differenzierung ein Informationsdefizit in der LFC-Kartierung festzustellen, da Waldflächen in der topographischen Karte signaturhaft in 11 Arten aufgegliedert werden, anderseits könnten aber diese in der topographischen Karte enthaltenen Flächen durch die Kartierung, falls notwendig, nachgeführt werden. Infolge mangelnder Auflösung ist also eine Nachführung der Fläche(n) "Wald" möglich, jedoch nicht deren Differenzierung. Das Erkennen von Ackerland ist infolge des typischen Flurbildes problemlos möglich, jedoch für topographische Karten von geringem Interesse im Gegensatz zu Obst- und Sonderkulturen, die in der topographischen Karte mit Signaturen dargestellt werden. Eine Differenzierung von Ackerland, Obst- und Sonderkulturen ist aber nicht möglich, da eine dafür notwendige Textur unter dem Minimum visible liegt. Erst eine Bodenauflösung unter 3m, wie es z.B. UHAP-Aufnahmen (vgl. GIERLOFF-EMDEN 1983) bieten, würde die Identifikations- und Klassifikationsmöglichkeiten wesentlich verbessern.

Auch das Erkennen und Identifizieren von Siedlungen bringt keine Probleme mit sich. Eine innere Differenzierung der Siedlungsfläche ist aber infolge Detailreichtums, geringer Auflösung sowie teilweiser starker Überstrahlung nicht möglich. Eine Nachführung der aktuellen Flächen ist bedingt möglich, falls sich die angrenzenden Flächen z.B. aus Wald bzw. Dauergrünland zusammensetzen.

3.2 Testergebnisse der Kartierung "Volano"

Prinzipiell gelten die in 3.1 dargelegten Ausführungen auch für das Testgebiet 2 "Volano" (Fig. 11), obwohl diese Untersuchung mehr hinsichtlich der Nachführung der Top.Karte 1:100.000 unternommen wurden. Da jedoch das neueste Kartenmaterial aus dem Jahre 1950 stammt, wurden die Kartierungen auch mit den topographischen Karten 1:50.000 (1984) verglichen, um die gewonnenen Ergebnisse einer objektiven Betrachtung unterziehen zu können. Besonderes Augenmerk verdienen in diesem Testgebiet die Gewässerflächen, die abgesehen von der Kategorie Sumpf/Schilf zu 98% identifiziert werden konnten. Teilweise ist sogar der Über-

	TOPOGRAPHISCHE KARTE			IM LFC - BILD	
	1:50.000	1:100.000	1:200.000	ERKENNBAR	IDENTIFIZIERBAR
SIEDLUNG	S	S	S	X	X
EINZELHAUS	S	S		X	
FLUSS	F	F	F	X	X
TEICH	F			X	X
BINNENSEE	F	F	F	X	X
KÜNSTL.SEE	F	F	F	X	X
VALLE	F	F	F	X	X
WALD	F;SF		S	X	X
TANNE	SF		S	O	
PINIE	SF		S	X	(X)
ZYPRESSE	SF		S	O	
EUKALYPTUS	SF			O	
KORKEICHE	SF			O	
EICHE/ULME	SF		S	X	
KASTANIE	SF		S	O	
BUCHE	SF			O	
LERCHE	SF			O	
PAPPEL	SF			X	(X)
UNTERHOLZ/GESTRÜPP	S		S	X	
OBSTBAU	S			X	
ZITRUSFRÜCHTE	S			X	
OLIVEN	S			O	
MANDELBAUM	S			O	
AUFFORSTUNG	F			X	
SUMPF	S	S	S	X	(X)
SCHILF	S	S	S	X	
DÜNEN	S	S	S	X	
STRAND	S	S	S	X	
WEINGARTEN	S	S		X	
ÖDLAND	S			X	

F = DARSTELLUNG MIT FARBFLÄCHE
SF = DARSTELLUNG MIT SIGNATUR AUF FARBFLÄCHE
S = DARSTELLUNG MIT SIGNATUR
O = IN DEN TESTGEBIETEN NICHT VORHANDEN
(X) = BEDINGT IDENTIFIZIERBAR

ANGABEN NACH ITALIENISCHEN LEGENDEN DER TOP.KARTEN
1:50.000-1:100.000-1:200.000

Fig. 12:   Informationen zu topographisch relevanten Flächen

gang vom Brackwasser des "Valle Bertuzzi" bzw. vom Süßwasser der beiden Kanäle "Canale della Falce" und "Collettore Giralda" zum Meerwasser erkennbar. Das Problem der Erfassung von Sumpfflächen ist von komplexer Natur sowohl hinsichtlich der Erkennung als auch hinsichtlich der Abgrenzung zu anderen Flächen. Während die teilweise feingliedrig verästelten Schilfflächen in Umgebung von süß bis brackischem Wasser gut erkennbar sind, ist dies bei suspensionsreichem Meerwasser unmöglich. Darüber hinaus ist eine Differenzierung zwischen Sumpf und Busch-Strauchdickicht, wie sie in der topographischen Karte vorgefunden wird, nicht möglich. Eine objektive Wertung hinsichtlich einer Nachführung ist nur sehr schwer zu treffen, da die in der topographischen Karte angegebenen Flächen nur signaturhaft dargestellt werden, also kein direkter Vergleich hinsichtlich einer Abgrenzung zu anderen Flächen möglich ist. Ferner muß der temporal schwankende Wasserstand der Valle bzw. des Meerwassers bei den Abgrenzungen berücksichtigt werden. Bei den "groundchecks" wurden doch beträchtliche Veränderungen des oberhalb der Wasserfläche erkennbaren Schilfflächenanteiles festgestellt. In Folge des hellen Grautones der Schilfflächen und der damit verbundenen Überstrahlung würde somit ein verfälschter Flächenanteil kartiert, der einen bestimmten jahreszeitlichen Eindruck wiedergibt, jedoch nicht den erwünschten Durchschnittsanteil. Größte Probleme bietet auch die Erkennbarkeit des Po di Volano. Man kann zwar einen gleichmäßigen Grauton erkennen, der sich gut vom Valle Bertuzzi einerseits und den angrenzenden Ackerflächen anderseits abhebt, aber eine innere Differenzierung zwischen Po di Volano und unmittelbar seitlich angrenzenden Schilfgebieten bzw. Dauergrünland ist nicht möglich.

Ähnliche Probleme ergaben sich auch in der Strandzone. So ist z.B. der Strand von Volano als solcher gut zu erkennen, eine Differenzierung mehrerer direkt am bzw. einige Meter vom Strand entfernt gelegener Restaurants ist infolge starker Überstrahlung unmöglich. Ferner ist auch eine Differenzierung des Strandhaken von Volano in Strand - Düne - Schilfgebiet - Pinienwald - Sumpf - Wasserflächen nur bedingt möglich. Im Vergleich zu den topographischen Karten beider Maßstäbe muß aber hervorgehoben werden, daß die dort abgebildeten Flächen zwar differenziert vorhanden sind, aber nur Teilaspekte davon vom LFC-Satellitenbild nachgeführt werden könnten.

4. Zusammenfassung

Die in diesem Aufsatz vorgetragenen Ergebnisse zeigen sowohl positive Ansatzpunkte als auch noch zu überwindende Schwierigkeiten hinsichtlich einer Nachführung topographischer Karten mit Hilfe von Weltraum-Kamerasystemen auf. Der technische Entwicklungsweg bis zu einem operationellen Einsatz der Large- Format-Camera erscheint noch recht hindernisreich, obgleich Verbesserungen gegenüber der Metric - Camera (vgl. GIERLOFF-EMDEN, DIETZ u.a. 1985) festzustellen sind. Momentan kann das LFC-Bild als ein Hilfsmedium unter vielen angesehen werden. Erst mit der Vorgabe einer räumlichen Auflösung unter 3 Meter sowie erhöhten Repetitionsraten würden sich die Einsatzmöglichkeiten vervielfältigen (vgl. LEBERL, 1982) . Natürlich haben sowohl die Gebäudekartierung als auch die Kartierung topographisch relevanter Flächen notwendige Aktualisierungen angedeutet, doch darf man nicht den Detailreichtum einer Top.Karte vergessen, der teilweise auf dem LFC-Bild weder erkennbar noch identifizierbar ist. Anderseits sollte in diesem Zusammenhang auch einmal erwähnt werden, daß die Qualität der Original-Positive x-ter Ordnung, die für die Untersuchungen zur Verfügung steht, leider hohen Schwankungen unterliegt. Die Zuverlässigkeit der Testergebnisse kann somit nur so gut oder schlecht sein, wie das zur Verfügung stehende Material. Daher sind bessere Ergebnisse hinsichtlich einer Nachführung topographischer Karten im mittleren Maßstab teilweise erahnbar aber leider nicht festlegbar.

5. Literatur:

DONGUS, H. (1966): Die Agrarlandschaft der östlichen Po-Ebene, Tübinger Geographische Studien, Sonderband 2, Tübingen, 308 S.

GIERLOFF-EMDEN,H.G., DIETZ,K.R. (1983): Auswertung und Verwendung von High Altitude Photography (HAP), Münchner Geographische Abhandlungen, Bd.32., 106 S.

GIERLOFF-EMDEN,H.G., DIETZ,K.R., HALM,K. (eds.) (1985): Geographische Bildanalysen von Metric Camera Aufnahmen des Space Shuttle Fluges STS-9, Münchner Geographische Abhandlungen, Bd.33., 164 S.

GRUEN,A., SPIESS,E. (1986): Point Positioning and Mapping with Large Format Camera Data, Proceedings of IGARSS'86 Symposium, Zürich, 8-11 Sept.,ESA SP-254, S. 1485-1494.

LEBERL,F.W. (1982): The Applicability of Satellite Remote Sensing to Small and Medium Scale Mapping, Proceedings of an EARSeL-ESA Symposium, Igls, 20-21 April, ESA SP-175.

Anwendungsmöglichkeiten von Satellitenphotos der Large Format Camera in der Seekartographie (Beispiel: Golf von Venedig)

Werner Stolz

SUMMARY

Results of the MetricCamera Experiment from coastal areas suggest that these space photographs offer a considerable amount of cartographic information (harbours, settlements, coastline and coastal structures), which can be included in nautical charts.
In this context the paper investigates the Large Format Camera (LFC) Photos "Northern Italy", taken during Shuttle Mission STS 41 (5.-13. October 1984). Both monocular and stereoscopic interpretations were carried out. The test region is the Lagoon of Venice in the Northern Adriatic Sea.
The information content of nautical charts is determined by the specific navigational phase each serves. The primary differences between these charts are scale and the features emphasized. Chart 1 of the International Chart Series provides an overview of their content. It is used as a reference in determining the information content of the LFC photographs. Special attention is given to the shoreline, as the boundary between land and water, which is referred to a defined tidal datum (in Italy: the mean sea level). It can be demonstrated that in areas with a small tidal range it is quite well possible to transfer the mapped shoreline to a chart within the proposed accuracy standards, if one examines the variables (e.g. tidal stage, wind and waves, shore profile, beach material), which determine the position of the land-sea boundary in the photo. Problems exist in the lagoon, where the hydrographic situation (modification of the tides) on the one side, and the ambiguity of the spectral signatures of water and mudflats on the other can obscure the boundary line. In this case, the vegetation boundary of the Barene to the open lagoon which is clearly recognizable in the photos, serves as shoreline. This is also common practice in land surveys.
The evaluation of the types of cartograhic information, which can be included in nautical charts, is compared with existing charts of different scales.The results show that the LFC photos are a useful tool, which can be implemented in several steps of chartmaking (e.g. change detection, updating, generalisation process). One problem, which has already been mentioned by many authors, is the ambiguity of spectral signatures: It hinders the recognition of objects. Therefore, additional material and ground surveys in order to improve the data transfer to a chart are required.

1. Einführung

Ausgehend von der nach wie vor schlechten Erfassung der Erde mit topographischen Karten im mittleren Maßstabsbereich wurden in den Jahren 1983 und 1984 zwei Experimente mit photogrammetrischen Kameras vom Space Shuttle aus durchgeführt. Ziel dieser Experimente war die Überprüfung der Satellitenphotos unter dem Aspekt der Bildgeometrie mittels photogrammetrischer Verfahren, und des Bildinhaltes mit Methoden der geographischen Satellitenbildinterpretation. Am Institut für Geographie der Universität München wurden im Rahmen einer Arbeitsgruppe mit Unterstützung des BMFT sowohl Metric Camera Aufnahmen als auch Large Format Camera Aufnahmen unter dem zuletzt genannten Aspekt untersucht. Die Erfahrungen mit dem Bildmaterial haben gezeigt, daß vor allem im Küstengebiet die Erfassung kartenrelevanter Gestaltelemente (Häfen, Siedlungen, Küstenveränderungen) gut möglich ist (GIERLOFF-EMDEN, DIETZ, HALM, 1985 und STOLZ, 1987). Es erscheint daher angebracht den Bildinhalt von Satellitenphotos unter dem Aspekt der Aktualisierung von Seekarten zu untersuchen. Die Verwendbarkeit von Fernerkundungsdaten zur Aktualisierung von Seekarten wird seit den Anfängen der Raumfahrt diskutiert. Anfangs waren wegen der geringen Auflösung und der mangelhaften Bildgeometrie die Anwendungsmöglichkeiten noch begrenzt, es konnten jedoch vor allem in ungenau vermessenen Gebieten Inselgruppen und Riffe neu in die vorhandenen Seekarten aufgenommen, bzw. nach ihrer Lage und Ausdehnung korrigiert werden (GEARY, 1968). Mit der Entwicklung der Landsatsatelliten wurde dem Hydrographen Datenmaterial zur Verfügung gestellt, das zur Nachführung von Seekarten im Maßstabsbereich < 1 : 100 000 geeignet war (LANGERAAR, 1984). In diesem Beitrag werden folgende Aspekte untersucht:

- welche Informationen nach den Anforderungen der Legende der Internationalen Kartenserie, Karte 1 (DHI, 1987), in einer Seekarte enthalten sein sollen,
- welche Informationen das LFC-Bild für Seekarten bereitstellt,
- welche Probleme die Auswertung des Bildmaterials mit sich bringt,
- welche Beziehungen zwischen der definierten Küstenlinie der Seekarte und der Küstenlinie im Satellitenbild, die durch das Aufnahmesystem und die natürlichen hydrographischen Verhältnisse bedingt ist, bestehen.

Fig. 1: LFC-Bild Norditalien Ausschnitt "Lagune von Venedig" (Maßstab ca. 1:400 000)

2. Das Untersuchungsgebiet

Das Untersuchungsgebiet umfaßt im wesentlichen das Gebiet der Venezianischen Lagune zwischen der Mündung des Flusses Sile und dem Hafen von Chioggia (Fig. 1). Die Hauptgestaltelemente dieser Landschaft lassen sich in ihrer Abfolge vom Meer Richtung Festland folgendermaßen charakterisieren (DÖPP, 1986; GIERLOFF-EMDEN, 1980; HAFENVERWALTUNG VENEDIG, o.J.; PIRAZZOLI, 1973; ZUNICA, 1971)

- Ein schmales, aus einem System verschiedener Strandwälle aufgebautes Band von Nehrungen (Lidi), trennt die Lagune vom offenen Meer. Ursprünglich waren diese Lidi nur wenig besiedelt und die hydrographischen Verhältnisse des Meeres (Wellen, Gezeiten, Strömungen) bestimmten zum großen Teil ihr Erscheinungsbild. Erst in der zweiten Hälfte des 18. Jh. begann die Erschließung durch den Menschen, die zu einer völligen Umgestaltung dieser Zone führte und ihr das heutige Erscheinungsbild gab, das auch deutlich im Satellitenphoto hervortritt. Die Strände werden von ausgedehnten Seebädern (Lido di Cavallino, Lido di Venezia, Sottomarina) gesäumt. Zur Sicherung der Zugänglichkeit der Lagune für die Schiffahrt waren umfangreiche Schutzbauten (Porti) erforderlich, die weit in die Adria hinausreichen. Künstliche Mauern (Murazzi) und Buhnen sollen der anhaltenden Erosion Einhalt gebieten.
- Im Anschluß daran folgt die eigentliche Lagune, deren Grundmuster durch das Kanalnetz vorgegeben wird, das sich mit Ausnahme des künstlichen Kanales Malamocco Marghera meist an alte Flußrinnen anlehnt. Die Zonen zwischen den Kanälen ergeben aufgrund ihrer besonderen morphologischen, hydrographischen und vegetationskundlichen Merkmale den charakteristischen Stockwerksbau der Lagune (Tab. 1). Von be-

sonderer Bedeutung für die Kartierung der Küstenlinie ist das Stockwerk der Barene, eine aus salzliebenden Pflanzen aufgebaute Vegetationszone, die nur wenige Zentimeter über dem Meeresspiegel liegt. Im Herzen der Lagune liegt die Stadt Venedig, die jahrhundertelang eine beherrschende Rolle im Seehandel zwischen Europa und dem Orient innehatte, und die heute durch den Bau des modernen Industriehafens von Marghera einen Aktivposten im Wirtschaftsleben Norditaliens bildet. Hier werden pro Jahr ca. 2 Mio. Tonnen Waren umgeschlagen, die von 1300 Schiffen befördert werden.

- Jenseits der Lagune schließt sich das Gebiet der meliorierten Feuchtbecken (terre di bonifica oder terraferma) an, das in verschiedenen Phasen für Landwirtschaft, Siedlung und Verkehr erschlossen wurde. Hier am Rande der Lagune liegt auch ca. 8 km von Mestre entfernt der internationale Flughafen Marco-Polo.

Gezeitenbedingte Stockwerke der Lagune von Venedig		
1. Über Spring HW	Inseln, Deiche	terrestrisch
2. Über mittl. HW	Barene (Maremmen)	amphibisch
3. Über mittl. NW	Paludes, Valli, Salinen	
4. Unter Spring NW	Kanäle, Valli	marin

Tab. 1: Gezeitenbedingte Stockwerke der Lagune von Venedig (GIERLOFF-EMDEN, 1980, S. 1179)

3. Das Bildmaterial

Das Bildmaterial wurde während der Shuttle Mission STS 41 am 10. Oktober 1984 mit einer ITEK Large Format Camera (LFC) aufgenommen, das gegenüber der Metric Camera (MC) einige Verbesserungen aufzuweisen hat. Im Gegensatz zu Metric Camera Aufnahmen ist eine 15-fache Vergrößerung des Bildmaterials gut möglich, die Grautonkanten sind schärfer ausgeprägt und die Auflösung ist deutlich besser. Die Ursachen dafür sind in der verbesserten technischen Ausstattung (Bildwanderungskompensation, hochauflösendes Filmmaterial) und den günstigeren Aufnahmebedingungen (LFC: 39°, MC: 15° Sonnenhöhe) zu suchen.

3.1. Maßstabsbestimmung

Die Maßstabsbestimmung in einem Satellitenbild kann entweder über die Parameter Flughöhe und Brennweite, oder über Streckenvergleiche erfolgen (Tab. 2). Die Auswahl der Strecken erfolgte nach den im Bildmaterial identifizierbaren Passpunkten und den Kriterien (lange Vergleichsstrecken, Kartenmaßstab mindestens doppelt so groß wie der Bildmaßstab), die von WEIMANN (1984) vorgeschlagen werden. Die Streckenmessungen erfolgten mit einem Glasmaßstab in den Originalbildern und in der topographischen Karte 1 : 250 000 "Emilia Romagna" (IGM, 1976). Die Schwankungen der Maßstabszahl innerhalb eines Bildes können durch Meßunsicherheiten und durch geringe Bildneigung verursacht werden (WEIMANN, 1984, S.27). Die Unterschiede zwischen den Bildern resultieren aus der unterschiedlichen Lage der Meßstrecken zum Bildnadir (Bild 1285: Lage der Strecken um den Bildnadir, Bild 1284: in der rechten Bildhälfte).

```
mb = hg/c
mb = 236 690 000 / 305 = 776 033

mb = Bildmaßstabszahl
hg = Flughöhe über Grund
c  = Brennweite
```

Gemessene Strecken			
	im Bildnr. (mm)		in der Karte (mm)
	1284	1285	1:250 000
s1 =	159,0	156,0	s*1 487,5
s2 =	122,5	120,9	s*2 372,0
s3 =	138,8	136,3	s*3 419,0
s4 =	86,8	85,0	s*4 265,5
s5 =	177,8	175,5	s*5 542,5
s6 =	183,7	179,5	s*6 558,0

Errechneter Bildmaßstab Mb=1:mb		
Bildnr.	1284	1285
aus den Bild- bzw. Kartenstrecken	s1 = 766 509	781 250
	s2 = 759 184	769 231
	s3 = 754 683	768 525
	s4 = 764 689	780 882
	s5 = 762 795	772 792
	s6 = 759 390	777 159
Mittelwert Mb =	761 208	774 973
Max. - Min. =	11 826	12 725
Max. Abweichung =	ca. 1,55%	ca. 1,6%

Tab. 2: Methoden der Maßstabsbestimmung (Weimann, 1984)

3.2. Bildgeometrie

Das LFC Bild ist eine Zentralprojektion eines Ausschnitts der Erdoberfläche in die Bildebene. Daraus resultieren aufgrund der Erdkrümmung und des Reliefs Lagefehler und Maßstabsfehler, die mit zunehmender Entfernung vom Bildnadir immer größere Ausmaße annehmen (Tab. 3). Eine weitere Fehlerquelle liegt in der

```
δr = -r³h/2c²R
                                    r= Bildradius
  r=  180  150  120   90   60   30 mm    h= Flughöhe        = 236.7 km
  δr= 2.33 1.35 0.35 0.15 0.04 0.005 mm  R= Erdradius       = 6370 km
                                    c= Kammerkonstante= 305 mm
```

Tab. 3: Horizontale Lagefehler durch den Einfluß der Erdkrümmung (SCHWIDEFSKY, ACKERMANN, 1976, S.227)

Abweichung der Aufnahmeachse von der Lotrechten. Die Abweichung von der Lotrechten kann nach WEIMANN (1984, S. 34) aus der maximalen Abweichung der im Bild gemessenen Maßstäbe abgeschätzt werden. Sie liegt für das in dieser Arbeit verwendete Material innerhalb der Toleranzen für Senkrechtaufnahmen (1 - 5%) (WEIMANN, 1984). Wie schwach sich die oben angeführten Einflüsse im Untersuchungsgebiet Padanische Tiefebene auswirken zeigt die Übertragung eines Kontrollpolygons über Passpunkte von der Karte 1:250 000 (IGM, 1976) in das Bildmaterial (Fig. 2). Diese Tatsache ist vor allem im Hinblick auf die Auswertung der Bilder mit dem Bausch & Lomb "Stereo Zoom Transfer Scope" interessant, wo z.B. zur Kartennachführung im Analogverfahren eine partielle Anpassung an die Kartengrundlage durchgeführt wird und dies um so leichter erfolgen kann, je weniger die Bildgeometrie von der Kartengeometrie abweicht.

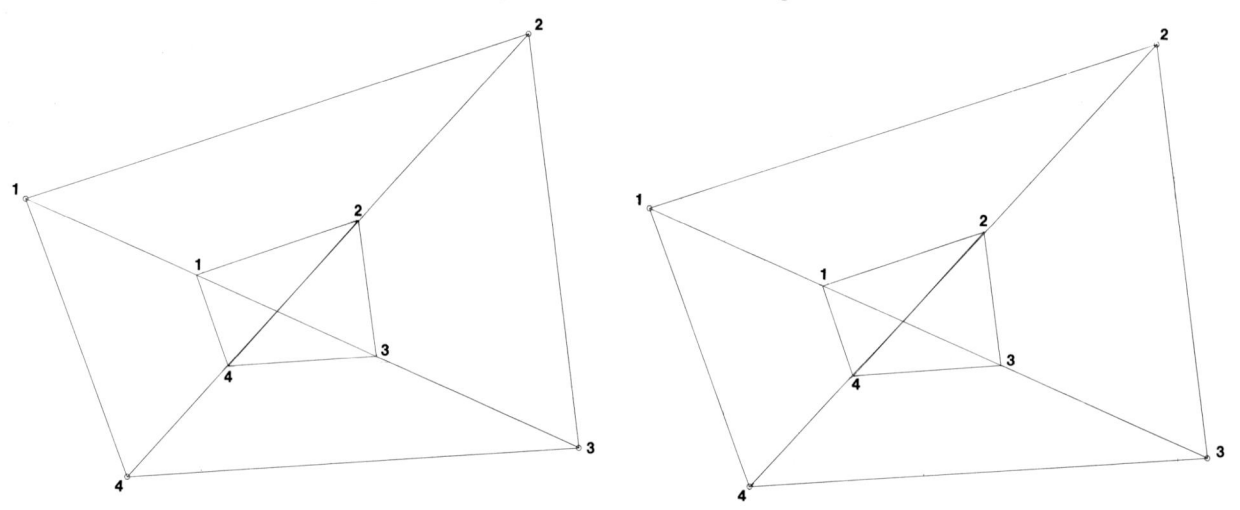

Fig. 2: Geometrische Kontrolle der LFC-Bilder 1284 und 1285 (verkleinert)
1 = Ostiglia Eisenbahnbrücke; 2 = Lanterna di Malamoco; 3 = Südmole Marina di Ravenna; 4 = Autobahn A1 Brücke über Panaro bei S. Donnino

4. Der Informationsgehalt von Seekarten

Seekarten sind im Gegensatz zu topographischen Karten für einen ganz bestimmten Zweck vorgesehen: Sie enthalten alle Informationen über Ozeane, Meere und Küstengewässer, die für den Nautiker zur sicheren Führung von Schiffen auf See unentbehrlich sind (WITT, 1979, S. 51). Ein Seekartenwerk kennt keinen einheitlichen Blattschnitt und keine starre Maßstabsfolge. Man findet vielmehr alle Maßstäbe, angefangen vom großmaßstäbigen Hafenplan, bis zur kleinmaßstäbigen Ozeankarte (Tab. 4). Die Einteilung in Kartengruppen erfolgt nach den navigatorischen Erfordernissen (Tab. 5).

Der Inhalt von Seekarten wird durch die "Chart Specifications of the IHO" (International Hydrographic Organisation mit Sitz in Monaco) vorgegeben (LANGERAAR, 1984) und seit der XII. Internationalen Hydrographischen Konferenz in Monaco (1982) durch die Karte 1 der Internationalen Kartenserie erläutert (DHI, 1987). Diese Erläuterungen stehen jedoch noch nicht in allen Ländern zur Verfügung, so daß für eine bestimmte Übergangsphase auf die Erläuterungen der jeweiligen Länder zurückgegriffen werden muß (z.B. in

Italien auf die Segni Convenzionali ed Abbreviazioni, herausgegeben durch das Istituto Idrografico della Marina).

Nach der Karte 1 (DHI, 1987) kann der Inhalt der Seekarten in drei Gruppen eingeteilt werden:

Topographie

Unter diese Rubrik fallen alle Gestaltelemente der Landfläche, die in einer Seekarte dargestellt werden. Man unterscheidet zwei Typen:

- Natürliche Formen, wie das Relief (unter Angabe des Bezugsniveaus), das Erscheinungsbild der Küstenlinie (Steilküste, Sandküste usw.), das Gewässernetz etc..
- Künstliche Formen, wie Siedlungen, Wasserbauten (Häfen, Dämme, Schleusen usw.),Straßen, Eisenbahnen und auffällige Gebäude (Türme, Kirchen usw.).

Hydrographie

Hierzu gehören Angaben zu den Tiefenverhältnissen (Tiefenangaben mit Bezugsniveau, Fahrwasser), zur Beschaffenheit des Meeresbodens (Bodenarten), zu Schiffahrtshindernissen (Felsen, Wracke, Offshore-Anlagen), zu Schiffahrtswegen (Verkehrstrennungsgebiete) und zu anderen für die Schiffahrt wichtigen Gebieten (Grenzen, Übungsgebiete, Schutzgebiete).

Navigationshilfen

Dazu gehören alle anderen Informationen, die mit dem Problemkreis der Positionsbestimmung zu tun haben (Leuchtfeuer, Betonnung, Signalstellen, Lotsendienste, Angaben zur Mißweisung etc.).

Die Auswahl der Objekte, die in die Seekarte übernommen werden sollen, muß dem Maßstab und damit dem Verwendungszweck der Karte entsprechen. Die Karte muß einen sicheren Landfall an einer unbekannten Küste und die gefahrlose Ansteuerung eines Hafens ermöglichen, d.h. der Vergleich Karte - Realität (direkt bzw. über ein Radarbild) muß eine sichere Orientierung und Ortsbestimmung gewährleisten. Im Hafen muß das Kartenmaterial (Hafenplan, Spezialkarte) eine Orientierung nach auffälligen Objekten ermöglichen, die das sichere Ansteuern eines Liegeplatzes gewährleisten (CHAMP u. WARREN, 1979; LANGERAAR, 1984). Es ist wichtig, daß der Karteninhalt die Anforderungen aller Nutzer befriedigt, egal ob es sich um den Navigator eines Frachters oder Kriegsschiffes, mit der modernsten Ausstattung an Navigationsgeräten, oder um den Fischer bzw. Sportbootfahrer handelt, der vor allem auf eine gute Darstellung der Küstentopographie angewiesen ist, weil er hauptsächlich nach terrestrischen Verfahren navigiert.

Maßstabsgruppe	Maßstab 1:	Land
Übersegler	2 500 000	BRD
Segelkarten	750 000	BRD
	300 000	BRD, GB, I, YU
	290 000	I
	280 000	I
	250 000	BRD, I
Küstenkarten	200 000	YU
	150 000	BRD
	120 000	GB, I
	100 000	BRD, GB, I, YU
	80 000	YU
	60 000	YU
	50 000	I
	40 000	I
Sonderkarten	>40 000	BRD, GB, I, YU

Tab. 4: Überblick über die Maßstäbe bei den Seekarten der Adria (BADE & HORNIG, 1987)

OZEANKARTEN	< 1:5 000 000
ÜBERSICHTSKARTEN, ÜBERSEGLER	1:1 000 000 - 1:5 000 000
SEGELKARTEN	1:250 000 - 1:1 000 000
KÜSTENKARTEN	1:40 000 - 1:250 000
HAFENPLÄNE, SONDERKARTEN	≥ 1:40 000

Tab. 5: Einteilung der Seekarten nach ihrem Verwendungszweck (WITT, 1979)

4.1. Nachführung und Aktualisierung von Seekarten

Die Nachführung von Seekarten ist ein endloser Kampf der Herausgeber, die ständig damit beschäftigt sind, Material zu sammeln, zu sichten und in die Karten einzufügen. Sie stützen sich dabei auf eine Vielzahl von Informationsquellen:

- Karten (Topographische Karten, Spezielle Karten von Wasserwirtschaftsbehörden und anderer Organisationen, die Informationen über einen Küstenabschnitt liefern können);
- Luftbilder dienen vor allem der Nachführung der topographischen Informationen, der Lagebestimmung von Unterwasserhindernissen und bisweilen der Erfassung der Tiefenverhältnisse;
- Satellitenbilder werden seit langem als Datenlieferant vorgeschlagen (GEARY, 1968), sind jedoch im Moment nur für kleine Kartenmaßstäbe im Gebrauch (LANGERAAR, 1984);
- und nicht zuletzt Schiffsbesatzungen, die Berichte über Abweichungen zwischen dem Karteninhalt und der aktuellen Situation an die zuständigen Behörden liefern (z.B. über Leuchtfeuer und Betonnung).

In der Praxis wird die Nachführung von Seekarten (vor allem unter dem Gesichtspunkt Navigationshilfen: Betonnung, Leuchtfeuer, Unterwasserhindernisse) vor dem Verkauf von amtlich zugelassenen Vertriebsstellen durchgeführt. Nach dem Verkauf muß der Navigator selbst die Berichtigungen in die Karte eintragen. Die Informationen dazu erhält er z.B. in Deutschland mit den "Nachrichten für Seefahrer", dem wöchentlichen Mitteilungsblatt des Deutschen Hydrographischen Institutes (DHI), oder in Form von Deckblättern, die bei den amtlichen Vertriebsstellen nach Seegebieten gegliedert bestellt werden können (BADE & HORNIG, 1987). Als Problemgebiete hinsichtlich der Aktualität von Seekarten gelten zur Zeit:

- Die Nachführung der topographischen Situation in vielen Industrienationen aufgrund der ständigen Veränderungen denen vor allem die Küstenregionen unterliegen (MURRAY, 1980), und in den Entwicklungsländern wegen der allgemein ungünstigen kartographischen Situation (WILLIAMS, 1980).
- Die Nachführung der hydrographischen Verhältnisse aufgrund der veränderten Tiefgangsverhältnisse bei modernen Großschiffen (z.B. bei Großtankern auf 20 - 30 m) und der Verlagerung von Schiffahrtsrouten wegen veränderter wirtschaftlicher Schwerpunkte (z.B. Ölförderung in der Nordsee) (LLOYD'S LIST, 1981).

5. Auswertung des Bildmaterials

5.1. Methode

Im Gegensatz zur herkömmlichen Methode, bei der ausgehend von der großmaßstäbigen Vermessung durch Generalisierung die Folgemaßstäbe abgeleitet werden (Bottom-up Methode), erfolgt die Informationsgewinnung aus dem Satellitenphoto in umgekehrter Richtung (Top-down Methode). Der kleinere Maßstab geht dem größeren voraus. Dies bringt besonders im Breich kleiner Maßstäbe den Vorteil, daß Linien- und Flächenelemente (z.B. Küstenlinie, Siedlungen) bereits generalisiert erfasst werden. Grundsätzlich besteht der Nachteil darin, daß durch das begrenzte Auflösungsvermögen auch bei starker Vergrößerung nicht alle Objekte, die den Anforderungen entsprechend in eine Karte gehören, erfasst werden können. Hier beginnt dann der Bereich, wo die Informationen aus anderen Quellen bezogen werden müssen (Luftbild, Karte, Geländearbeit). Am Beispiel der Darstellung der Lagunenstadt Venedig (Fig. 9-13) in den Seekarten und den Kartierungen, können die unterschiedlichen Methoden der Datenerfassung verglichen werden. In der Seekarte beruht die Darstellung auf einer großmaßstäbigen Datenbasis, die durch die Anwendung verschiedener Generalisierungsmethoden für den jeweiligen Kartenmaßstab überarbeitet wurde. In der Karte 1:250.000 sind die bebauten Flächen in Blockdarstellung wiedergegeben, der typische Grundriß der Stadt, der durch den Canale Grande und dem damit zusammenhängenden Kanalnetz vorgegeben wird, ging verloren. Im Maßstab 1:100.000 bleibt die innere Struktur der Stadt mit ihrem Kanalnetz erhalten. Das Satellitenbild zeigt die Stadt, wie sie zum Zeitpunkt der Aufnahme vom Aufnahmesystem erfasst werden konnte. Die Grundstruktur mit dem Canale Grande kann einwandfrei dargestellt werden. Beim restlichen Kanalsystem trifft das System die Auswahl, da nur die größeren Kanäle (> 10 m), die nicht im Schatten der Häuser verschwinden, kartiert werden können. Wegen der besonderen Bedeutung der Küstenlinie in Seekarten als Trennungslinie zwischen Land und Meer (GIERLOFF-EMDEN, 1980, S.284) und der Problematik, die mit ihrer Erfassung mit Hilfe des Satellitenphotos zusammenhängt, wird diese einer gesonderten Betrachtung unterzogen. Die Auswahl der Maßstäbe (1 : 750.000, 1 : 250.000 und 1 : 100.000) berücksichtigt die in der Adria gängigen Seekarten und ermöglicht so einen direkten Vergleich der Bildauswertung mit den entsprechenden Karten. Eine Verifikation der Kartierungen erfolgte durch Vergleich mit Spezialkarten (UFFICIO IDROGRAFICO DEL MAGISTRATO ALLE ACQUE, 1975) und durch Geländevergleiche (zu Lande und zu Wasser) im September 1987.

5.2. Die Kartierung der Küstenlinie

Allgemein sind Grenzziehungen in einer amphibischen Küstenlandschaft ein schwieriges Problem (GIERLOFF-EMDEN, 1961, S.99) . Dies trifft besonders auf die Grenze Land-Wasser zu, die sich in Abhängigkeit von verschiedenen Faktoren (Gezeiten, Strandprofil, Wellen) ständig innerhalb einer gewissen Bandbreite verlagert. Da dieser Grenze als Trennlinie zwischen Land und Meer in der Seekarte eine große Bedeutung zukommt, muß ihr zur Fixierung ein gewisser Wasserstand zugeordnet werden. In den italienischen Seekarten erfolgt diese Grenzziehung anhand des mittleren Meeresspiegels (mean sea level) (IIDM, 1984, S. 3). In Deutschland entspricht sie dem mittleren Hochwasser (DHI, 1987, S.30).

Will man die Grenzlinie Land-Wasser im Satellitenbild als Küstenlinie in die Seekarte übernehmen, so erfordert dies einige vorbereitende Überlegungen.

5.2.1 Vorbereitende Überlegungen zur Kartierung der Küstenlinie

Die Kartierung erfolgt im panchromatischen LFC-Bild nach dem Grautonunterschied, der aus dem Reflexionsverhalten von Landfläche und Wasserfläche zum Aufnahmezeitpunkt resultiert. Die Unterscheidung ist umso besser möglich, je höher der Kontrast zwischen den angrenzenden Flächen zum Aufnahmezeitpunkt ist. Aufgrund der spektralen Empfindlichkeit des Filmmaterials muß dieser Unterschied nicht immer deutlich hervortreten, da verschiedene Parameter die Grenze unscharf erscheinen lassen, bzw. ganz verdecken können (Fig. 3). Folgende Aspekte sind dabei zu berücksichtigen:

- das Material, das den Strand aufbaut (Sand, Festgestein, künstliche Bauten),
- eine vorhandene Vegetationsbedeckung über und unter Wasser (Schilf, Seegras etc.),
- der Gehalt gelöster und suspendierter Bestandteile im Wasser (Transparenz),
- Gezeitenverhältnisse zum Aufnahmezeitpunkt (Breite des feuchten Strandes),
- Strandprofil (Tiefenverhältnisse, Gefälle),
- Witterungsbedingungen (Niederschlag, Wind und Wellen).

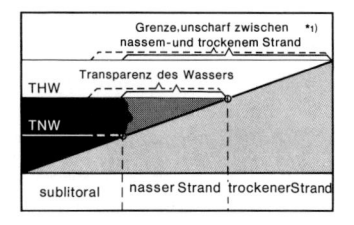

Fig. 3: Die Grenzlinie Land-Wasser im Grenzraum des Strandes einer Gezeitenküste (verändert nach GIERLOFF-EMDEN, 1980, S.284)

Aus der unterschiedlichen Kombination der Parameter resultiert der im Bildmaterial vorhandene Kontrast. Fig. 4 zeigt am Beispiel von unterschiedlichen Sand- und Wassertypen, wie bei ungünstiger Konstellation (nasser Strand nach Niederschlag und Wasser mit hohem Schwebstoffgehalt) der Kontrast abnimmt und eine Grenzziehung erschwert wird. Es ist daher vor der Kartierung der Küstenlinie eine vorbereitende Durchmusterung des Bildmaterials unter den oben genannten Gesichtspunkten empfehlenswert, um ihre Lage zum Aufnahmezeitpunkt einordnen zu können.

Die Witterungsbedingungen zum Aufnahmezeitpunkt wurden schon im Vorspann zu den Untersuchungen im LFC-Bild "Norditalien" genannt. Wichtig bezüglich der Küstenlinie ist, daß keine nennenswerten Niederschläge unmittelbar vor dem Aufnahmedatum gefallen sind, so daß zumindest im Bereich von Sandstränden keine Kontrastverminderung durch regennassen Sand zu erwarten ist. Die Windstärken haben in den drei Tagen vor der Befliegung niemals die 10 Knoten-Grenze überschritten, die vorherrschende Richtung war Nord-Ost (Fig. 5). Ein schwerwiegender Einfluß durch auflaufende Wellen und durch Windstau auf die Kartierung ist daher auszuschließen.

Die Gezeitenverhältnisse für den Aufnahmetag können der Fig. 6 entnommen werden. Sie stammen vom Gezeitenpegel an der Südmole von Porto di Lido und zeigen den tatsächlichen Verlauf der Gezeit, wie sie unter den gegebenen Verhältnissen (Luftdruck, Wind etc.) abgelaufen ist. Der Aufnahmezeitpunkt (ca. 11:25 GMT)

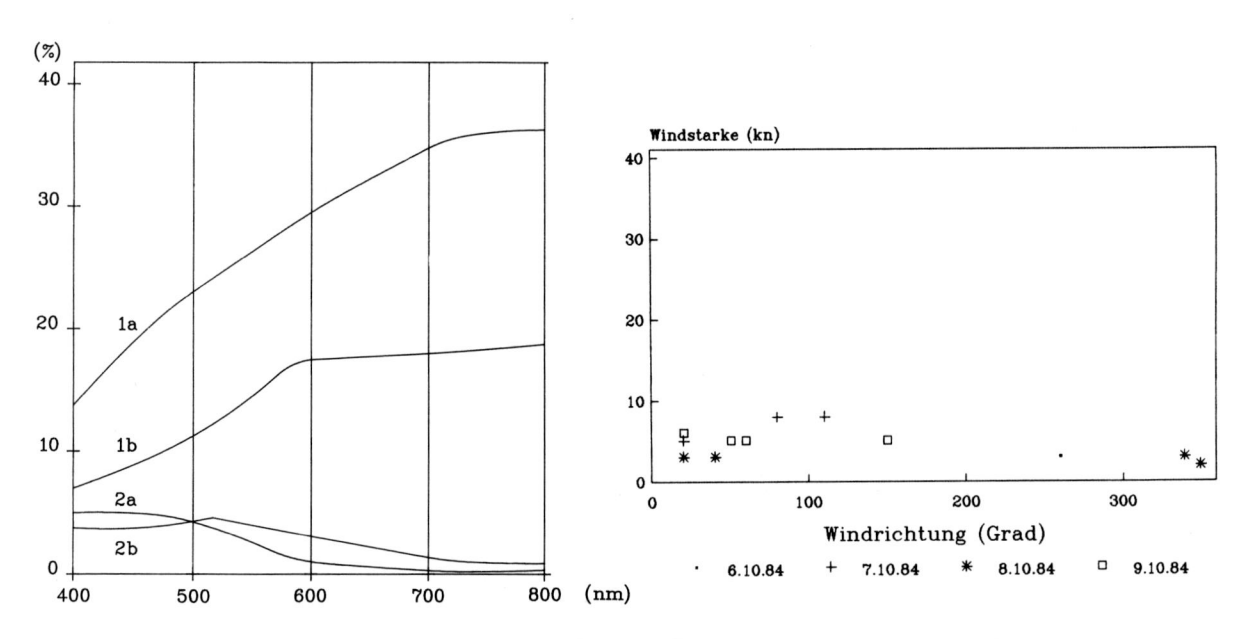

Fig. 4: Reflexionsspektren verschiedener Wasser- und Sandtypen (nach ALBERTZ/KREILING, 1980 und VAN DER PIEPEN et. al, 1987)
1 = Sand;   a = trocken; b = feucht;
2 = Wasser;   a = niedriger Schwebstoffgehalt;
                    b = hoher Schwebstoffgehalt;

Fig. 5: Die Windverhältnisse im Golf von Venedig in den Tagen vor der Befliegung (persönliche Mitteilung Dr. ALBEROTANZA, C.N.R., Venezia)

fällt in die Phase des ablaufenden Wassers. Die Höhenangaben beziehen sich auf das Pegelnull, eine Zuordnung zu einem definierten Bezugsniveau (z.B. MSpNW) ist nicht angegeben. Nach den Angaben der Gezeitentafel für das Jahr 1984 war Springzeit (DHI, 1983). Die Angaben zum Verlauf der Gezeiten gelten streng genommen nur für den Pegel, eine Übertragung auf das gesamte Untersuchungsgebiet setzt eine Kenntnis der allgemeinen Gezeitenverhältnisse voraus. Sie haben im Golf von Venedig eine gemischte, überwiegend halbtägige Form. Der maximale Tidenhub beträgt bis zu einem Meter, was in den flachen Teilen der Lagune schon beträchtliche Auswirkungen auf die Lage der Grenze Land-Wasser haben kann. Die Eintrittszeiten der Hochwasser an den verschiedenen Punkten der Küste resultieren aus einer linksdrehenden Amphidromie, deren Zentrum auf der Linie Ancona-Sibenik liegt. Der Zeitunterschied an der Küste zwischen Jesolo und Chioggia beträgt jedoch nur zehn Minuten. Anders liegen die Verhältnisse in der Lagune, wo die Gezeitenwelle in den natürlichen Kanälen in ihrer Amplitude abgeschwächt und in der Vorwärtsbewegung abgebremst wird, während in den künstlichen Tiefwasserkanälen eine Beschleunigung und eine Erhöhung zu beobachten ist. Dies hat zur Folge, daß an den Rändern der Lagune die Eintrittszeiten der Hochwasser um bis zu einer Stunde voneinander abweichen (nach PIRAZZOLI, 1973, S. 16). Für die Kartierung bedeutet dies, daß an der

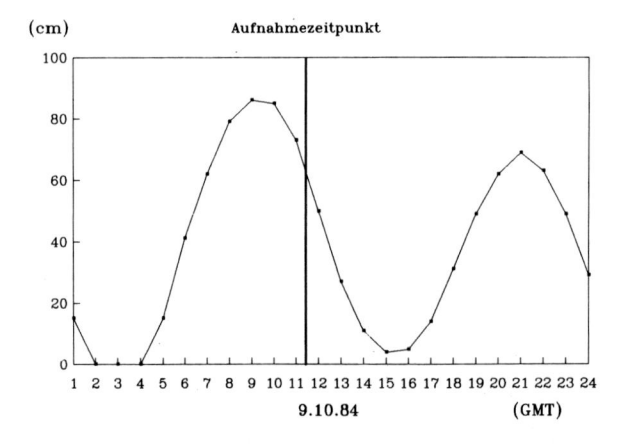

Fig. 6: Gezeitenverhältnisse am Aufnahmetag (Diga Sud Lido) (persönliche Mitteilung Dr. ALBEROTANZA, C.N.R., Venezia)

Küste in etwa der gleiche Wasserstand erfasst wird, während in der Lagune vor allem in den flachen Teilen größere Abweichungen zu erwarten sind.

Eine weitere wichtige Größe bezüglich der Lage der Küstenlinie im LFC-Bild stellen die Tiefenverhältnisse im strandnahen Bereich dar, da sie neben dem Tidenhub maßgeblich die Spannweite der horizontalen Verlagerung der Wasserlinie mitbestimmen. Zu diesem Zweck wurden aus einer großmaßstäbigen Küstenkartierung (CNR, 1976) zwölf Strandprofile aus dem Gebiet um Chioggia ausgewählt, mit deren Hilfe das mittlere Gefälle im Bereich +/- 1m ausgehend von Normalnull (= mean sea level) bestimmt wurde. Aus der Kombination mit dem Maximalwert für das Hoch- bzw. Niedrigwasser des Jahres 1987 ergibt sich dann die Spannweite der horizontalen Lageänderung der Wasserlinie, in deren Bereich die Küstenlinie aus dem Satellitenbild mit großer Wahrscheinlichkeit anzusiedeln ist. Der Zusammenhang zwischen der kartierten Küstenlinie und der definierten Küstenlinie kann aus Fig. 7 hergestellt werden. Es wird deutlich, daß nach den Anforderungen topographischer Karten, bezüglich der Lagegenauigkeit, die Küstenlinie unter den beschriebenen Verhältnissen für den Maßstab 1 : 100.000 aus dem Bild in die Karte übernommen werden kann. Für Seekarten kann dies allgemein auf den Maßstabsbereich der Küstenkarten (Tab. 5) angewendet werden, da hier bezüglich der Lagegenauigkeit andere Anforderungen gestellt werden (Tab. 6).

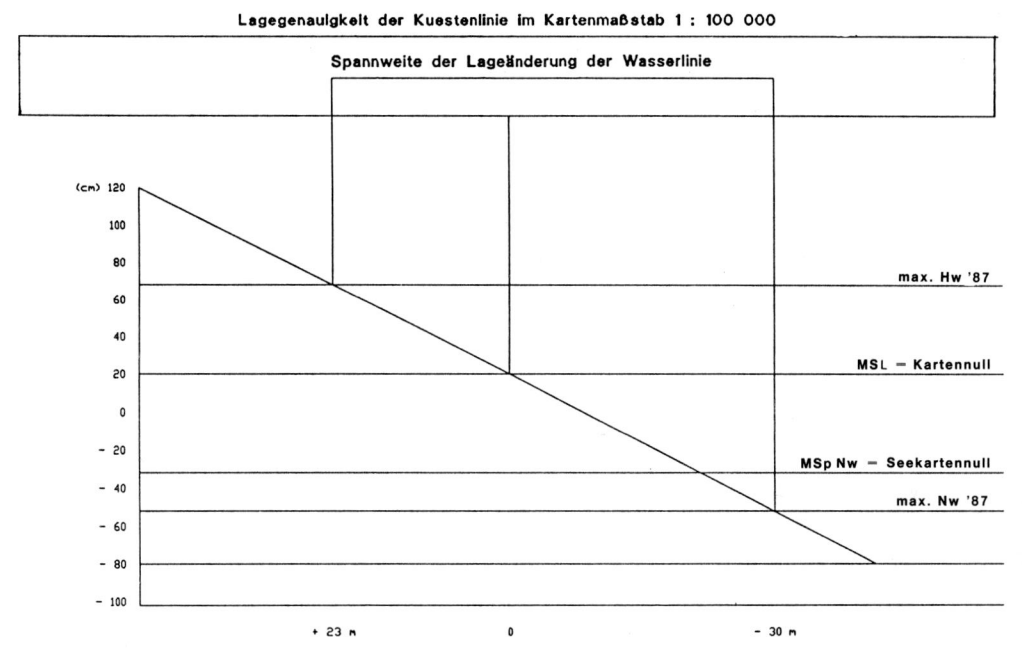

Fig. 7: Vergleich der maximalen Abweichung der Wasserlinie von der definierten Küstenlinie mit der Lagegenauigkeit der Küstenlinie (+/- 60 m) in einer Topographischen Karte (Beispiel an einem schematischen Strandprofil der Küste im Golf von Venedig, Maßstab 1:900, Überhöhung 20-fach) (nach C.N.R., 1976, Nautigamma, 1987, Ital. Seekarte Nr. 38, 1985)

Maßstab	Maximaler Lagefehler
1: 40 000	80 m
1:100 000	200 m
1:200 000	400 m

Tab. 6: Anforderungen an die Lagegenauigkeit von Objekten in Seekarten (VOGEL, 1981)

5.2.2 Die Erfassung der Grenzlinie Land-Meer im LFC-Bild

Die Fig. 8 zeigt an einem Profil durch die Landschaftseinheiten des Testgebietes, wie die Grenzziehung im Bildmaterial erfolgt und vergleicht sie mit der Küstenlinie in der Seekarte 1 : 100.000. Im Bereich der Lidi erfolgt die Kartierung ohne Probleme, da sich der helle Sandstrand gut vom dunkleren Wasser abhebt. In der Lagune wird nicht die Grenzlinie Land-Meer als Küstenlinie kartiert, da sie im Bildmaterial durch Überlagerung verschiedener Signale (Vegetation, Wasser und Lagunenboden) nicht erkennbar ist, sondern der Über-

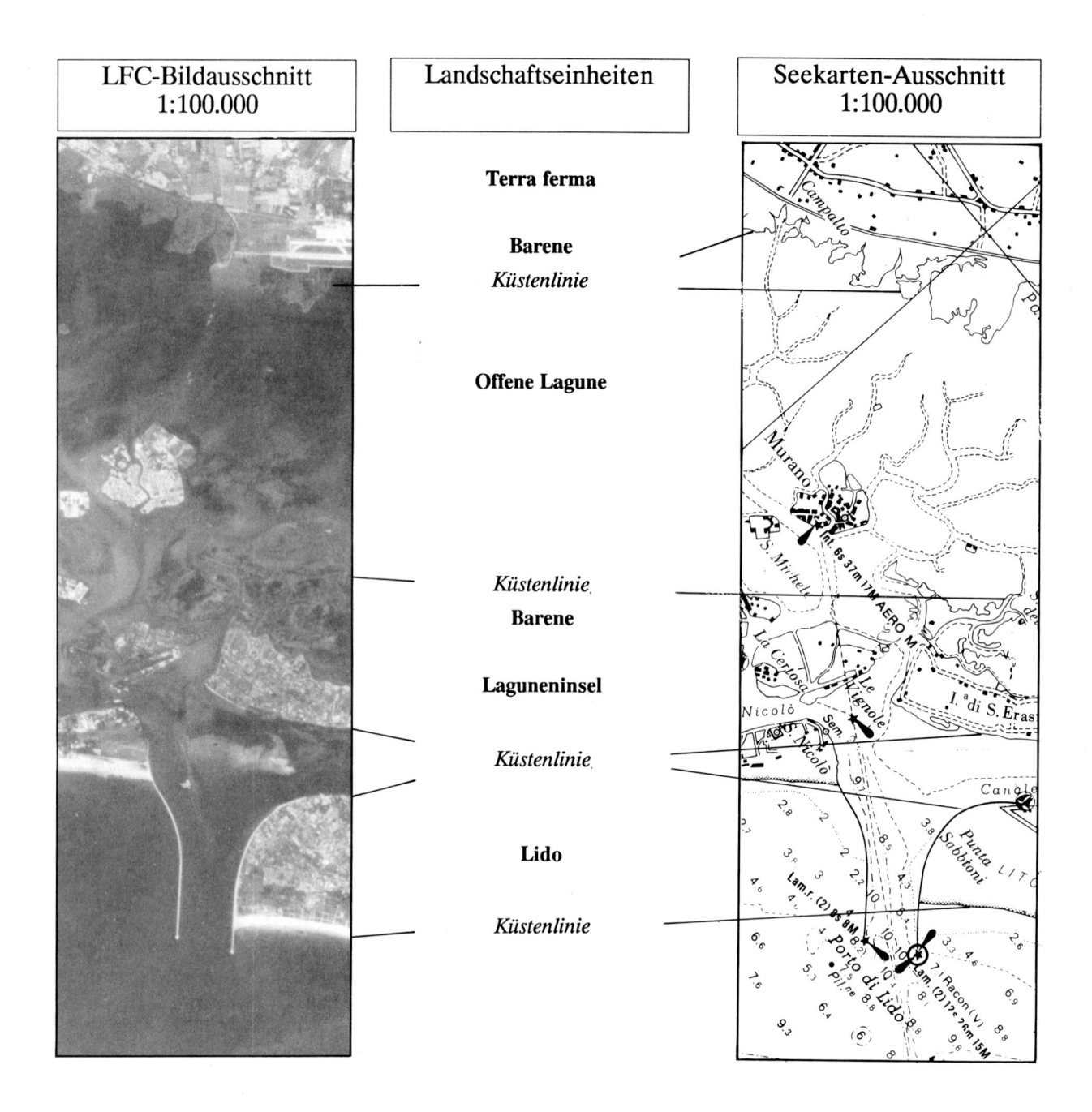

LFC-Bildausschnitt 1:100.000	Landschaftseinheiten	Seekarten-Ausschnitt 1:100.000
	Terra ferma	
	Barene	
	Küstenlinie	
	Offene Lagune	
	Küstenlinie	
	Barene	
	Laguneninsel	
	Küstenlinie	
	Lido	
	Küstenlinie	

Fig. 8: Die Kartierung der Grenzlinie Land-Meer im LFC Bildmaterial im Vergleich zur Küstenlinie der Seekarte 1:100 000

gang der Bareneflächen gegen die Wasserfläche der Lagune. Diese Vorgehensweise entspricht auch der kartographischen Praxis, weil sowohl der Vermesser im Gelände (wegen Unzugänglichkeit des Geländes und Verdeckung der Wasserlinie durch Vegetation), als auch der Luftbildinterpret diese Abgrenzung am einfachsten durchführen kann (SHALOWITZ, 1964, S. 176).

5.3. Die Erfassung der topographischen Situation im Küstenbereich

Die Kartierung des Bildinhalts erfolgt nach den Vorgaben der vorhandenen Karten und der Karte 1 (DHI, 1987). Für jeden Maßstabsbereich wurde zuerst eine Ausschnittsvergrößerung als Kartiergrundlage angefertigt, die dann am Leuchttisch ausgewertet wurde. Dies brachte den Vorteil, daß die Auswertungsergebnisse ohne Generalisierung in den Kartenmaßstab überführt werden konnten (Tab. 7). Zur Unterstützung der Auswertung wurde das Orginalbildmaterial unter dem Zeiss Interpretoskop betrachtet (z.B. zur Objektansprache). Die Kartierungen enthalten nur den Inhalt, den das LFC-Bild zur Seekarte beisteuern kann, Navigationshilfen (Leuchtfeuer, Betonnung etc.) wurden weggelassen, eine Überführung in die Mercatorprojektion der Seekarten erfolgte nicht.

Auswertemaßstab	Endmaßstab
1:400 000	1:750 000
1:100 000	1:250 000
1: 40 000	1:100 000

Tab. 7: Übersicht über die Auswertemaßstäbe zu den einzelnen Kartenproben

5.3.1 Beispiel Segelkarten

Segelkarten dienen der Ansteuerung an eine Küste und enthalten alle Navigationshilfen, die dazu erforderlich sind (Leuchtfeuer, Ansteuerungstonnen etc.). Die Situationsdarstellung ist je nach Kartenmaßstab unterschiedlich umfangreich. Sie soll eine Orientierung aus größerer Entfernung (ca. 5sm) ermöglichen (KRÜGER, 1962).

Seekarte 1:750.000 (Fig. 9)

In diesem Beispiel beschränkt sich der Karteninhalt auf die Darstellung der Küstenkonfiguration und der wichtigsten Siedlungsflächen.

Das Satellitenbild erlaubt eine Kartierung dieser Elemente ohne Einschränkung. Die Küstenlinie bildet ein auffälliges Element, ihre Kartierung erfolgt nach dem Grauton, der sich aus dem Kontrast zwischen Land und Wasserfläche ergibt. Die Siedlungen haben in diesem Maßstab eine deutliche Signatur, die sich aus Grauton und Textur zusammensetzt und sind gut abzugrenzen.

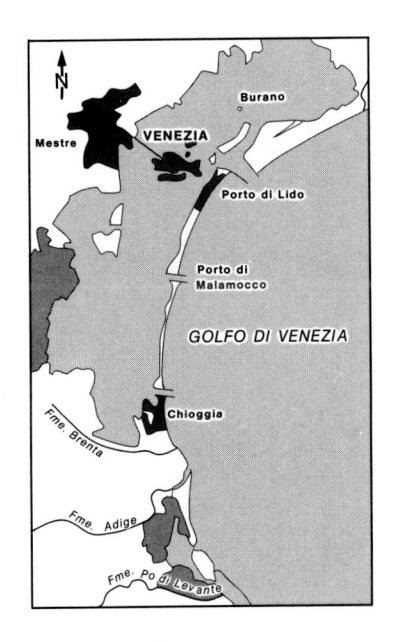

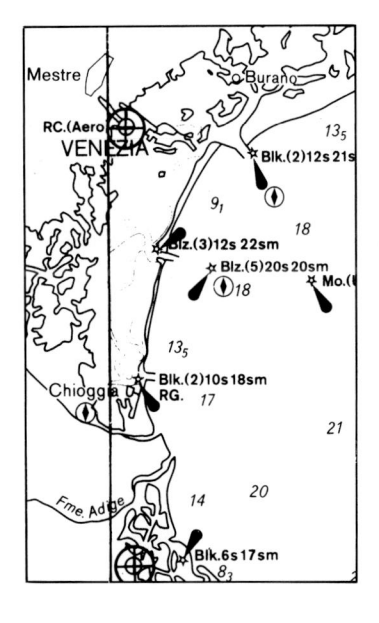

Fig. 9: Der Informationsgehalt des LFC-Bildes im Vergleich zur Seekarte 1:750 000 (DHI, 1980)

Seekarte 1:250.000 (Fig. 10 u. 11)

Die italienische Seekarte ist eine Verkleinerung der Seekarte 1:100.000, in der die Grenze Land-Wasser in der Lagune (entspricht der Grenze Barene-Wasser in der Natur) nur noch stark generalisiert dargestellt werden kann.

In der Kartierung erfolgt die Grenzziehung an der Deichlinie, die die Lagune von der Terraferma trennt. Dies ist ohne Generalisierung möglich und für den Zweck dieser Karte durchaus ausreichend.

Die Siedlungsdarstellung beschränkt sich auf die Gesamtumrisse, die sich im Bild durch ein charakteristisches Muster aus Grautönen und Texturen abheben. Die Abgrenzung erfolgt am Übergang von dichter zu lockerer Bebauung. Eine deutliche Aktualisierung des Karteninhaltes ergibt sich aus der vollständigen Erfassung des Hafens von Marghera und des Flughafens Marco Polo am Rande der Lagune.

Das Verkehrsnetz entspricht den aktuellen Verhältnissen. Der Vergleich Karte-Kartierung (Fig. 10 u. 11) macht die Veränderungen deutlich. Die Autobahnen können wegen ihres charakteristischen Erscheinungsbildes

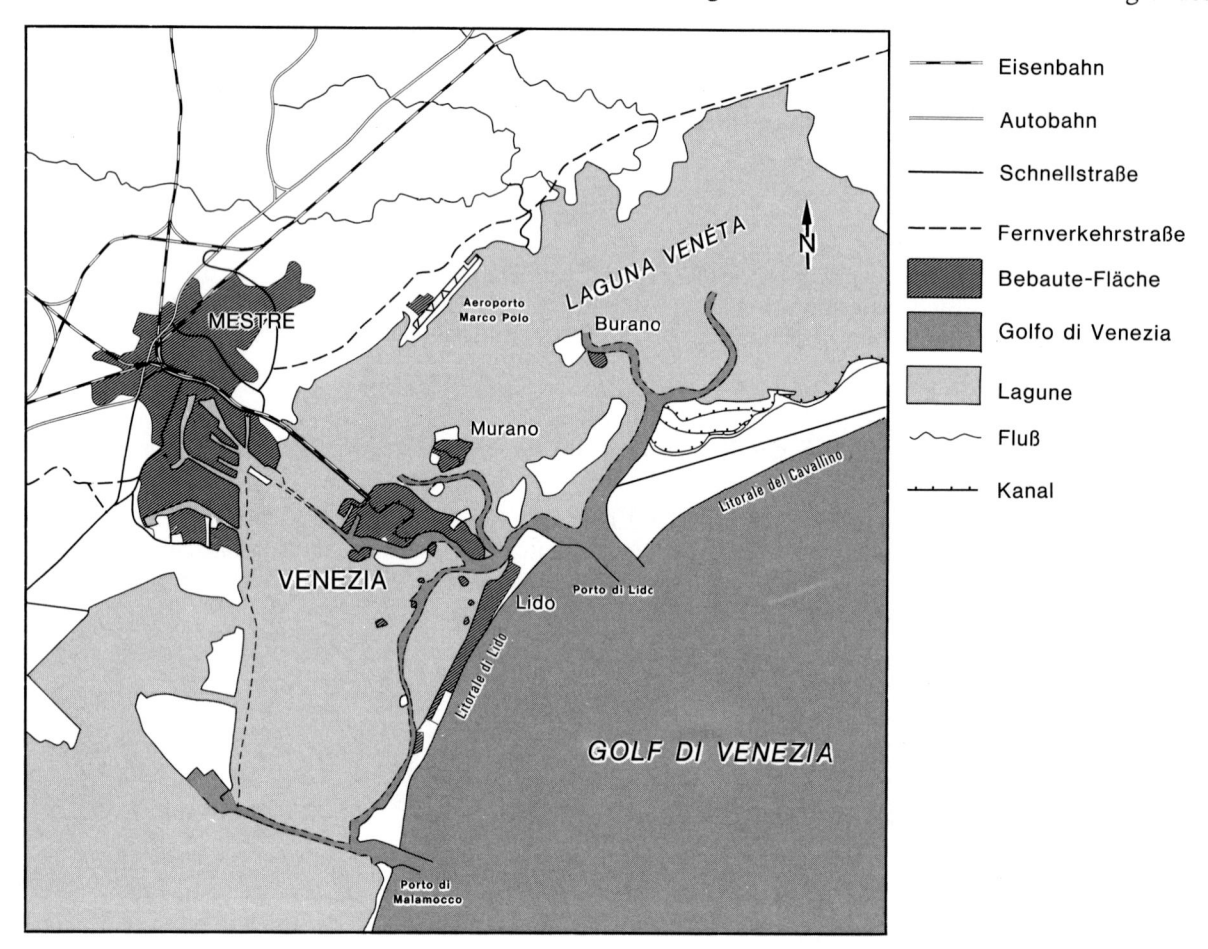

Fig. 10: Kartenprobe 1:250 000

(weite Kurvenradien, Kreuzungsfrei mit großzügigen Auffahrten) direkt aus dem Bild entnommen werden. Das gleiche gilt für die Schienenstränge der Eisenbahnen. Vom restlichen Straßennetz werden nur die wichtigen Regionalstraßen ausgehend von den Autobahnabzweigungen und unter Hinzuziehung einer Straßenkarte erfasst. Unter ungünstigen Kontrastverhältnissen kann es vorkommen, daß die Linienführung einer Straße mangels Kontrast im Hintergrund untergeht. Hier muß man sich mit vorhandenen Karten behelfen.

Das Kanalnetz der Lagune erscheint im Bildmaterial in Form breiter Bänder, die einmal hell einmal dunkel hervortreten. Die hellen Bänder sind ein Resultat des erhöhten Schwebstofftransports in den Rinnen, während in den dunklen Bändern der Unterschied der Wassertiefe zwischen Kanalrinne und flacher Lagune dokumentiert wird. Das Kanalnetz wurde nicht vollständig, sondern in seinen Grundzügen, je nach seiner Bedeutung für die Schiffahrt ausgewählt. Hilfsmittel sind Unterlagen der Hafenverwaltung und vorhandene Seehandbücher. Wichtig für die Schiffahrt sind der Kanal von Porto di Lido zum Porto Commerciale di Venezia und weiter nach Marghera, sowie die Baggerrinne von Malamocco nach Porto Marghera, deren Benutzung für Schiffe mit gefährlicher Ladung vorgeschrieben ist (DHI, 1986, S. 411).

Das Kanalnetz der Lagunenstadt Venedig kann mit Ausnahme des Canale Grande und ähnlich breiter Kanäle nur teilweise kartiert werden, da die meisten Kanäle im Schatten der Häuser für das LFC-System verborgen bleiben. Diese Art der Darstellung vermittelt trotz ihrer Unvollständigkeit ein genaueres Bild als die Karte, bei der durch die Generalisierung die Stadtstruktur verloren gegangen ist.

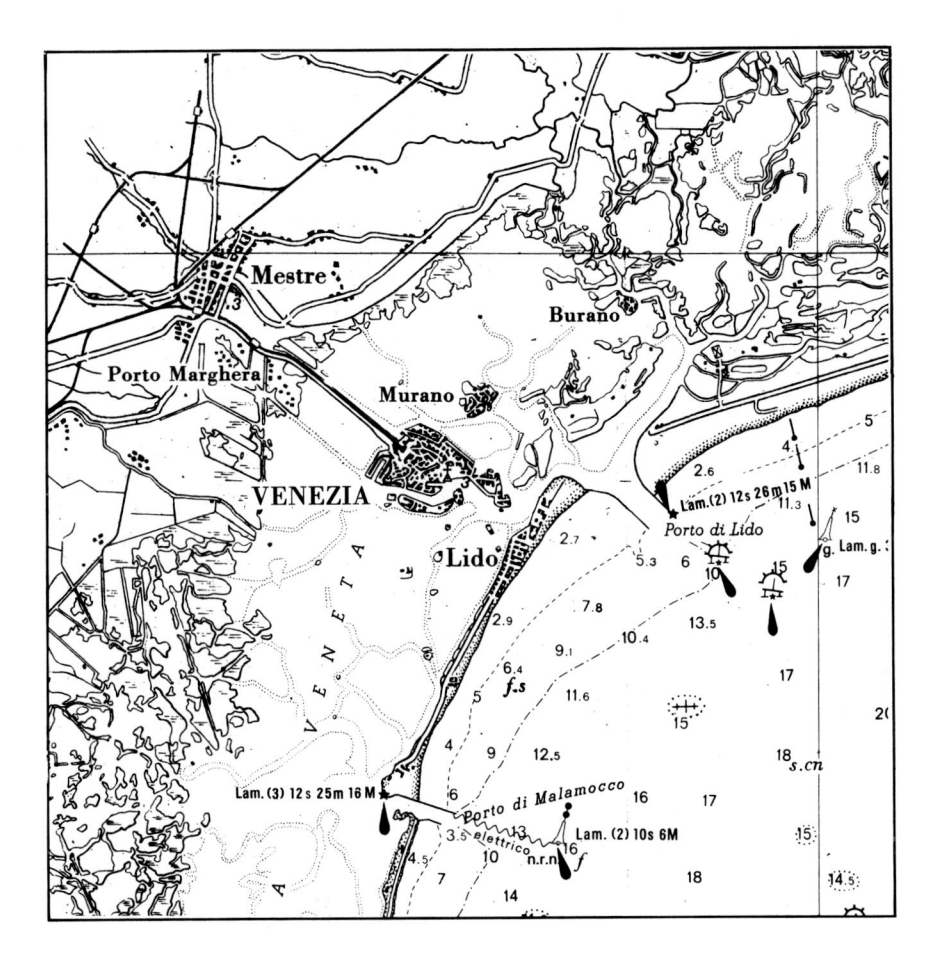

Fig. 11:   Italienische Seekarte 1:250 000 (IIDM, 1986)

5.3.2   Beispiel Küstenkarten

Küstenkarten dienen der Navigation in Küstennähe und der sicheren Ansteuerung einer Küste. Sie sollen detaillierte Angaben zur Beschaffenheit (Tiefenangaben, Art des Meeresbodens) des küstennahen Seegebietes liefern und detaillierte Informationen über Navigationshilfen (Fahrwasser, Deckpeilungen etc.) enthalten. Die Situationsdarstellung soll vor allem über die Hafenanlagen (Hafenbecken, Verladeeinrichtungen etc.) detaillierte Auskünfte geben. Siedlungen und Verkehrsnetz erhalten ebenfalls mehr Gewicht (KRÜGER, 1962).

Seekarte 1:100.000 (Fig. 12 u. 13)

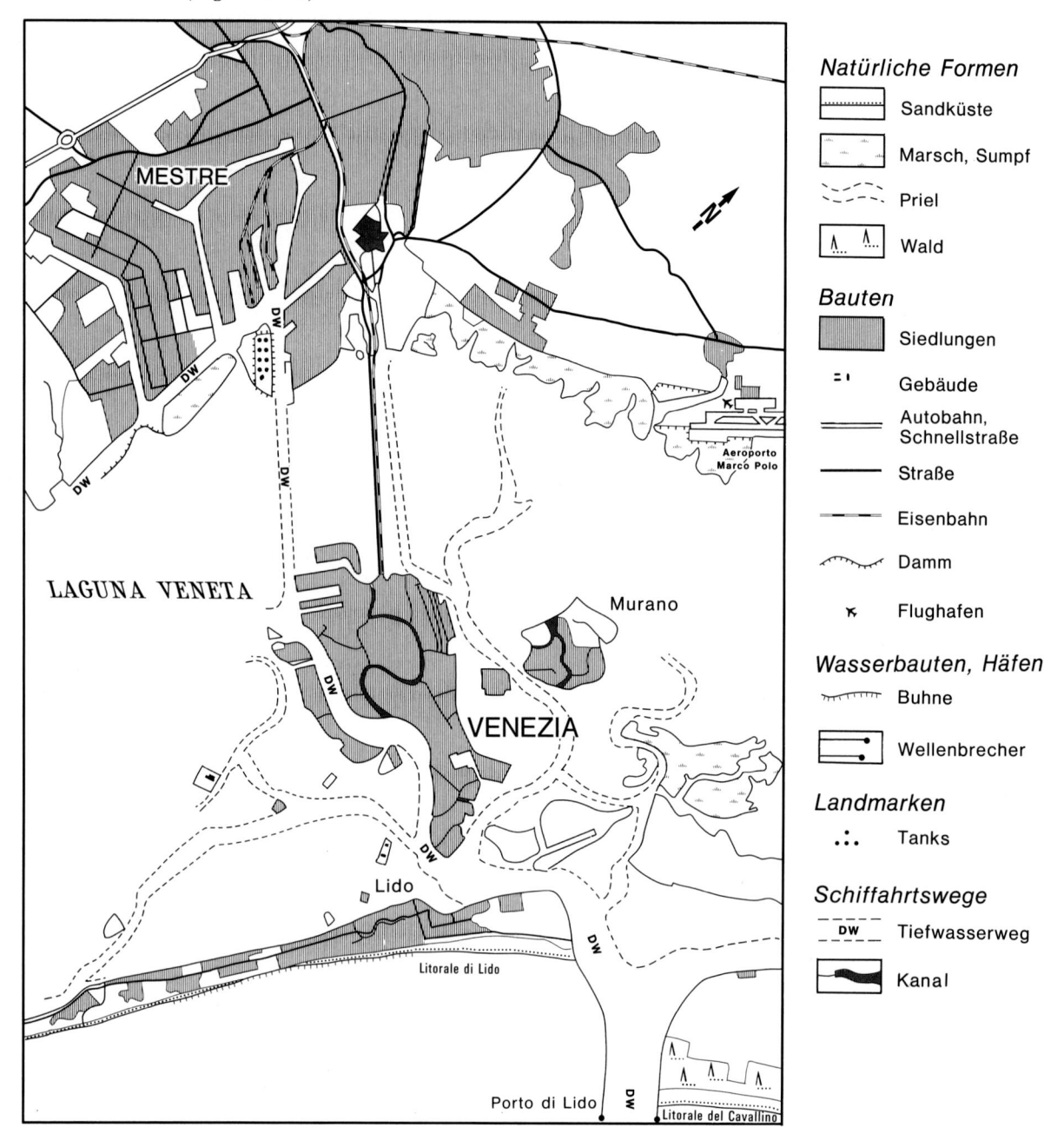

Fig. 12:   Kartenprobe 1:100 000

Die Kartierung trägt den Anforderungen Rechnung. Die Küstenlinie wird nach der Vegetationsgrenze der Bareneflächen zur offenen Lagune gezogen. Bei den Wasserbauten werden nun auch die Buhnen lagetreu dargestellt. Die Siedlungsdarstellung erfolgt zwar immer noch mit Hilfe des Gesamtumrisses, es wird jedoch mehr Wert auf das Siedlungsmuster (z.B. Litorale di Lido) gelegt. Das Verkehrsnetz umfasst neben den überregionalen Verbindungen nun auch innerörtliche Verkehrswege, die die Anbindung der Hafenanlagen an den Landverkehr erkennen lassen.

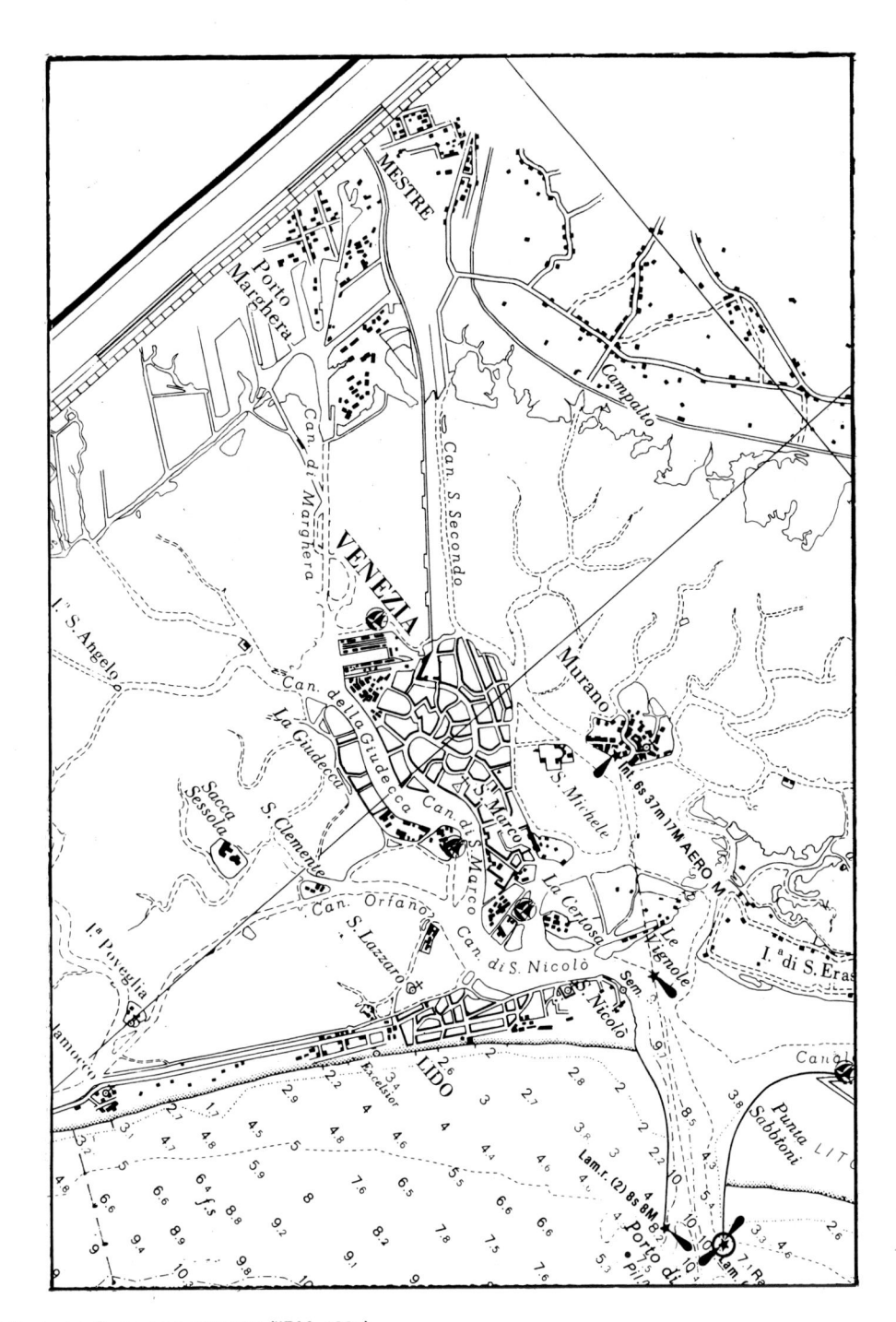

Fig. 13: Italienische Seekarte 1:100 000 (IIDM, 1985)

Der Vergleich der Kartierung mit der aktuellen Seekarte zeigt, daß eine Aktualisierung des Karteninhaltes erfolgen kann. Besonders deutlich wird dies bei den Hafenanlagen von Porto di Marghera und Porto di Venezia. Einige Einschränkungen müssen jedoch genannt werden:

- Die Linienführung der innerörtlichen Verkehrswege ist im Bild gut kartierbar, eine Entscheidung zu welcher Kategorie ein Linienelement gehört, kann allein mit Hilfe des Bildes nicht getroffen werden. Dies erfordert zusätzliches Informationsmaterial (Straßenkarten, Stadtpläne etc.), oder eine Überprüfung im Gelände. Die Ursache dafür ist vor allem in der Mehrdeutigkeit, der im Bild enthaltenen Signale zu sehen. Eine Linie kann sowohl eine Eisenbahnlinie, eine Straße oder einen Kanal repräsentieren.

- Vegetationszonen (z.B. Barene, Wald) sind im Bild nach dem Grauton kartierbar, eine Zuordnung ohne geographische Zusatzinformation, nur aus dem Bildmaterial kann nicht durchgeführt werden. Ursache ist wiederum die Mehrdeutigkeit der Grautoninformation im verwendeten panchromatischen Bildmaterial.
- Die Erfassung von auffälligen Objekten (Türmen, Schornsteinen, Hochhäusern etc.), die als Peilobjekte und zur Orientierung von Bedeutung sind, kann mit Ausnahme der Tankanlagen des Ölhafens von Marghera, wegen des begrenzten Auflösungsvermögens nicht erfolgen.

6. Schlußfolgerung

Die Untersuchungen am LFC-Bildmaterial haben die Erwartungen, die sich aus den Erfahrungen mit dem Metric-Camera System ergeben haben, vollauf bestätigt. Die verbesserte technische Ausstattung (Bildwanderungskompensation, hochauflösendes Filmmaterial) hat in Verbindung mit den günstigeren Aufnahmebedingungen die Interpretierbarkeit deutlich verbessert. Die Grenzen bezüglich der Extraktion des Bildinhaltes werden einerseits durch das Auflösungsvermögen und andererseits durch das panchromatische Filmmaterial und der damit zusammenhängenden Mehrdeutigkeit der spektralen Signaturen vorgegeben. Hier gilt, je besser die Zusatzinformationen zur Identifizierung der Bildsignale, desto größer wird die verwertbare Bildinformation.

Die Kartierungen zeigen, welche Informationen das Bildmaterial für Seekarten beisteuern kann. Bezüglich der Küstenlinie muß darauf hingewiesen werden, daß eine direkte Übernahme in eine Seekarte, unter Wahrung der geforderten Genauigkeiten, nur in Regionen mit schwach ausgeprägten Gezeiten (z.B. Mittelmeer) und unter Berücksichtigung der Aufnahmebedingungen erfolgen sollte. Die Erfahrungen haben gezeigt, daß der Ansatz zur Verwendung von Satellitenphotos nicht von einem bestimmten Kartenmaßstab ausgehen sollte, sondern vom Satellitenphoto als Hilfsmittel, dessen Informationen an verschiedenen Stellen in den Herstellungsprozeß einer Seekarte einmünden können. Folgende Anwendungen bieten sich an:

- Erfassung von Veränderungen (change detection) und Erkennen von Datenlücken
- Aktualisierung des Karteninhaltes (updating)
- Unterstützung des Generalisierungsvorganges bei der Zusammenstellung kleinmaßstäbiger Seekarten

7. Literaturverzeichnis

ALBERTZ, J., KREILING, W. (1980): Photogrammetrisches Taschenbuch, 3. Auflage, Wichmann, Karlsruhe.

BADE & HORNIG (1987): Seekarten und Seebücher für Sportschiffer, Hamburg.

CONSIGLIO NAZIONALE DELLE RICERCHE (CNR) (1976): Risultati Delle Ricerche Fino Al 1975 Sul Litorale Alla Foce Dell'Adige, CNR, Padua.

CHAMP, C.G., WARREN, P. (1979): Back to Cook - The Role of the Hydrographer in Delineating Topography and Culture, International Hydrographic Review, LVI (2), July, Monaco, S. 85-103.

DÖPP, W. (1986): Porto Marghera/Venedig: Ein Beitrag zur Entwicklungsproblematik seiner Großindustrie, Marburger Geographische Schriften Bd. 101, Marburger Geographische Gesellschaft, Marburg.

DEUTSCHES HYDROGRAPHISCHES INSTITUT (DHI) (1983): Gezeitentafeln Band 1 Europäische Gewässer/Mittelmeer, DHI, Hamburg.

DEUTSCHES HYDROGRAPHISCHES INSTITUT (DHI) (1986): Mittelmeer Handbuch II. Teil - Italien mit Sardinien und Sizilien - 7. Auflage, DHI, Hamburg.

DEUTSCHES HYDROGRAPHISCHES INSTITUT (DHI) (1987): Karte 1, DHI, Hamburg.

GEARY, L.E. (1968): Coastal Hydrography, Photogrammetric Engeneering and Remote Sensing, Vol. 34, Heft 1, American Society of Photogrammetry, Sioux Falls, S. 44-50.

GIERLOFF-EMDEN H.G., DIETZ K., HALM K. (1985): Geographische Bildanalysen von Metric-Camera-Aufnahmen des Space-Shuttle-Fluges STS-9, Münchener Geographische Abhandlungen, Bd. 33, Nelles-Verlag, München.

GIERLOFF-EMDEN H.G. (1961): Luftbild und Küstengeographie, Landeskundliche Luftbildauswertung im mitteleuropäischen Raum, Heft 4, Bundesanstalt für Landeskunde und Raumforschung, Bad Godesberg.

GIERLOFF-EMDEN H.G. (1980): Geographie des Meeres Bd. 1 u. 2, Lehrbuch der Allgemeinen Geographie, de Gruyter, Berlin, New York.

HAFENVERWALTUNG VENEDIG (o.J.): Porto di Venezia, Venedig.

ISTITUTO IDROGRAFICO DELLA MARINA (IIDM) (1984): Segni Convenzionali Ed Abbreviazioni 2. Auflage, Genova.

LANGERAAR, W. (1984): Surveying and Charting of the Seas, Elsevier Oceanography Series, 37, Elsevier, Amsterdam usw..

LLOYD'S LIST (1981): The 'scandal' of Britain's outdated charts, Lloyd's List, November 3.

KRÜGER, E. (1962): Gestaltung und Entwurf von Seekarten, Tagung "Kartengestaltung und Kartenentwurf", Niederdollendorf 1962, Bibliographisches Institut, Mannheim, S. 189-202.

MURRAY, T.A. (1980): Endless race to update nautical charts, Surveyor, Mar., American Bureau of Shipping, S. 2-12.

NAUTIGAMMA (1987): Previsioni di Marea Nell 'Adriatico Settentrionale, Pertegada.

PIRAZZOLI, P. (1973): Inondations et Niveaux Marins a Venise, Memoires du Laboratoires de Geomorphologie de L'Ecole Pratique des Hautes Etudes, Nr. 22, Dinard.

SCHWIDEFSKY, K., ACKERMANN, F. (1976): Photogrammetrie, 7. Auflage, Teubner, Stuttgart.

SHALOWITZ, A.L. (1964): Shore and Sea Boundaries 2 Bde., U.S. Department of Commerce, Coast and Geodetic Survey, Publ. 10-1, Washington.

STOLZ, W. (1985): Topographic and Thematic Mapping - Analysis of Metric Camera Black & White Photographs of the Rhone Delta, ESA SP-209, ESA, Paris, S. 161-166.

STOLZ, W. (1987): Analysis of Large Format Camera Photos of the Po Delta, Italy, for Topographic and Thematic Mapping, Vortrag EARSEL Workshop, Panel 4, in Noordwijkerhout, 4-8 Mai 1987.

VAN DER PIEPEN, H., et al. (1987): Kartierung von Substanzen im Meer mit Flugzeugen und Satelliten, Münchener Geographische Abhandlungen, Bd. A 37, Nelles Verlag, München.

WEIMANN, G. (1984): Geometrische Grundlagen der Luftbildinterpretation, Wichmann, Karlsruhe.

WILLIAMS, CH.R. (1980): Hydrographic Surveying and Charting: The Needs and the Means, International Hydrographic Review, LVII (2), July, Monaco, S. 25-39.

WITT, W. (1979): Lexikon der Kartographie, Deuticke, Wien.

ZUNICA, M. (1971): Le Spiagge del Veneto, Tipografia Antoniana, Padua.

8. KARTENMATERIAL

DEUTSCHES HYDROGRAPHISCHES INSTITUT (DHI)
Seekarte Nr. 600: Adriatisches Meer, 1:750 000, 7. Ausgabe, 1980

ISTITUTO IDROGRAFICO DELLA MARINA (IIDM)
Seekarte Nr. 924: Da Porto Corsini all'Isola Pago, 1:250 000, 1986

Seekarte Nr. 38: Dal Po Di Goro A Punta Tagliamento, 1:100 000, 1985

ISTITUTO GEOGRAFICO MILITARE (IGM)
Carta Regionale Dell'Emilia Romagna 1:250 000, 1976

UFFICIO IDROGRAFICO DEL MAGISTRATO ALLE ACQUE
Carta Idrografica Della Laguna Veneta, 1:50 000, Venezia, 1975

Eignung von LFC-Aufnahmen des Space Shuttle für die Kartierung natürlicher und anthropogener Küstenformen - untersucht am Beispiel der italienischen Adriaküste zwischen Lido di Volano und Gabicce Monte

Friedrich Wieneke

SUMMARY

The applicability of a Large Format Camera (LFC) photo for topographical and thematical mapping of coastal areas with their specific object inventory was analysed. As regional example, the Italian Adriatic coast between Lido di Volano and Gabicce Monte was selected. This extended, graded shore line with sandy beach, low, vegetated beach- and dune ridges, and with former lagoons, has seen the development of extensive touristic settlements since 1950. At the same time, protective coastal buildings had to be constructed to stabilize the settled and cultivated areas.

Sections of the LFC photo were enlarged. By means of image analysis and ground checks it was then investigated, whether the object inventory of the analysed coast could be extracted and differentiated from the photo. Furthermore, and depending on the scale, in which sizes these objects were represented. Then, a classification key was developed from the image analysis. A comparative study of the legends of topographical and thematical maps from this area provided further criteria for the possible application of the photo.

In a scale of 1 : 50.000, the objects, respectively their boundaries, became blurred in the virtual magnifications, as well as on the real enlargements (paper prints). Corresponding to the drawing accuracy, the spatial resolution of the LFC photo with this scale also set a limit to its applicability. The photo seems to be of limited usefulness for topographical maps, and hardly applicable for land use maps. It can provide, however, a map basis for the maps of the coastal atlas of Italy.

1. Fragestellung

Am regionalen Beispiel der italienischen Adriaküste zwischen Lido di Volano im Norden und Gabicce Monte im Süden soll die Verwendbarkeit eines Large Format Camera-Photos aus dem Space Shuttle für die topographische und thematische Kartierung von Küsten mit ihrem spezifischen Objektinventar untersucht werden. Die Frage der Eignung für die topographische Kartierung enthält Teilfragen der Lagegenauigkeit, der Wahrnehmbarkeit und Identifizierbarkeit sowie der Verdrängung und Überstrahlung. Probleme der Herstellung topographischer Karten aus Satellitenbildern und der Lagegenauigkeit der Objekte (planimetrisch und altimetrisch) gehören zum Aufgabenbereich der Photogrammetrie und werden hier nicht behandelt. Wahrnehmung, Identifizierbarkeit und Überstrahlung sind objektspezifisch und objektumgebungsspezifisch. Gerade der natürliche und anthropogene Objektreichtum in kleinsträumigem Mosaik an Küsten bietet reiches Anschauungsmaterial zum Studium dieser Phänomene, und hier kann der Geograph als auf den Landschaftstyp Küste und das regionale Beispiel nordwestliche Adriaküste spezialisierter Wissenschaftler sinnvoll Photogrammeter und Kartographen bei der Untersuchung der Eignung der LFC-Aufnahmen für die topographische Kartierung unterstützen.

Die Frage der Eignung für die thematische Kartierung enthält Teilfragen der Bildobjekt-Erkennbarkeit, der Objektklassifikation, der Legendenschlüssel. Bei diesen Untersuchungen sind Geländekenntnis und Bodenreferenz unerläßlich, beide sind traditional Domänen der Geographie als Raumwissenschaft. Genaue, inhaltlich auf die Anwendungsmöglichkeiten abgestimmte und aktuelle Karten sind unerläßliche Planungsgrundlage. Dieses gilt in besonderem Maße im Falle von Küsten, die einerseits sehr kurzfristigem, schnellem Wandel unterliegen und andererseits seit langem besonders intensiv anthropogen genutzt und geprägt sind als Siedlungs- und Wirtschaftsraum. Die Eignung von Satellitenbildern zur Erfassung und Überwachung von Veränderungen an Küsten ist daher von großer wirtschaftlicher Bedeutung. TOGLIATTI (1985) lobt die sehr gute Qualität der LFC-Aufnahmen über Italien und meint, daß Untersuchungen über ihre Eignung zur Kartenherstellung und zur Anwendung in der Landesplanung möglich sind. Am Beispiel der nordwestlichen Adriaküste soll diesen Fragen nachgegangen werden.

2. Untersuchungsgebiet

2.1. Allgemeines

Der als regionales Beispiel gewählte Abschnitt der nordwestlichen Adriaküste beginnt im Norden an der Mündung des Po di Volano südlich des heutigen Po-Deltas und reicht nach Süden bzw. Südsüdost, bis bei Gabicce Monte die Fußstufe des Apennin-Vorhügellandes, das "Tertiärhügelland der Marken und Abruzzen" (TICHY 1985, 7, nach SESTINI 1963), an die Küste herantritt und damit der Typ der Flachküste vom Typ der Steilküste abgelöst wird. Dieser räumliche Wandel bedingt auch das Aufhören der zusammenhängenden bandartigen Aufsiedlung der Küste - eine Folge der Expansion des Tourismus, besonders nach 1950.

Fig. 1: Auf 1 : 2,16 Mill. verkleinertes LFC-Photo 1286, Untersuchungsgebiete weiß umrandet

Naturgeographisch gesehen gehört der nördliche Teil des untersuchten Küstenabschnittes zum Po-Delta, dem "nassen Dreieck" der Flußmündungs- und Lagunenzone (LEHMANN 1961, 117), welche landeinwärts durch einen voretruskischen Strandwallgürtel abgegrenzt wird und aus teilweise versumpften, teilweise entwässerten, teilweise wassergefüllten ehemaligen Küstenlagunen und zwischengelagerten fossilen Strandwallstreifen, z.T. mit aufgesetzten Küstendünen, aufgebaut wird. Zur Adria hin wird dieser Komplex durch junge Strand- und Dünenwälle mit vorgelagertem Sandstrand begrenzt. Diese Sandwälle sind rezent überbaut oder forstlich bewirtschaftet. Dieser nördliche Teil reicht nach Süden bis etwa Cérvia, wo die Zone der Schwemmfächer der Apenninflüsse in spitzem Winkel die Küste erreicht; er wird von einer Ausgleichsküste gebildet und ist von natürlicherweise verschleppten, künstlich stabilisierten Flußmündungen unterbrochen und abschnittsweise, besonders östlich Ravenna und östlich Comácchio, von neuen Tourismussiedlungen überbaut. Ravenna besitzt einen bedeutenden Industriehafen, dessen Einfahrt bei Porto Corsini-Marina di Ravenna durch 2,3 km lange Molen lagestabilisiert und geschützt ist.

Von etwa Cérvia bis Gabicce im Süden ist eine lange sanft geschwungene Ausgleichsküste an der Schwemmfächerzone ausgebildet. Räumlich korrelat ist an diesem Küstenabschnitt, genau von der Sávio-Mündung nach Süden, das kontinuierliche Band der Tourismussiedlungen ausgebildet, die auch die alten Ortszentren der ehemals kleinen Fischerhäfen, wie Cesenático, überwucherten.

In der nördlichen Adria sind umlaufende Gezeiten ausgebildet. Das Zentrum der Drehtide liegt östlich Ancona. Regionale Winde, der heiße Schirokko aus Süden, die kalte Bora aus Osten, das mit dem Durchzug einer Vb-Zyklone verknüpfte Windfeld, können Wassermassen der Adria gegen die nordwestliche Küste drücken und hier besonders hohe Wasserstände und kräftige Strömungen verursachen. So hat es natürlicher Weise stets Erosionsabschnitte an der langen Ausgleichsküste gegeben. Untersuchungen des Sedimenttransportes haben ergeben, daß im Mittel von Gabicce bis ca. Cesenático ein Süd-Nord-Transport vorherrscht und ebenso zwischen der Reno-Mündung und dem südlichen Po-Delta. Im mittleren Teil der untersuchten Küste ist dagegen eine Zellenstruktur der Strömungen ausgebildet (CENCINI et al. 1979).

Seit Ende der vierziger Jahre sind die Apenninflüsse, deren Mündungen im Untersuchungsgebiet liegen, stark verbaut worden. Hierdurch ist die fluviale Sedimentanlieferung behindert; z.B. transportierte der Reno in den vierziger Jahren die 2,5fache Sedimentmenge gegenüber heute. Die Sedimentbilanz der Küste ist negativ geworden, der größte Teil der Küste wird rezent stark erodiert. Um diesen Prozeß zu behindern, sind Küstenschutzbauten - Wellenbrecher, Molen, Strandmauern - errichtet worden; z.B. ist der gesamte südliche Teil des Untersuchungsgebietes nahezu durchgehend verbaut. Auch im nördlichen Teil mußten die Badeorte mit ihrer kostenintensiven Infrastruktur durch Küstenverbauung geschützt wurden. Daher besteht von Seiten staatlicher und regionaler Planungsbehörden die Notwendigkeit regelmäßiger Überwachung des gesamten Küstenabschnittes (IDROSER 1981). Die Eignung von Satellitenfernerkundung hierfür ist zu prüfen.

2.2. Küstenformen der nordwestlichen Adria

Natürliche und anthropogene Küstenformen bilden das für diese Untersuchung relevante Objektinventar. Ein prinzipieller Überblick soll den Formenschatz verdeutlichen. Die Küste umfaßt den Bereich des Übergangs vom Meeresboden zum festen Land und unterliegt dadurch mariner und festländischer Formung. Nach Intensität und Dauer mariner Überformung in Abhängigkeit der wechselnden Wasserstände wird sie in einzelne Zonen unterteilt. Einer solchen Gliederung entspricht auch in etwa eine Gliederung in hydro- und morphodynamischen Zonen, denen an einer vorwiegend aus Lockermaterial aufgebauten Sandstrandküste eine bestimmte Reliefabfolge entspricht. Vom Meer auf das Festland zu sind dies die Zone der Brandung, der Schwalle, der gemischt marin-äolischen Dynamik und rein terrestrischer Formung, denen Unterwasserriffe (schmale, langgestreckte Rücken aus Sediment), Strandriffe und Strandpriele, nasser Strand und trockener Strand und endlich Strandwallgürtel mit aufgesetzten Dünen entsprechen. Landeinwärts können hieran offene oder verlandete ehemalige Lagunen anschließen. Die prinzipielle Abfolge ist anhand eines Ultrahochbefliegungsphotos von Matagorda Island, Texas, bei GIERLOFF-EMDEN/DIETZ (1983, 84) dargestellt.

Fig. 2a zeigt im schematischen Querprofil den Aufbau der Adriaküste im nördliche Abschnitt (CENCINI 1980, 31). Auf den vegetationsfreien ständig bzw. regelmäßig wellenbeeinflußten nassen Strand (G) mit Schwemmselstreifen folgt der trockene Strand (F), nur gelegentlich wellenbeeinflußt, stärker äolisch geformt, mit einer sehr lückigen, niederen Meersenf-Spülsaum-Vegetation. Hieran schließen sich initiale Dünenformen mit lückigen Strandqueckenbeständen an (E), auf welche mit Strandhafer bestandene Weißdünen von 1-2 m Höhe folgen (D). Landeinwärts liegen ältere, fossile Dünengürtel (C), die durch Sanddorn-Dünenweiden-Gebüsche lagestabilisiert sind und häufig durch feuchte Depressionen mit hygrophiler Vegetation (Schilf- und Binsengesellschaften, B) von den breiten, niedrigen, baumbestandenen zum großen Teil aufgeforsteten (Pineten, Pappeln) Paläodünenstreifen (A) getrennt sind. Fig. 2b, c verdeutlichen diesen Küstenaufbau mit Hilfe heute veralteter Kartenaufnahmen (Fig. 2b 1978, CENCINI 1980, 26, und Fig. 2c 1935 nach der Topographischen Karte 1:25.000). Fig. 2d (Lido delle Nazioni) und 2e (Lido di Volano) zeigen den Ausschnitt der Objektvergesellschaftung vom Schwemmselstreifen bis zum Gebüsch. Die Vordünen bzw. Weißdünen sind kliffartig unterschnitten, eine Folge der erwähnten Windstauwasserstände. Am reinsten sind die natürlichen Küstenformen auf der Nehrung von Volano, nördlich Lido delle Nazioni, beidseitig der Reno-Mündung und zwischen den Mündungen der Fiumi Uniti und des Fiume Sávio erhalten. Alle übrigen Küstenabschnitte sind intensiv anthropogen umgestaltet.

Einfache traditionale anthropogene Umgestaltungen der Küste betreffen die teilweise Einebnung von Dünen auf den Strandwällen, auch unter Baumbestand; denn die Pineten sind aufgeforstet worden. Auf den wasserdurchlässigen Sanden ist stark Seestrandkiefer (Pinus maritima) anstelle der ursprünglichen Pinie (Pinus pinea) angepflanzt worden, zusätzlich sind Pappelmonokulturen entstanden. Zur Wasserregulierung der ehemaligen Lagunen und für die Fischerei sind Kanäle gegraben worden (vgl. Fig. 2c, 3a,c), wie auch die Flußmündungen durch Betoneinfassungen und Molen lagestabilisiert wurden. So sind an alten, kleinen Fischerorten wie Porto Garibaldi, Cérvia, Cesenático, Cattólica Kanalhäfen entstanden. Der touristische Ausbau, der in

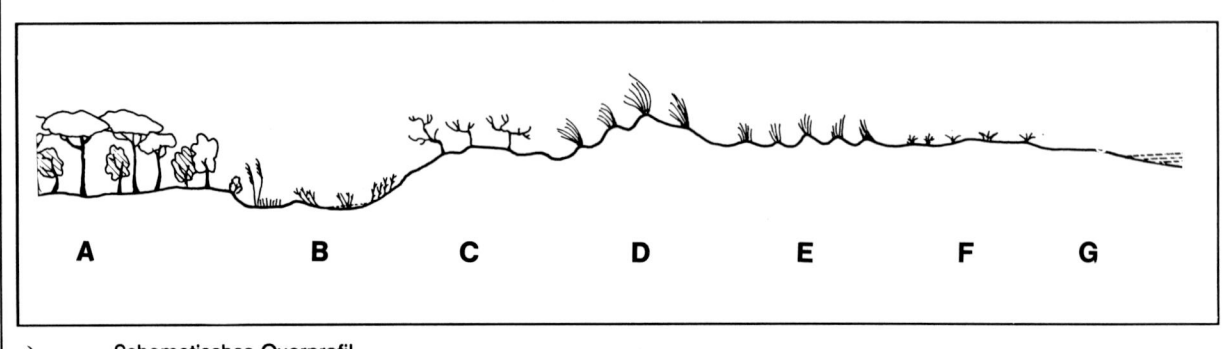

a) Schematisches Querprofil

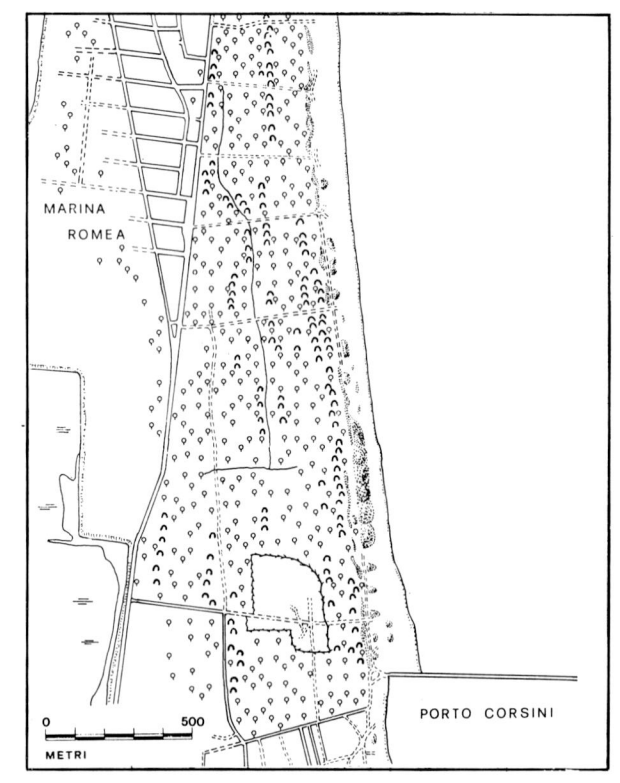

b) Dünen bei Porto Corsini 1978, verkleinert auf 1:50.000

c) Porto Garibaldi 1935, verkleinert auf 1:50.000

d) Geländephoto Lido delle Nazioni-Nord 15. 4. 1986

e) Geländephoto Lido di Volano 15. 4. 1986

Fig. 2: Natürliche Küstenformen

a) Porto Garibaldi

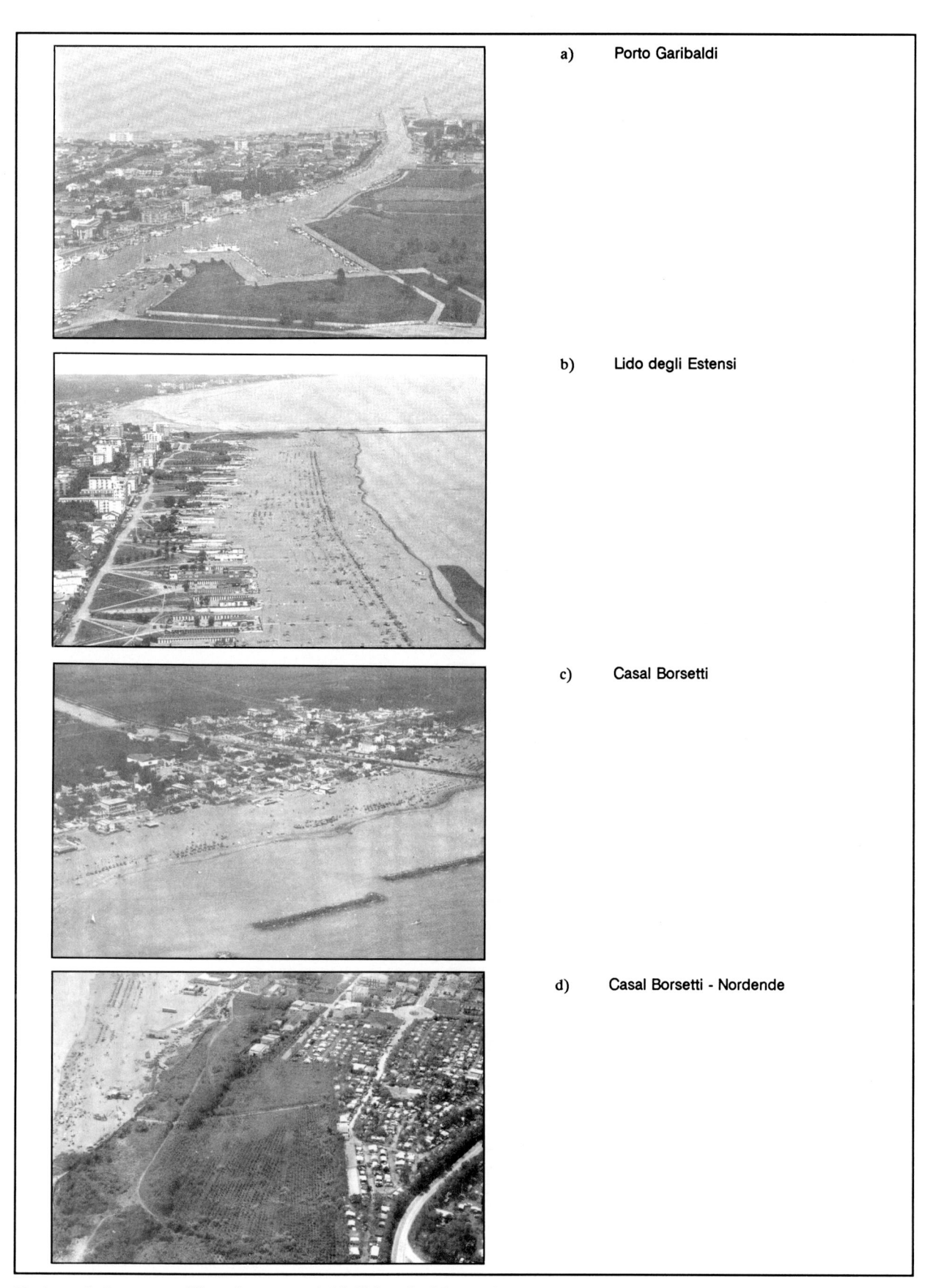

b) Lido degli Estensi

c) Casal Borsetti

d) Casal Borsetti - Nordende

Fig. 3: Anthropogene Küstenformen, nach käuflichen Ansichtspostkarten

e) Segelhafen von Cesenático

f) Cesenático - Süd

g) Porto Verde

h) Misano Adriático - Gabicce

Fig. 3: Anthropogene Küstenformen, nach käuflichen Ansichtspostkarten

mehreren Phasen seit dem Ende des 19. Jhs. erfolgte, besonders intensiv nach 1950 im Süden, nach 1975 im Norden des Untersuchungsgebietes, setzte zuerst an bestehenden Siedlungskernen an und weitete sich dann in die angrenzenden Pineten und Dünengebiete aus. Die Fig. 3 zeigt repräsentative Beispiele für das gesamte Gebiet. Es wechseln Campingplätze ab mit villenartiger Bebauung, mit Hotelkomplexen und Großbauten der Ferienkolonien der Zwanziger Jahre, mit modernen Segelschiffhäfen und Marinas. Bei ausreichender Breite des Strandes sind auf seinem oberen Teil Strandrestaurants, Umkleidekabinen, Buden und Vergnügungsparks enstanden (Fig. 3b,f), die sogenannte Bagnizone.

Lockermaterialküsten sind lageinstabil, sie unterliegen ständiger Umformung. Die intensive anthropogene Nutzung der nordwestlichen Adriaküste hat Versuche ihrer Stabilisierung erzwungen; dabei haben die anthropogenen Eingriffe in den Sedimenthaushalt der Flüsse verstärkte Küstenerosion zur Folge. Aus beiden Gründen mußten große Teile der untersuchten Küste durch Buhnen, Strandmauern und Wellenbrecher geschützt werden (Fig. 3b,c,h; 7b; 8). Auf der Luvseite der Molen (Südosten bzw. Süden) ist Sandakkumulation, d.h. Strandverbreiterung, gefördert worden (Fig. 3b,e). Im Schutz von Wellenbrechern und/oder Buhnen kam es ebenfalls zu Anlandung (Fig. 3c) oder zur Verlangsamung der Erosion (Fig. 3h). Leeseitig von Molen und leeseitig von Buhnen- und Wellenbrecherreihen setzt die Erosion verstärkt an und hat zu einem landwärtigen Zurückweichen der Küstenlinie geführt (Fig. 3d, 6b, 7b,c, 8b), besonders nördlich der Sáviomündung und am Südende der Nehrung von Volano (Lido delle Nazioni-Nord).

2.3. Testlokalitäten

Nach folgenden Gesichtspunkten wurden für die Bildanalyse und für die Geländearbeiten zur Bodenreferenz sieben Testlokalitäten an der nordwestlichen Adriaküste ausgewählt: Es sollte ein möglichst großer Teil des natürlichen und des anthropogenen Objektinventars erfaßt werden und die Lokalitäten sollten für die verschiedenen Teilabschnitte dieser Küste repräsentativ sein. Hierfür bot sich eine Stratifizierung des Gesamtgebietes an. Der nördliche Abschnitt (Fig. 4) mit den Testlokalitäten Lido delle Nazioni-Nord, Porto Garibaldi/Lido degli Estensi, Casal Borsetti und Porto Corsini/Marina di Ravenna entspricht der nur teilweise und rezenter touristisch aufgesiedelten und dann geschützten, teilweise aber quasi naturbelassenen Ausgleichsküste der Strandwall- und Lagunenzone des südlichen Po-Delta-Bereiches bis etwa zur Sáviomündung. Der südliche Abschnitt (Fig. 5) mit den Testlokalitäten Cesenático, Porto Verde und Gabicce Mare/Monte entspricht der bandartig touristisch überwucherten Ausgleichsküste vor der nach Südosten keilartig ausstreichenden Schwemmfächerzone der Apenninflüsse, deren Ende mit Beginn der Steilküste bei Gabicce erreicht ist.

Lido delle Nazioni-Nord markiert das nördliche Ende der geschlossenen Überbauung der Küstenstrand- und -dünenwälle und das Ende der Küstenschutzmaßnahmen (Buhnen, Wellenbrecher; Fig. 4a). Daher verschmälert sich der Strand und die Küste springt deutlich nach Westen zurück (vgl. Fig. 6b). Nach Norden zu beginnt die Objektgesellschaft nahezu naturbelassener Küste (Fig. 2a,d). Porto Garibaldi und Lido degli Estensi (Fig. 3a,b) liegen als Badeorte unter Pinien (L.E.) bzw. mit dichtem, nahezu baumlosem Siedlungskern (P.G.) beidseitig eines durch Molen geschützten Kanalhafens. Nördlich der Mole setzt eine Reihe von Wellenbrechern ein, südlich sind auf dem hier breiten Strand Restaurants und Buden entstanden. Casal Borsetti ist ein villenartig bebauter kleiner Ort an einem Kanalhafen im Schutz einer Wellenbrecherserie (Fig. 3c,d) und von Strandschutzmauern im Norden und im Süden. Porto Corsini/Marina di Ravenna liegen beidseitig des Hafenkanales von Ravenna (Fig. 7c,d), der durch 2,3 km lange Molen geschützt ist. An der alten Südmole ist ein Segelhafen eingerichtet; nach Norden grenzt ein breites Dünenwallgebiet teilweiser Überbauung (Marina Romea, Fig. 2b) mit vereinzelten Vordünen an.

Im südlichen Küstenabschnitt steht Cesenático als Beispiel für die alten Zentren, die schon lange einen mäßigen Badetourismus kannten und untergeordnete Bedeutung als Handels- und Fischereihafen besaßen, dann im Zuge der jüngeren Entwicklung dieser Küste massiv überbaut wurden (Fig. 3e,f; 8a,c). Molen schützen den Kanal, auf der südwärtigen Luvseite ist der Strand akkumulativ verbreitert, die von Süden heranreichende Serie von Wellenbrechern ist daher ausgesetzt, auf der Nordseite, im Lee, springt die Küste zurück, sie liegt unter Erosion und muß erneut geschützt werden. Einerseits besitzt Cesenático altgewachsene Baustruktur (Fig. 3f), andererseits sind neue Bauten erstellt, z.B. ein Segelhafen nördlich des Kanals (Fig. 3e). Das z.Zt. modernste Beispiel einer touristischen Siedlung stellt Porto Verde nördlich von Cattólica dar. Hier wurde eine Marina gebaut; um ein kreisförmiges Hafenbecken sind vier- bis fünfgeschossige Bauten gruppiert, die von einer Hochhausgruppe flankiert werden (Fig. 3g). Gabicce Mare und Gabicce Monte markieren den Übergang zur Steilküste (Fig. 3h), der hier durch Wellenbrecher vor Gabicce Mare und Buhnen vor Cattólica vor weiterer Erosion geschützt wird.

3. Verwendete Daten

Den Auswertungen zugrunde gelegt wurde das Large Format Camera (LFC)-Photo Nr. 1286 der Space Shuttle Mission 41-G, da in diesem Bild das Untersuchungsgebiet im Zentrum liegt. Dieses Photo lag im Aufnahmemaßstab 1:775.000 als Diapositiv vor. Über ein Zwischennegativ wurden Positivabzüge von vergrößerten Bildausschnitten in den Maßstäben 1:200.000, 1:100.000 und 1:50.000 hergestellt (Fig. 4,5,6,7,8).

Bilddaten

Bildnummer	1286
Aufnahmedatum	9. Oktober 1984
Aufnahmezeitpunkt	11h 25' 5.67" GMT, d.h. 12h 21'13" MOZ
Sonnenstand	h = 39.49°, Az ca. 185°
Geographische Koordinaten des Bildzentrums	43.68° N, 14.03° E
Flughöhe	H = 236.51 km
Brennweite	f = 305 mm
Aufnahmemaßstab berechnet	1:775.400
gemessen	1:775.000
Wolkenbedeckung	10%, gute Bildqualität
Film	Kodak High Definition Aerial (Neg.) 3414 Panchromatisch schwarzweiß, sehr feinkörnig, niedrige Empfindlichkeit, starker Konstrast (BRINDÖPKE et al. 1985, 26)
Räumliche Auflösung nach EROS Data Center	800 l/mm bei hohem Kontrast, 250 l/mm bei niedrigem Kontrast,
nach DOYLE (1985)	90 lp/mm AWAR

Die meteorologischen Daten des Witterungsablaufes der Zeit vor und am Tage der Aufnahme sind der Berliner Wetterkarte für den Zeitraum 18.9.-9.10.1984 entnommen worden (STOLZ 1988). Bodenwetterkarten, Höhenwetterkarten, NOAA-Wettersatellitenbild und Stationsmeldungen konnten ausgewertet werden. Ein vom Balkan auf die Adria übergreifendes Hochdruckgebiet hat am Aufnahmetag wolkenarme (10% Wolkenbedeckung, s.o.), niederschlagsfreie Aufnahmebedingungen geschaffen. Es löste rezent ein niederschlagsbringendes Tiefdruckgebiet ab, wodurch noch keine inversionsbedingte Aerosolanreicherung in den tieferen Schichten der Atmosphäre entstehen konnte, daher herrschte sehr klare Sicht. Das Windfeld am Boden hatte am 8. Oktober noch schwache Nordostwinde in die nördliche Adria gebracht, am 9. Oktober, 12 Uhr GMT, meldeten Udine schwachen NE-Wind, Triest Kalmen und Venedig schwache Winde aus SSE (Azimut 150°) mit 3 kn Stärke. Für den untersuchten Küstenabschnitt bedeutet dies, daß zum Aufnahmezeitpunkt die etwa küstenparallel wehenden schwachen Winde keinen Windstau am Strand, keine starke auflaufende Brandung und keine Strömung gegen die Richtung des Gezeitenstromes hervorriefen.

Wasserstandsdaten konnten der Gezeitentafel für die nördliche Adria und den Gezeitenpegel-Aufzeichnungen Diga Sud-Lido di Venezia entnommen werden (STOLZ a.a.O.). Unter Berücksichtigung der Drehtide in der nördlichen Adria mit ihrer an der italienischen Küste von Norden nach Süden fortschreitenden Gezeitenwelle läßt sich aus diesen Daten ableiten, daß zum Aufnahmezeitpunkt der gezeitenbedingte Hochwasserstand (Thw) um etwas mehr als zwei Stunden überschritten war, der gezeitenbedingte Wasserstand um etwa 10-20 cm gefallen war. Windfeldbedingt stand zum Aufnahmezeitpunkt keine starke Brandung auf die Küste des Untersuchungsgebietes, und der aktuelle Wassermassen- und Sedimenttransport, kenntlich an den meist hellgetönten Fahnen vor den Fluß- und Kanalmündungen, weist gezeitenstromkonform nach Süden bzw. Südosten, entgegen der im Mittel vorherrschenden Transportrichtung.

Als weitere Datengrundlage wurden topographische und thematische Karten herangezogen, im besonderen (vgl. Kartenverzeichnis)

Generalkarte Italienische Adria 1:200 000 (Mair)
Landnutzungskarte Italien 1:200 000 (TCI und CNR)
Topographische Karte Italien 1:100 000 (IGM)
Atlas of Italian Beaches 1:100 000 (CNR)
Topographische Karte Italien 1:100 000 (IGM)
Touristenkarten 1:50 000 (Belletti)
Stadtpläne ohne Maßstab (Diverse).

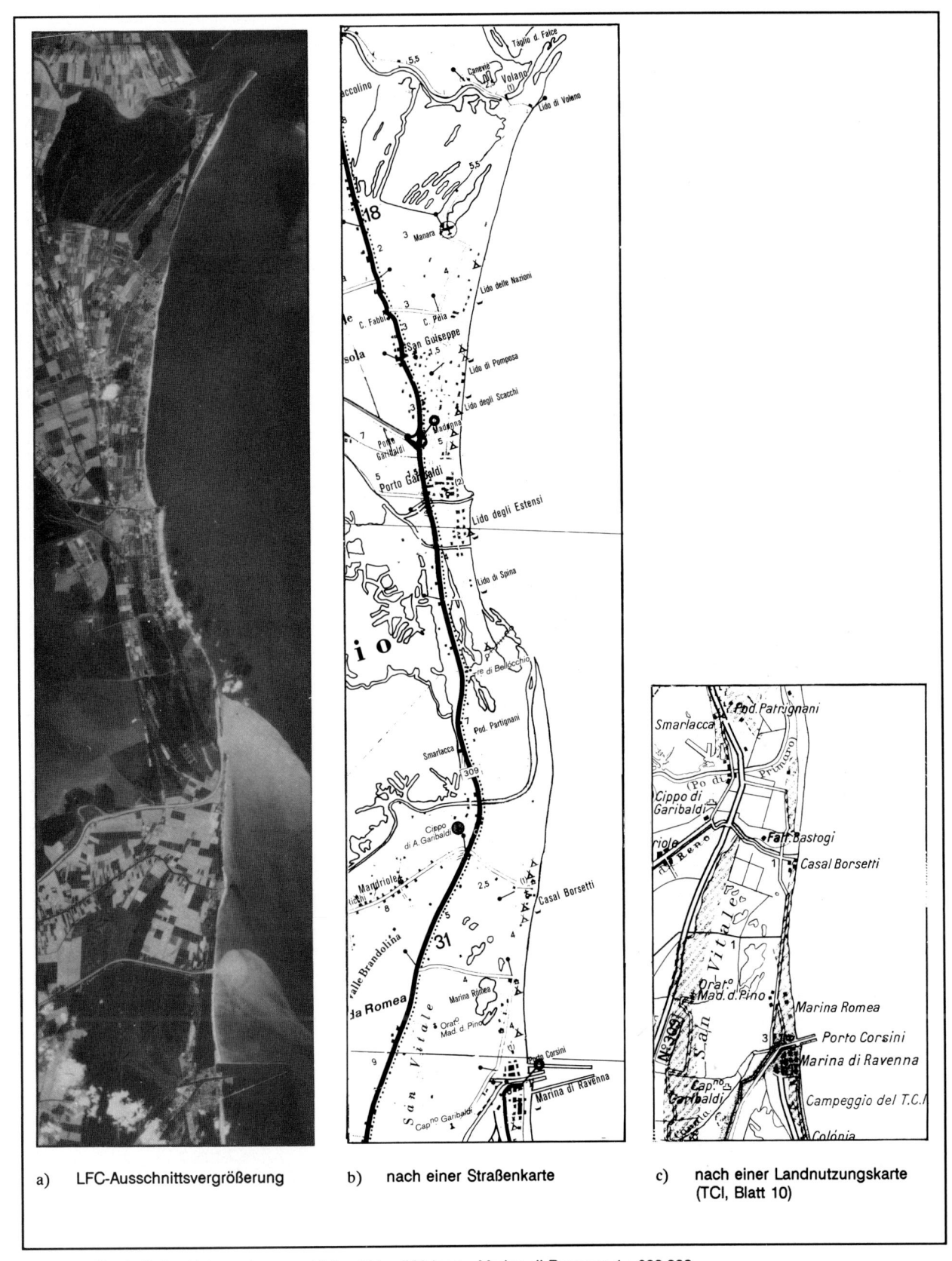

a) LFC-Ausschnittsvergrößerung
b) nach einer Straßenkarte
c) nach einer Landnutzungskarte (TCI, Blatt 10)

Fig. 4: Nordteil des Untersuchungsgebietes Lido di Volano - Marina di Ravenna 1 : 200.000

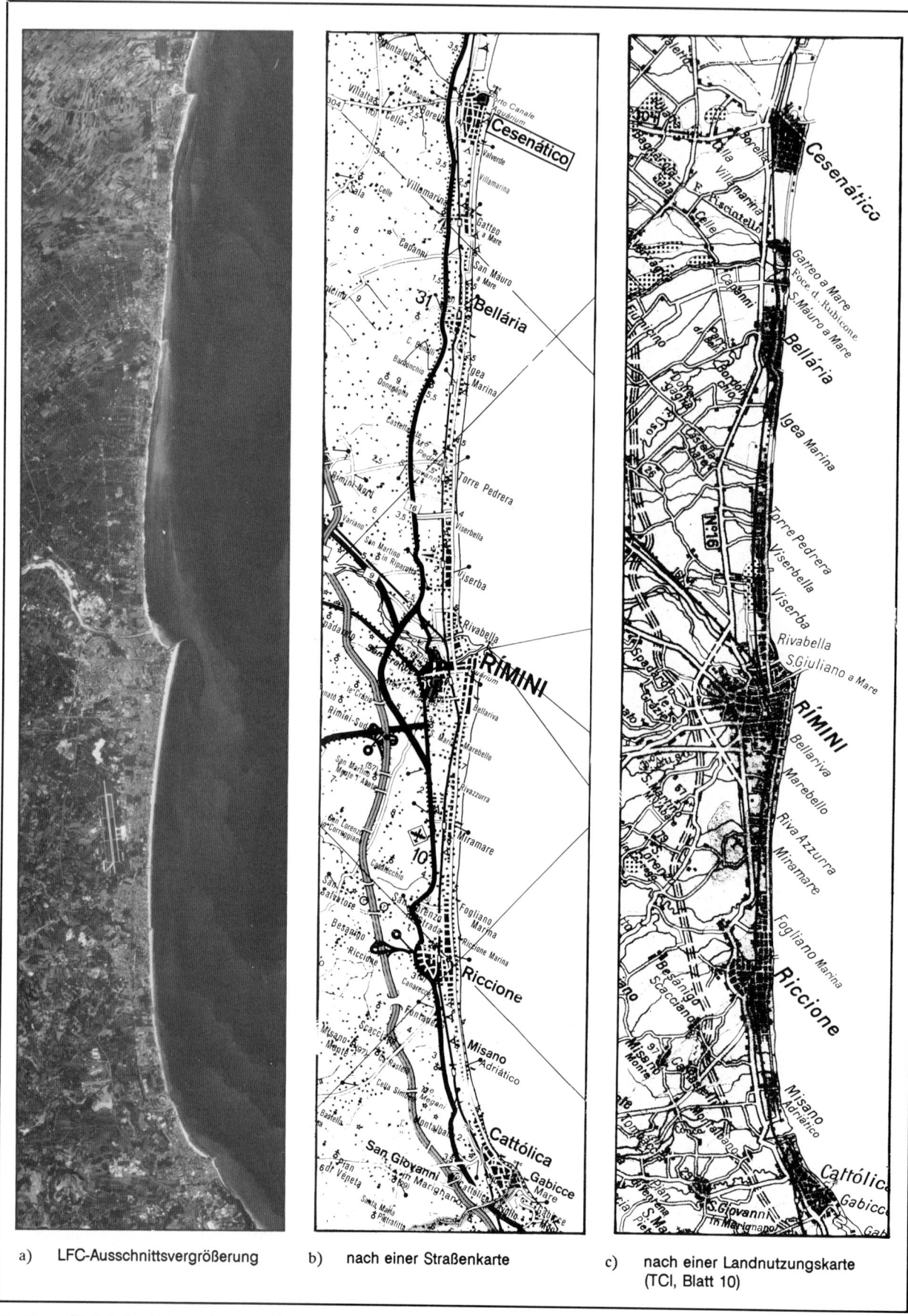

a) LFC-Ausschnittsvergrößerung   b) nach einer Straßenkarte   c) nach einer Landnutzungskarte
(TCI, Blatt 10)

Fig. 5: Südteil des Untersuchungsgebietes Cesenático - Gabicce 1:200.000

Diese Karten haben verschiedene Maßstäbe, verschiedenes Alter und sind für sehr verschiedene Anwendungszwecke entworfen. Als Daten wurden v.a. die jeweiligen Küsteninformationen der Karten verwendet.

4. Methoden und Techniken

Aus der übergeordneten Fragestellung sind die methodischen Ansätze und die verwendeten Techniken abgeleitet (vgl. 1.). Es erfolgten Messungen und Auswertungen aus Bildmaterial und vergleichende Untersuchungen mit dem existenten Kartenmaterial; Geländeaufnahmen und -kontrollen dienten der Bodenreferenz. Das zu untersuchende Objektinventar ist formal und inhaltlich klassifiziert worden, formal in punkthafte, linienhafte und flächenhafte Objekte, inhaltlich in natürliche oder anthropogene Küstenformen sowie in Landbedeckungsarten (land cover), die im Untersuchungsgebiet überwiegend anthropogen sind. Die Objektklassen sind an ausgewählten Beispielen auf ihre Erfaßbarkeit, Identifizierbarkeit, Darstellbarkeit in der Maßstabsreihe 1:200.000, 1:100.000, 1:50.000 untersucht worden. Das Bildmaterial wurde visuell-manuell ausgewertet, die punkt-, linien- und flächenhaften Bildobjekte wurden direkt vermessen, ein Streifentest (Transekt) zur Erfassung typischer Objektgesellschaften im räumlichen Kontinuum ist nicht durchgeführt worden. Als Auswerte- und Meßinstrumente kamen zum Einsatz eine Meßlupe mit 8facher Vergrößerung, eine Lupe mit 8facher Vergrößerung und ein normierter Glasstab, das Interpretoskop Zeiss Jena und ein normierter Glasstab. Meßlupe und Glasstab weisen eine 0,1 mm-Unterteilung auf. Das Interpretoskop erlaubt stufenlose Vergrößerung des virtuellen Bildes in zwei Intervallen bis 15fach. Auch das Kartenmaterial ist visuell-manuell ausgewertet worden unter Verwendung von Meßlupe, Lupe, Glasstab und Lineal. Besonders untersucht wurden die den Anwendungszwecken der Karten entsprechenden Legendenschlüssel hinsichtlich Übereinstimmung oder Abweichung vom Objektinventar des LFC-Photos.

Im April 1986 sind Geländeaufnahmen, Objektüberprüfungen und -vermessungen, Geländephotographie und Kartierungen durchgeführt worden. Eingesetzt wurden Maßband, Kompaß, LFC-Ausschnittsvergrößerungen, Schwarzweißphotographie mit Agfapan 100 und Farbphotographie mit Kodak Ektachrome. Die Geländekontrolle erfolgte etwa eineinhalb Jahre nach der Bildaufnahme. Der mittägliche Sonnenstand entsprach etwa dem der zweiten Augusthälfte; meteorologisch (Windregime) und phänologisch ist die Geländearbeitszeit nicht mit der Aufnahmezeit vergleichbar. Bei der Geländekontrolle befand sich der Strand noch im Winterzustand, bei der Bildaufnahme dürfte er sich im Übergang vom Sommer- zum Winterzustand befunden haben. Ephemere Phänomene wie der aktuelle Wasserstand, die Grenze feuchter/trockener Strand, die Schwemmselstreifen sind von vorneherein als Objektabfolge, jedoch nicht in gleicher Position zu erwarten. Der Zeitunterschied vom Oktober 1984 zum April 1986 umfaßt eine Bau- und Tourismussaison und anderthalb Agrarjahre. Trotz dieser wichtigen Einschränkungen gilt, daß die natürlichen Küstenformen in ihrer typischen (räumlichen) Vergesellschaftung und in ihrer Größenordnung erhalten bleiben und daß anthropogene Formen (Bauten v.a.) nach ihrer Errichtung über längere Zeit invariant bleiben.

5. Auswertungen

5.1. Wahrnehmung und Identifizierbarkeit

Die natürlichen und anthropogenen Küstenformen bzw. Objekte wurden im Gelände an den Testlokalitäten erfaßt und vermessen. Der direkte Vergleich der Bildausschnittsvergrößerungen erlaubte eine Einstufung der Objekte nach dem Niveau ihrer Erfassung: Nicht wahrnehmbar, wahrnehmbar, vermutbar, identifizierbar, schätzbar, meßbar. Wahrnehmbar bedeutet die Existenzfeststellung eines Bildobjektes ohne mögliche Zuordnung eines Geländeobjektes, vermutbar den Versuch, identifizierbar die Möglichkeit der Korrelation zwischen Bildobjekt und Geländeobjekt. Unter schätzbar wird verstanden, daß die Objektgröße im Bild auch unter der Lupe mit Hilfe einer auf 0,1 mm unterteilten Skala nur geschätzt werden kann, in der Regel weil die Grenzen zur Umgebung zu unscharf sind. Meßbar bedeutet dann, daß die Größe der Objekte im Bild gemessen werden kann. Diese Einstufung ist nicht frei von Subjektivität, da visuell-manuell ausgewertet wurde, die fraglichen Objekte im Bereich des kontrastabhängigen minimum visible liegen und bei der Objektansprache Prä- und Geländeinformationen mit einfließen. Die Tabelle 1 faßt das Ergebnis der Auswertungen zusammen. Im wesentlichen zeigt sich, daß der vegetationsfreie Strand von den vegetationsbestandenen Küstenzonen sehr gut getrennt werden kann, diese aber in sich kaum weiter differenziert werden können. Eine Unterscheidung nasser dunklerer und trockener hellerer Strand ist bei virtueller Vergrößerung im Originaltransparent teilweise möglich sowie in einigen Fällen bei 16facher Reprovergrößerung (Lido degli Estensi, Fig. 6c). Anthropogene Objekte, besonders Bauten am Strand, sind aufgrund ihres hohen Kontrastes zum dunkleren Wasser in allen Bildvorlagen teils gut identifizierbar, jedoch nicht immer meßbar (vgl. auch 5.2). Maßstabs- und auflösungsabhängig ist bei diesen Objekten häufig die Grenze der Erfaßbarkeit erreicht. Dem von DOYLE (1985) genannten AWAR-Wert von 90 lp/mm - getestet mit Schwarzweiß-Streifen und gültig für das gesamte Aufnahmesystem - entspricht eine Geländeauflösung von 8.6 m/lp. Dem von GIERLOFF-EMDEN (1986) genannten objektspezifischen Wert von 50 lp/mm entspricht eine solche von 15.5 m/lp. Viele der anthropogenen Objekte liegen in diesem Größenbereich (Tabelle 2). Umgebungskontrast und Objektform haben einen großen Einfluß auf die räumliche Auflösung. Für die Karteneignung von Satellitenbildern sind nur objektspezifische Auflösungswerte sinnvoll, nicht die Ergebnisse von Balkentests.

Objekt bzw. Küstenform	1:775.000 Transparent	1:200.000 Papierabzug	1:100.000 Papierabzug	1:50.000 Papierabzug
Nasser Strand	o bis +	-	-	- bis +
Trockener Strand	+ ~	+x	+ ~	+ ~
Weißdünen	-	-	+	o +
Gebüschdünen	-	-	-	-
Sumpf	- bis o +	- bis o +	-	-
Pinetadünen	+x	o +	o +	o +
Aufforstung	o +	o +	o +	o +
Kanalmündung	+ ~	+x	+x	+ ~
Molen	+ ~	+ ~	+ ~	+ ~
Hafenbecken	+x	+x	+ ~	+ ~
Buhnen	o bis +	+ ~	+ ~	o bis +
Wellenbrecher	o + bis + ~	+ ~	+ ~	+ ~
Bagnizone	o +	o + bis + ~	o +	o +
Campingplatz	- bis o	-	-	-
Hotelkomplex	o bis +	o +	o +	o +
Villenbebauung	+	+ ~	+ ~	+ ~
Siedlungskern	+ ~	+ ~	+ ~	+ ~
Parkplatz	-	- bis o +	o +	o +
Sportplatz	-	-	-	-

Tab. 1: Einstufung der Küstenobjekte nach dem Niveau ihrer Erfassung in verschiedenen Maßstäben

-      nicht wahrnehmbar   +   identifizierbar
o   wahrnehmbar   + ~   schätzbar
o +   vermutbar   +x   meßbar

Alle Bildvorlagen wurden bei der Auswertung virtuell vergrößert.

5.2. Überstrahlung und Verdrängung

Die Auswertung des Transparentes 1:775.000 unter dem Interpretoskop ergab, daß bei 12-13facher Vergrößerung (also etwa 1:60.000) im virtuellen Bild die Kanten der Objekte unscharf wurden und das Korn sichtbar wurde; in den Papierabzügen der Ausschnittsvergrößerungen wurden Objekte an der Grenze der räumlichen Auflösung trotz hohen Umgebungskontrastes (schmale Mole im Wasser) unscharf bei 1:100.000, bei 1:50.000 sind die Grenzen aller Objekte unscharf. Hierdurch sind Bildobjektmessungen mit einer Ungenauigkeit behaftet. An den Testlokalitäten wurden punkthafte, linienhafte und flächenhafte Objekte der Küste in den vorliegenden Bildbeipielen 1:775.000 bis 1:50.000 ausgemessen und mit den entsprechenden Geländemessungen verglichen. Das Ergebnis enthält Tabelle 2, die Meßwerte sind jeweils maßstäblich in m umgerechnet. Durch ein +- Zeichen verbundene Werte entsprechen in der Reihenfolge der Nennung mehr als einem Objekt. Durch einen Bindestrich verbundene Werte zeigen die Meßunsicherheit auf. Die starke Kontrastabhängigkeit der Meßergebnisse führt zur Unterdrückung von Objekten bei fehlendem oder geringem Kontrast (z.B. helle Mole auf hellem Strand, Fig. 7c) oder zur Verbreiterung von Objekten durch Überstrahlung bei hohem Kontrast (z.B. innere Mole des Segelhafens, Fig. 4,7a,c; Objektbreite in der Realität 5 m). Die Grenze der Detailerkennbarkeit bei hohem Umgebungskontrast liegt somit für linienhafte Objekte bei 5 m; dem entspricht eine Grenze der objektspezifischen räumlichen Auflösung von 10 m/lp, also ca. 75 lp/mm. Dieser Wert liegt zwischen den von GIERLOFF-EMDEN (1986) und DOYLE (1985) angegebenen. Für punkthafte Objekte ist die

a) Ausschnittsvergrößerung 1 : 100.000

b) Ausschnitt Lido delle Nazioni 1 : 50.000

c) Ausschnitt Porto Garibaldi / Lido degli Estensi 1:50.000

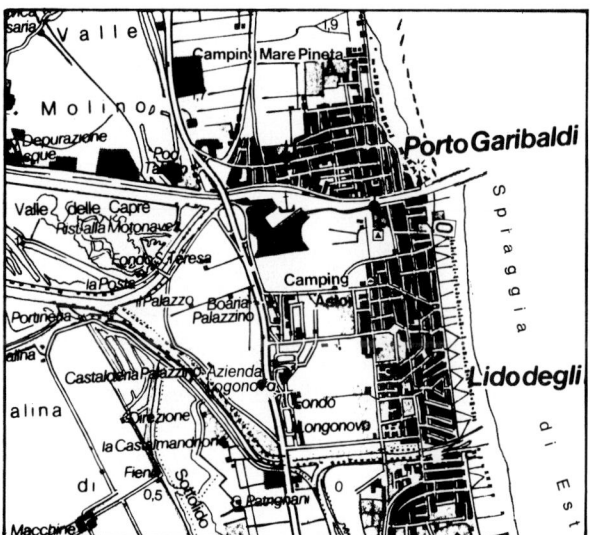

d) nach einer Touristenkarte 1 : 50.000

Fig. 6:   Lido delle Nazioni - Lido degli Estensi

a)   Ausschnittsvergrößerung 1 : 100.000

b)   Casal Borsetti 1 : 20.000 (nach IDROSER 1981)

2a = Kiefernwald (Pineta)
3 = Landwirtschaft
Touristensiedlung
Camping
Strandmauer
Wellenbrecher
Strand

c)   Porto Corsini / Marina di Ravenna 1 : 50.000

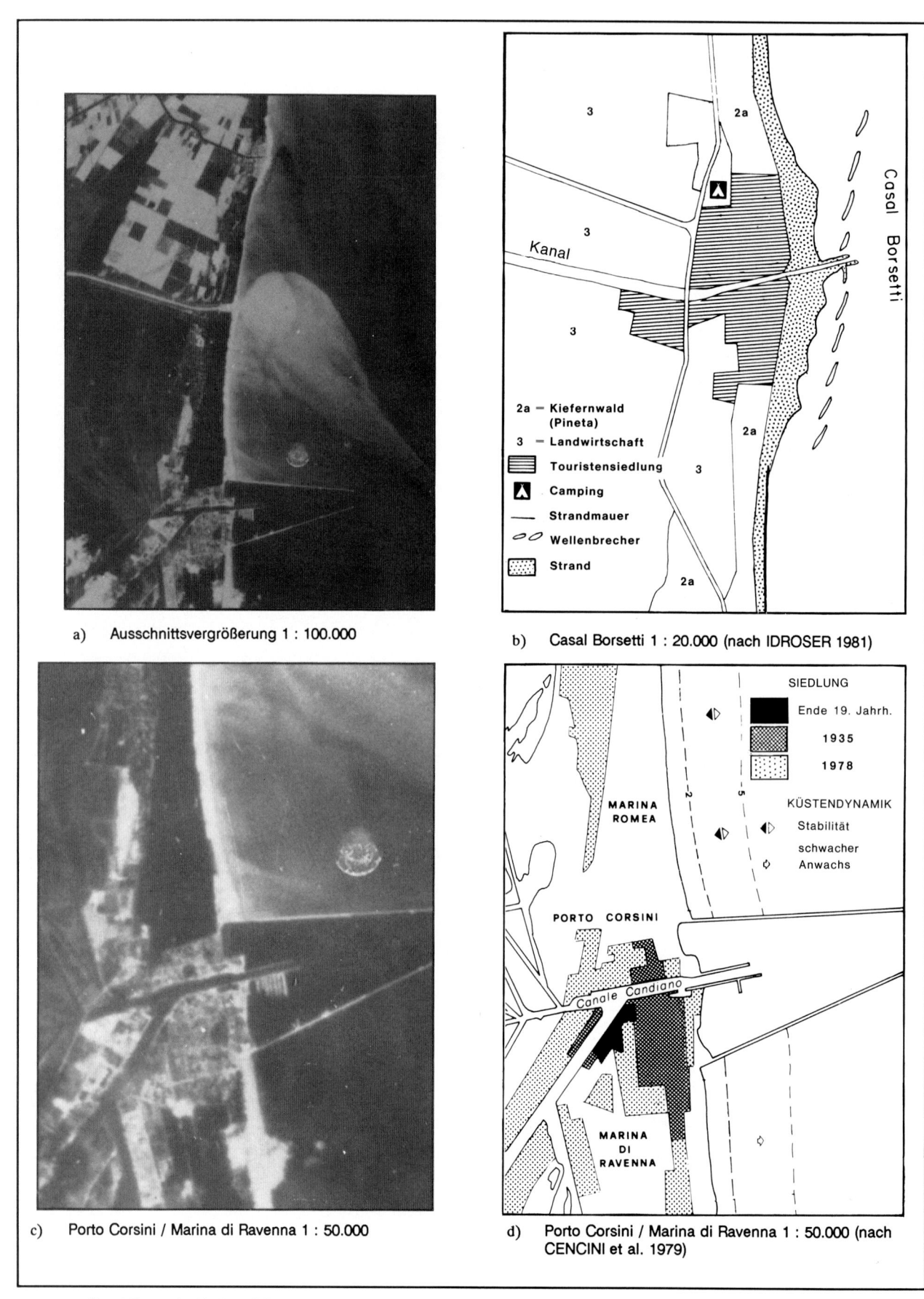

d)   Porto Corsini / Marina di Ravenna 1 : 50.000 (nach CENCINI et al. 1979)

SIEDLUNG
Ende 19. Jahrh.
1935
1978

KÜSTENDYNAMIK
Stabilität
schwacher Anwachs

Fig. 7:   Casal Borsetti - Marina di Ravenna

a) Cesenático 1 : 100.000

b) Porto Verde - Gabicce Monte
   1 : 100.000

c) Cesenático 1 : 50.000

d) Porto Verde - Gabicce
   Monte 1 : 50.000

Fig. 8: Cesenático und Porto Verde - Gabicce Monte

Grenze der Detailerkennbarkeit bei hohem Umgebungskontrast etwa bei 20 m Seitenlänge bzw. Durchmesser erreicht.

Testlokalität/ Objekt	1:775 000 Transparent	1:200 000 Papierabzug	1:100 000 Papierabzug	1:50 000 Papierabzug	Gelände
Lido di Volano					
Fahrweg	n.m.	n.s.	?	5-10, geschätzt	5
Strandbreite	77	147	-	verschw.	60
Dünenbreite	115	147	-	verschw.	170
Lido delle Nazioni					
Strandrückgang	155-230	125	150	150	300
schmaler Strand	< 77	30	30	40	40
Buhnenlänge	n.s.	30-35	n.s.	n.s.	50
Wellenbrecher	75-80	60, geschätzt	n.s.	vermutbar	-
P.G./L.E.					
Molen m. Bucht	78	ca. 90	ca. 80	20+15+41	?+4+47
Südstrand	230-270	ca.250	150-230	150-230	130+20
Strandrückgang	ca. 300	252	240	ca. 250	260
Bagni u. Gras	115-155	120	80-100	50, ahnbar	50+50
Hafenkanal	25	ca. 20	30	ca. 20	ca. 50
Logonovokanal	24 u. 15	? u. 20	40 u. 20	30 u. 50	34 u. 50
Kanalbrücke	sichtbar	ca. 15	ca. 10-15	15	9
Platanenallee	< 30, geschätzt	ca. 20	15	10-15	22
Casal Borsetti					
Strandbreite	115	105-145	100	102	70+30
Mole im Meer	93	100	75	-	-
Kanal in Siedlung	15-16	31	25-30	15	-
Kanal im Strand	ahnbar	?10	10-15	7.5	-
P.C./M.R.					
gr. Nordmole	24	ca. 75	40	35	15
Marinamole	8	n.m.	?10	15-20	5
Bootssteg m. Booten	38	80	20-30	30-35	28
Cesenático					
Südmole	n.m.	n.m.	n.m.	10	12
Kanal	23	< 20	15	ahnbar	28
Hochhaus	30x85	30x50	40x80	40x60	27x75
Wellenbrecher	93	120	60-90	80	-
Bagni u. Gras	?	120	80-90	97	25+95
Porto Verde					
Fahrbahn u. Grün	23+77	30+60	?+50	35+50	64
Gebäude u. Promenade	85-93	80	90	90	57
Wasserbecken	< 77	80	80	80	-
n.s. nicht sichtbar n.m. nicht meßbar	verschw.	verschwommen			

Tab. 2: Maßstäblich umgerechnete Bildmeßergebnisse von Küstenobjekten (Auswahl; in m)

5.3. Klassifikationsschlüssel

Zur Klassifikation von Landnutzung (land use) und Landbedeckung (land cover) nach Satellitenbilddaten sind verschiedene Systeme entwickelt worden (z.B. ANDERSON et al. 1976). Speziell für Küsten hat WEISBLATT (1977) einen Diskriminanzbaum auf der Grundlage multispektraler LANDSAT-Daten nach den Kriterien trocken-naß und vegetationsfrei-vegetationsbestanden an nordamerikanischen Beispielen entwickelt. HALM (1986) hat für das Rhône-Delta aufgrund von Metric-Camera-Photos einen ebenfalls baumartigen Schlüssel entworfen. Für beide Schlüssel gilt, daß sie Bildinformation und Geländeinformation kombinieren. WEISBLATTs Schlüssel ist auf die Auswertung des LFC-Photos schlecht anzuwenden, da wegen der panchromatischen Emulsion vegetationsbestandene Flächen, bes. Pineten, nicht eindeutig von Lagunenbecken bzw. -armen getrennt werden können (Beispiel Lido di Volano mit Pineta-Nehrung vor der Mündungsbucht des Po di Volano). Außerdem beginnt WEISBLATT schon auf dem dritten Diskriminanzniveau inhaltlich zu interpretieren. HALMs Schlüssel ist überwiegend interpretativ angelegt; schon auf dem ersten Diskriminanzniveau unterscheidet er Land- und Wasserfläche, auf dem dritten z.B. linienhafte Gewässer nach der Breite und dem Salzgehalt, flächenhafte nach der Schwebstofffracht und dem Salzgehalt. Versuche, diesen Schlüssel auf das LFC-Photo der nordwestlichen Adriaküste anzuwenden, ergaben notwendige Änderungen, aber auch die Einsicht, daß interpretatorische Begriffe, wie Siedlungen, Verkehrswege, Brachland usw., den Diskriminanzbaum entscheidend verkürzen können, ohne unzulässige Geländemessungen (Salzgehalt, Schwebstofffracht) einfließen zu lassen. Die verwendeten Kriterien sind stets Grautöne, Strukturen und Texturen, Umgebungssituation, Größenmessungen. Folgender Klassifikationsschlüssel wird daher vorgeschlagen: Das Testgebiet zerfällt in die drei Klassen offene Wasserfläche (Meer), von Land umgebene Wasserfläche (Fluß, Kanal, Lagune), Land. Das offene Meer läßt sich nach Grauton und Struktur gliedern in klares dunkles Wasser, trübes helles Wasser (Sedimentfahnen) und durch helle Strukturen (Bauten) gegliedertes Wasser. Analog wird das flächenhafte von Land umgebene Wasser (Lagunen) untergliedert. Linienhafte Wasserflächen fallen nach ihrer Breite in drei Gruppen: < 10 m, 10-50 m und 50 m. Die Landflächen werden in vier Klassen unterteilt: Bebaut (Siedlungen, Verkehrswege), vegetationsbestanden (Pineten, Brachland, Dünen und Sumpf), vegetationsfrei (trockener Strand, nasser feuchter Strand, Baustelle), parzelliert. Weitere Unterteilungen auf dem nächsttieferen Niveau sind dann noch möglich. Diese Untersuchung möglicher Klassifikationsschlüssel für die Adriaküste im LFC-Photo nach dem Diskriminanzprinzip zeigt, daß nur bestimmte Objekte identifiziert werden können. Dies hat Einfluß auf Inhalt und Gliederung möglicher Kartenlegenden.

5.4. Kartenlegenden

Die Legenden topographischer und thematischer Karten sind für Anwendungszwecke der Karten erstellt und teils konventionell normiert. Das aus Satellitenbildern erfaßbare Objektinventar stimmt nicht mit dem Inventar von Kartenlegenden überein. Daher muß bei der Erstellung von Karten aus Satellitenbildern stets Zusatzinformation herangezogen werden. Das Ausmaß der Zusatzinformation kann minimiert und damit die Verwendbarkeit von Satellitenbildern für die Kartographie optimiert werden, falls fernerkundungsangepaßte Legendenschlüssel verwendet werden. HALM (1986) hat dies am Beispiel einer geologischen Karte des Rhône-Deltas demonstriert. Am Beispiel des LFC-Photos der nordwestlichen Adriaküste wurden die Legenden topographischer und thematischer Karten überprüft, welche der dort aufgeführten Objekte mit Hilfe des Satellitenbildes erfaßt sind.

Topographische Karten standen im Maßstab 1:100.000 und 1:50.000 zur Verfügung (Istituto Geográfico Militare). Die TK '100 von 1943 enthält nur linienhafte Objekte in der Legende, stark differenzierte Verkehrswege und administrative Grenzen. Eisenbahnlinien, jedoch undifferenziert, Autobahnen und Straßen erster Ordnung werden erfaßt, alle übrigen Objekte nicht. D.h. nach dem Objektinventar ist das LFC-Photo schlecht geeignet für die TK '100. Die TK '50 von 1984 enthält eine umfangreiche, stark differenzierte Legende linienhafter, punkthafter und flächenhafter Objekte. Punkthafte Objekte der Legende werden mit zwei Ausnahmen, Flughäfen und größere Gebäude, nicht erfaßt; von den linienhaften werden Hauptbahnlinien, Brücken - jedoch nur über Flüsse und Kanäle - , Autobahnen und Straßen erster Ordnung sowie Kanäle erfaßt, alle übrigen nicht. Flächenhafte Objekte dieser Legende beziehen sich auf Landnutzungsklassen, speziell dominante Nutzbaumarten; diese werden im LFC-Photo nicht hinreichend differenziert.

Die Beispiele thematischer Karten wurden nach Anwendungsbereichen der Karten untersucht. Die Küstenkarte 1:100.000 (Atlante delle spiagge italiane, CNR) weist eine stark untergliederte Legende mit drei Hauptgruppen auf: Anthropogene Objekte, natürliche Formen und hydrologisch-sedimentologische Dynamik. Letztere enthält Informationen über Transportraten pro Jahr, Richtungen, Korngrößenverteilungen und petrographische Zusammensetzung. Diese Informationen kann kein Satellitenbild geben, sie beruhen auf intensiven Gelände- und Labormessungen. Das LFC-Photo zeigt dagegen momentane Sedimentfahnen vor den Mündungen der nach Niederschlägen der vergangenen Tage stark wasserführenden Flüsse von der Brenta im Norden zum Sávio im Süden, jedoch weder vor den Mündungen der Kanäle noch vor denen der stark verbauten und regulierten, im Unterlauf kaum noch wasserführenden südlicheren Flüsse, wie Marécchia bei Rimini oder Conca bei Porte Verde. Die meisten der anthropogenen Objekte der Legende werden vom LFC-Photo erfaßt, wegen des hohen Kontrastes zur Umgebung auch noch, wenn sie eigentlich unterhalb der räumlichen Geländeauflösung liegen (vgl. Tabelle 2). Nicht erfaßt werden Sandentnahmestellen am Strand (kein Kontrast), Strandmauern (zu schmal und fehlender Kontrast), Deiche teilweise (schwacher Kontrast zum Hinterland). Die natürlichen Formen werden vom LFC-Photo unvollständiger und in ungenügender Differenzierung erfaßt. Sand-, Kies- und Geröllstrände sind nicht unterscheidbar, erosive und akkumulative Abschnitte können indirekt über die Strandbreite und den räumlichen Bezug zur Umgebung erschlossen werden. Die sieben Arten von Dünenwällen, die in der Kartenlegende unterschieden werden, sind im Satellitenphoto nicht direkt, nur teilweise indirekt über den Bewuchs unterscheidbar. Barren, Unterwasserstrände und -neigungen sowie ihre rezenten Änderungen werden fernerkundlich nicht erfaßt.

Die Landnutzungskarte 1:200.000 (TCI) weist eine sehr differenzierte Legende von Landnutzungsarten auf, die aus dem Satellitenbild nur stark zusammengefaßt erkannt werden können. Touristenkarten wurden in den Maßstäben 1:200.000 (Mair), 1:50.000 (Belletti) und ca. 1:10.000 (Stadtpläne) untersucht. Die Legenden weisen nutzerspezifische Objektdifferenzierungen auf; gerade touristisch als wichtig bis interessant eingestufte Objekte sind auf dem LFC-Photo nicht zu erkennen (schöner Ausblick, malerisches Stadtbild, landschaftlich schönes Gebiet, Jugendherberge, Klosterruine). Die Legenden der Belletti-Karten 1:50.000 wurden mehrfach geändert; die Karten enthalten ein Maximum an touristischer Information. Die meisten dieser Objekte sind im LFC-Photo weder direkt, noch indirekt erkennbar. Am Beispiel der Karte Pedemonte Riminese mag dies verdeutlicht werden: Namensgut, administrative Grenzen werden nicht erfaßt, Höhenkoten sicher über stereoskopische Auswertung (hier nicht erfolgt), Gewässer hingegen ja. Autobahnen und Straßen erster Ordnung sind erfaßt, kleinere Straßen nicht, Tankstellen und Parkplätze in der Regel nicht, Eisenbahnen wohl, Seilbahnen, Schifffahrtslinien und Buslinien nicht, ebensowenig Taxistände und Fahrradreparaturwerkstätten, hingegen Flugplätze. In der Legende werden Siedlungen, Sporteinrichtungen und Verwaltungsgebäude stark unterschieden, das LFC-Photo kann dieses nicht leisten. Grünflächen sind erfaßt, Häfen auch; das landwirtschaftlich genutzte Gebiet ist nur wenig differenzierbar. Steilküsten sind, materialunabhängig, erfaßt (Gabicce Monte), besondere Schutzzonen (Jagdverbot, Wasserschutzgebiet, archäologisches Schutzgebiet) können nicht erfaßt werden.

6. Untersuchungsergebnisse

6.1. Eignung für topographische Karten

Die Lagegenauigkeit ist anhand von Kontrollpunkten photogrammetrisch bestimmt worden zu $\sigma_x = 5.7$ m, $\sigma_y = 5.2$ m und $\sigma_z = 5.1$ m (TOGLIATTI/MORIONDI 1986). Diese Fehler liegen im Maßstab 1:50.000 im Bereich der Zeichengenauigkeit von 0.1 mm. Die Küstenlinie der Karten ist an ein Vermessungsniveau und damit an einen festen Pegelstand gebunden; das LFC-Photo liefert eine momentane Wasserlinie, die die Küstenlinie ersetzen muß. Das natürliche und anthropogene Objektinventar der Adriaküste wird mit für die Karten 1:100.000 und 1:50.000 hinreichender Vollständigkeit erfaßt. Speziell die Karte 1:100.000 ist derart veraltet, daß sie hier gut durch das aktuellere Satellitenphoto nachgeführt werden kann. Eine lockere Bebauung unter hohem Pinienbestand kann nur schwer wahrgenommen werden, da das obere Objektstockwerk der schirmartigen Pinienkronen darunter liegende Objekte verdeckt. Eine innere Differenzierung der Küstenvegetation wird durch das LFC-Photo nicht gegeben; sie erscheint für topographische Karten nicht unbedingt notwendig. Die Küstenschutzbauten, besonders im Kontrast zum dunklen Wasser, werden sehr gut erfaßt. Sehr schmale Objekte werden hierbei durch Überstrahlung verbreitert.

6.2. Eignung für thematische Karten

Die Untersuchung hat ergeben, daß das LFC-Photo zur Nachführung der Landnutzungskarte 1:200.000 (TCI) schlecht geeignet ist, da die dort dargestellten Landnutzungsklassen nicht differenziert werden. Ähnlich schlecht eignen sich Ausschnittsvergrößerungen 1:50.000 für die Touristenkarten 1:50.000 (Belletti). Zum einen erscheinen Objekte und Grenzen in diesem Maßstab unscharf und verschwommen, zum anderen können nicht viele touristisch interessante Einzelobjekte erfaßt bzw. identifiziert werden. Eher erscheint das LFC-Photo verwendbar für die Küstenkarte 1:100.000 (CNR), wenn auch die hier dargestellten natürlichen Objekte unvollständig erfaßt werden. Jedoch sind die dargestellten anthropogenen Objekte gut erfaßt und differenziert (vg. 5.4).

6.3. Planerische Verwendbarkeit

Erosive und akkumulative Abschnitte der Adriaküste werden aus den Größenabmessungen der Strände und dem räumlichen Zusammenhang deutlich. CARBOGNIN et al. (1982) veröffentlichen ein Diagramm der horizontalen Küstenveränderung zwischen Casal Borsetti und dem südlich der Sáviomündung liegenden Gebiet. Hiernach traten von 1957 bis 1971 und von 1971 bis 1977 Änderungen von 50 m und 100 m an großen Küstenabschnitten auf. Bei einer räumlichen Bodenauflösung von 5-10 m an den Molen, Buhnen und Wellenbrechern und einer planimetrischen Lagegenauigkeit in demselben Größenbereich erscheinen somit Küstenverlagerungen innerhalb weniger Jahre mit LFC-Photos erfaßbar und überwachbar.

7. Zusammenfassung

Am regionalen Beispiel der italienischen Adriaküste zwischen Lido di Volano und Gabicce Monte wurde die Verwendbarkeit eines Large Format Camera (LFC)-Photos für die topographische und thematische Kartierung von Küsten mit ihrem spezifischen Objektinventar untersucht. Die langgezogene Ausgleichsküste mit Sandstrand, niedrigen bewachsenen Strand- und Dünenwallstreifen und ehemaligen Lagunen ist besonders nach 1950 touristisch sehr stark aufgesiedelt worden; gleichzeitig mußten Küstenschutzbauten zur Stabilisierung der besiedelten und bewirtschafteten Abschnitte errichtet werden. Von dem LFC-Photo wurden Ausschnittsvergrößerungen hergestellt und durch Photoauswertung und Geländeaufnahme ist überprüft worden, ob das Objektinventar der untersuchten Küste im Bild erfaßt und differenziert wird und in welcher maßstablich umzurechnenden Größe die Objekte jeweils dargestellt werden. Aus der Bildanalyse wurde ein Klassifikationsschlüssel erarbeitet. Eine vergleichende Untersuchung der Legenden topographischer und thematischer Karten dieses Raumes ergab weitere Kriterien zur Verwendbarkeit des Bildes. Sowohl in der virtuellen wie in der realen Vergrößerung werden die Objekte bzw. ihre Grenzen im Maßstab 1:50.000 unscharf. Entsprechend der Zeichengenauigkeit ist durch die räumliche Auflösung des LFC-Photos bei diesem Maßstab ebenfalls eine Anwendungsgrenze erreicht. Für topographische Karten erscheint das Bild bedingt verwendbar, für Landnutzungskarten kaum, für die Karten des Küstenatlas von Italien kann es eine Kartengrundlage geben.

8. Literatur

ANDERSON, J.R., HARDY, E.E., ROACH, J.T. u. WITMER, R.E. (1976): A Land Use and Land Cover Classification System for Use with Remote Sensor Data. - Geological Survey Professional Paper 964, Washington, 28 S.

BRINDÖPKE, W., JAAKKOLA, M., NOUKKA, P. u. KÖLBL, O. (1985): Optimale Emulsionen für großmaßstäbige Auswertungen . - Bildmessung und Luftbildwesen 53 (1), Karlsruhe, S. 23-32.

CARBOGNIN, L., GATTO, P., MARABINI, F., MOZZI, G. u. ZAMBON, G. (1982): La tendance évolutive du littoral émilien-romagnol (Italie). - Oceanologica Acta, Vol. Spécial Supplément au Vol. V, 4, Paris, S. 73-77.

CENCINI, C. (1980): L'evoluzione delle dune del litorale romagnolo nell'ultimo secolo. - Rassegna Economica, nn. 6-7, Forlí, 42 S.

CENCINI, C., CUCCOLI, L., FABBRI, P., MONTANARI, F., SEMBOLONI, F., TORRESANI, S. u. VARANI, L. (1979): Le spiagge di Romagna: uno spazio da proteggere. - CNR Progetto Finalizzato Conservazione del Suolo, Quaderno 1, Bologna, 159 S.

DOYLE, F.J. (1985): High resolution image data from the Space Shuttle. - ESA SP-209, Paris, S. 55-58.

EROS Data Center (1985): Microfiche Catalogue of Large Format Camera Image. - Sioux Falls.

GIERLOFF-EMDEN, H.-G. (1986): Large Format Camera Bildanalyse zur Kartierung von Landnutzungsmustern der Region Noale-Musone, Po-Ebene, Norditalien. - ESA SP-252, Paris, S. 415-426.

GIERLOFF-EMDEN, H.-G. u. DIETZ, K.R. (1983): Auswertung und Verwendung von High Altitude Photography (HAP). - Münchener Geographische Abhandlungen, Band 32, München, 132 S.

HALM, K. (1986): Photographische Weltraumaufnahmen und ihre Eignung zur thematischen und topographischen Kartierung, zur Umweltverträglichkeitsprüfung (UVP) und zur wasserwirtschaftlichen Rahmenplanung (WRP) - dargestellt am Beispiel der Metric-Camera-Aufnahmen des Rhône-Deltas. - Münchener Geographische Abhandlungen, Band 35, München, 122 S.

IDROSER (1981): Regione Emilia-Romagna. Piano progettuale per la difesa della costa adriatica Emiliano-Romagnola. - Bologna, 388 S.

LEHMANN, H. (1961): Das Landschaftsgefüge der Padania. - Frankfurter Geographische Hefte 37, Frankfurt am Main, S. 87-158.

STOLZ, W. (1988): Anwendungsmöglichkeiten von Satellitenphotos der Large Format Camera in der Seekartographie (Beispiel: Golf von Venedig). - Münchener Geographische Abhandlungen, Band A 40, S. 79 - 96.

TICHY, F. (1985): Italien. - Wissenschaftliche Länderkunden, Band 24, Darmstadt, 640 S.

TOGLIATTI, G. (1985): Schriftliche Mitteilung vom 9. Oktober 1985 an die Mitglieder der Working Group 9 der EARSeL.

TOGLIATTI, G. u. MORIONDO, A.(1986): Large Format Camera: The Second Generation Photogrammetric Camera For Space Cartography. - ESA SP-258, Paris, S. 15-18.

WEISBLATT, E. (1977): A hierarchical approach to satellite inventories of coastal zone environments. - Geoscience and Man, Vol. 18, Baton Rouge, S. 215-227.

Karten

Istituto Geografico Militare: Topographische Karte von Italien 1:100.000

Istituto Geografico Militare: Carta d'Italia - Scala 1:50.000

Consiglio Nazionale delle Ricerche & Touring Club Italiano (1963): Carta della utilizzazione del suolo d'Italia 1:200.000

Mairs Geographischer Verlag (1982/83 und 1986/87): Italienische Adria. - Die Generalkarte 1:200.000

Consiglio Nazionale delle Ricerche (1985): Atlante delle spiagge italiane. Dinamismo - Tendenza evolutiva - Opere umane - 1:100.000

G. Belletti Editore: Lidi e Valli di Comácchio 1:50.000

G. Belletti Editore: Pedemonte Riminese 1:50.000

G. Belletti Editore: I Cento Colli 1:50.000

Diverse Stadtpläne verschiedener Maßstäbe

Stereoskopische Kartierung geomorphologischer Strukturen im Gardasee-Gebiet aus Large Format Camera Aufnahmen

Thomas Bayer

Summary

A mapping of morphological structures in the Lake Garda region, Northern Italy, based only on stereoscopic analysis of Large Format Camera images is introduced. The results are compared with the contents of morphological and topographical maps of the region. A quantitative comparison of the discerned structures with the contents of a detailed morphological map is given to demonstrate some possibilities and limits in gathering morphological information out of LFC images by simple stereoscopic analysis.

1. Verwendetes Bildmaterial

Die Bilder des untersuchten Stereopaares mit den Nummern 1284 und 1285 wurden am 9.10.1984 über der Poebene, Norditalien, mit 70% Überlappung aufgenommen.

Zur stereoskopischen Analyse von geomorphologischen Strukturen wurden aus den LFC-Bildern entsprechende Bildausschnitte des Gardasees in 3-facher Vergrößerung herangezogen (vgl. Fig. 1 und 2). Der Bildmaßstab der Vergrößerungen beträgt ca. 1:260.000.

Die durch die Lage der Ausschnitte in den linken Randbereichen der Originalbilder bedingten Verzerrungen (die Abweichung von der Nadir-Richtung beträgt für das untersuchte Gebiet ca. 30° - 35°) blieben bei der Kartierung unberücksichtigt.

	Bild 1284	Bild 1285
Orbit/Pass	65/65	65/65
Bildmittelpunkt	45°10'N; 12°17'E	44°49'N; 13°10'E
Aufnahme-Tag	9.10.1984	9.10.1984
Aufnahme-Zeit (GMT)	11-24-39	11-24-52
(MOZ)	12-13-20	12-17-16
Flughöhe	236,86 km	236,69 km
Sonnenhöhe	38,53°	39,02°
Sonnenazimut	183,33°	184,32°

Tab. 1: Die Bildparameter nach Microfiche des EROS Data Center

2. Auswertungsmethodik

Das Gebiet der Kartierung beschränkte sich innerhalb des Bildausschnittes Gardasee auf den Südteil des Sees und das umrahmende Moränen-Amphitheater einschließlich des Chiese im Westen sowie des Etsch mit seinen Moränenwällen im Osten.

Die inhaltlichen Schwerpunkte der Kartierung sind:
- die Kämme von Moränenzügen,
- die Linien von Terrassenkanten,
- das Gewässernetz.

Die Kartierung dieser Themen erfolgte ohne Unterstützung durch Zusatzinformationen aus Karten oder Geländeaufnahmen, einzig gestützt auf die visuelle Interpretation des Stereopaares (vgl. Fig. 3). Nach Abschluß

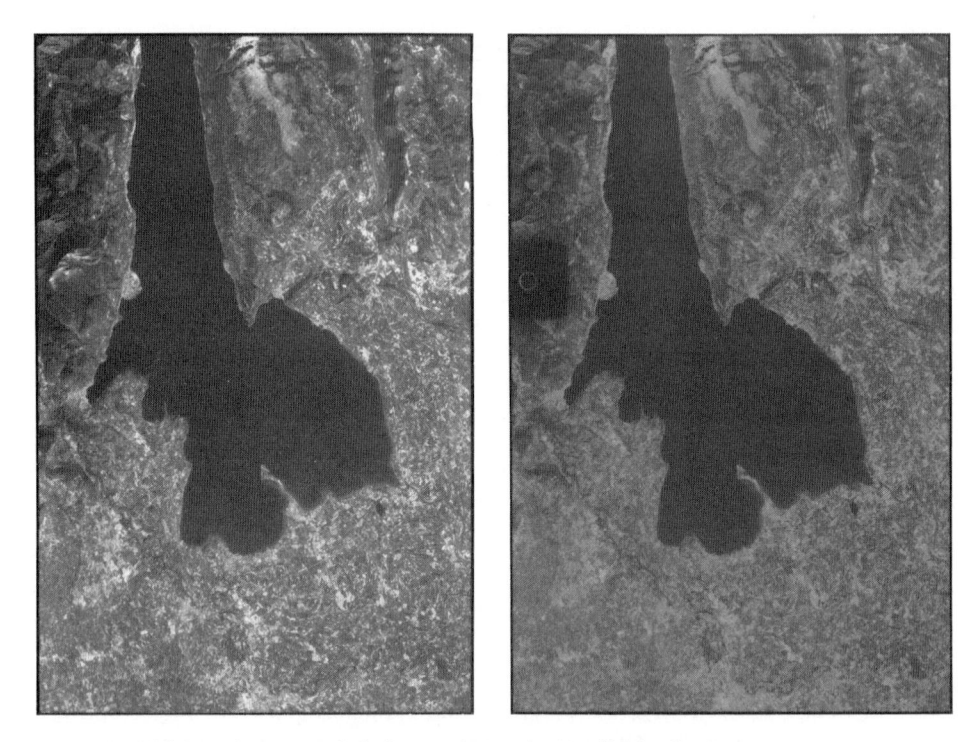

Fig. 1: Stereopaar der LFC-Ausschnitte aus Aufnahmen 1284 und 1285, Gebiet Gardasee.

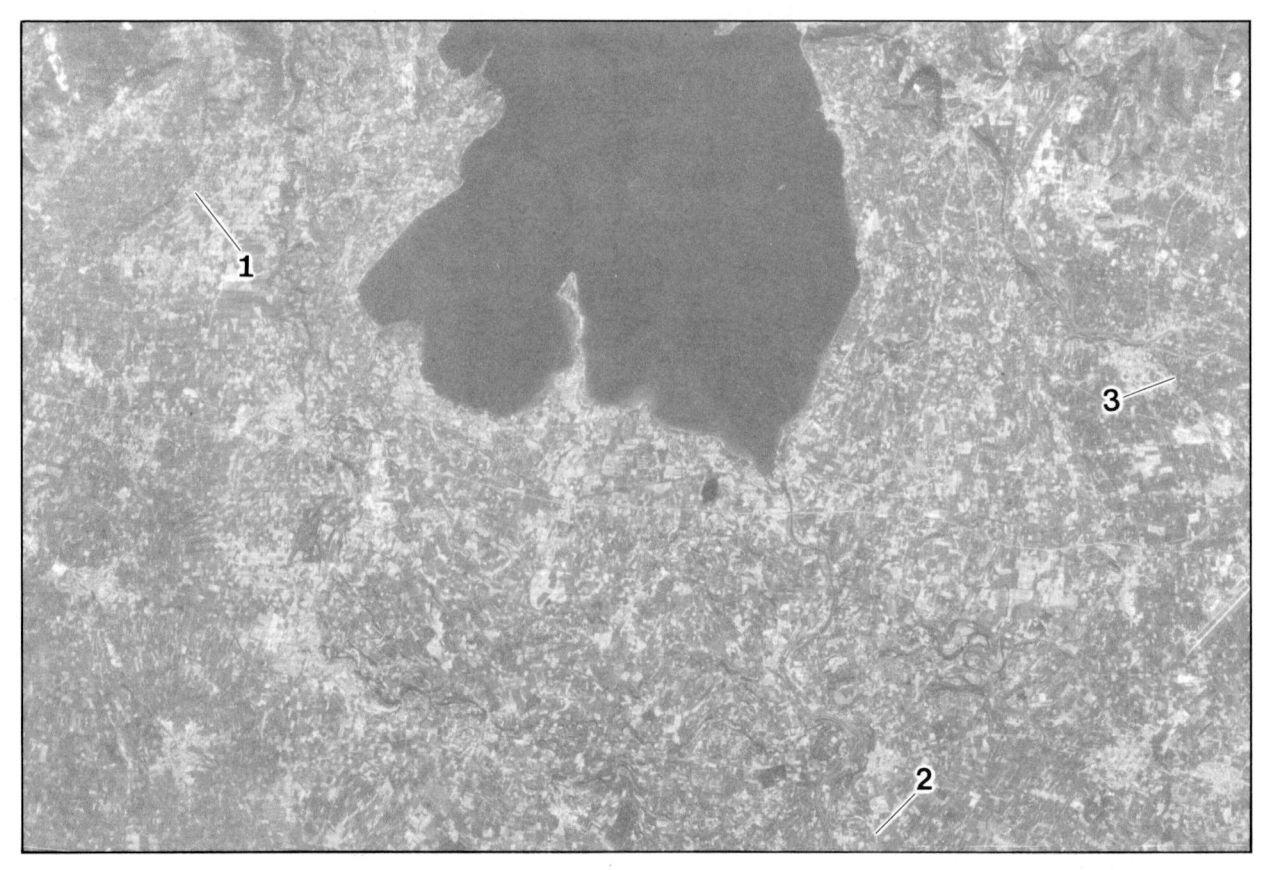

Fig. 2: LFC-Ausschnitt, Südteil des Gardasees mit Moränen - Amphitheater; Bildmarken 1, 2 und 3 bezeichnen Terrassenkanten an Chiese, Mincio und Etsch.

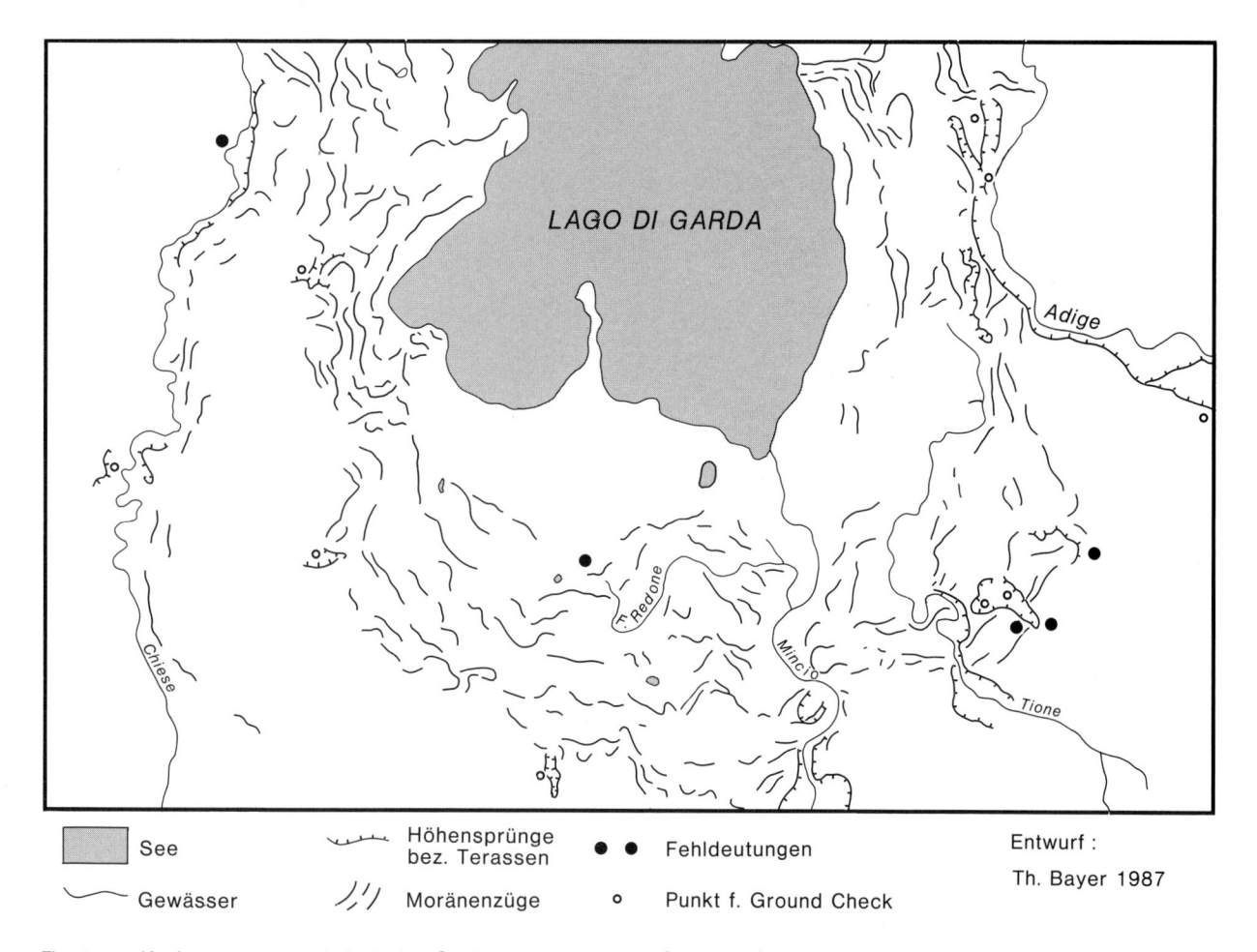

See	⌇⌇ Höhensprünge bez. Terassen	● ● Fehldeutungen	Entwurf :
⌒ Gewässer	⁄⁄⁄ Moränenzüge	○ Punkt f. Ground Check	Th. Bayer 1987

Fig. 3: Kartierung geomorphologischer Strukturen im südlichen Gardasee-Gebiet nach stereoskopischer Bildanalyse von LFC - Aufnahmen.

der Kartierung wurden die Ergebnisse mit der geomorphologischen Karte dieser Region nach Habbe (1969), im Maßstab 1:100.000 sowie mit topographischen Karten 1:100.000 und 1:50.000 inhaltlich verglichen (vgl. Fig. 4).

3. Geomorphologische Beschreibung des untersuchten Gebietes

Das von der hier vorgestellten Kartierung erfaßte Gebiet liegt im Übergang vom Alpenraum zur Padania und reicht vom oberen Rand der Alta Pianura der Moränen bis zum Rand der Bassa Pianura (UPMEIER, 1981). Dabei liegt ein Schwerpunkt der Kartierung im Moränen-System des Gardasee-Amphitheaters; der zweite Schwerpunkt liegt in der Erfassung des Terrassen-Systems der Flußeinschnitte in die pleistozänen Schotterflächen der Alta Pianura der Schwemmfächer vor den Moränenwällen.

Das Gardasee-Amphitheater umfaßt eine Gesamtfläche von 700 km^2, wovon 200 km^2 auf Seeflächen entfallen. Die Breite in West-Ost-Richtung beträgt ca. 25 km, die Längserstreckung in Nord-Süd-Richtung ca. 30 km. Es ist zweigegliedert in das eigentliche Amphitheater um das Südende des Gardasees, welches dem Würm zugeordnet wird, und in einen westlichen, äußeren Moränenzug, der der Riß-Kaltzeit zugeschrieben wird (HABBE, 1969) . Die größten Erhebungen finden sich am West- und am Ostrand des Amphitheaters (M.Forca 367m ü.NN, M.Moscal 427m ü.NN), wo die Moränenwälle dicht gedrängt auftreten. Die relativen Höhenunterschiede dieser Erhebungen zur Umgebung betragen ca. 200m bis 300m gegenüber den außen anschließenden Schwemmfächern, ca. 300m bis 350m gegenüber dem Seespiegel (65m ü.NN) und ca. 500m bis 550m gegenüber den tiefsten Seepunkten (-116m) .

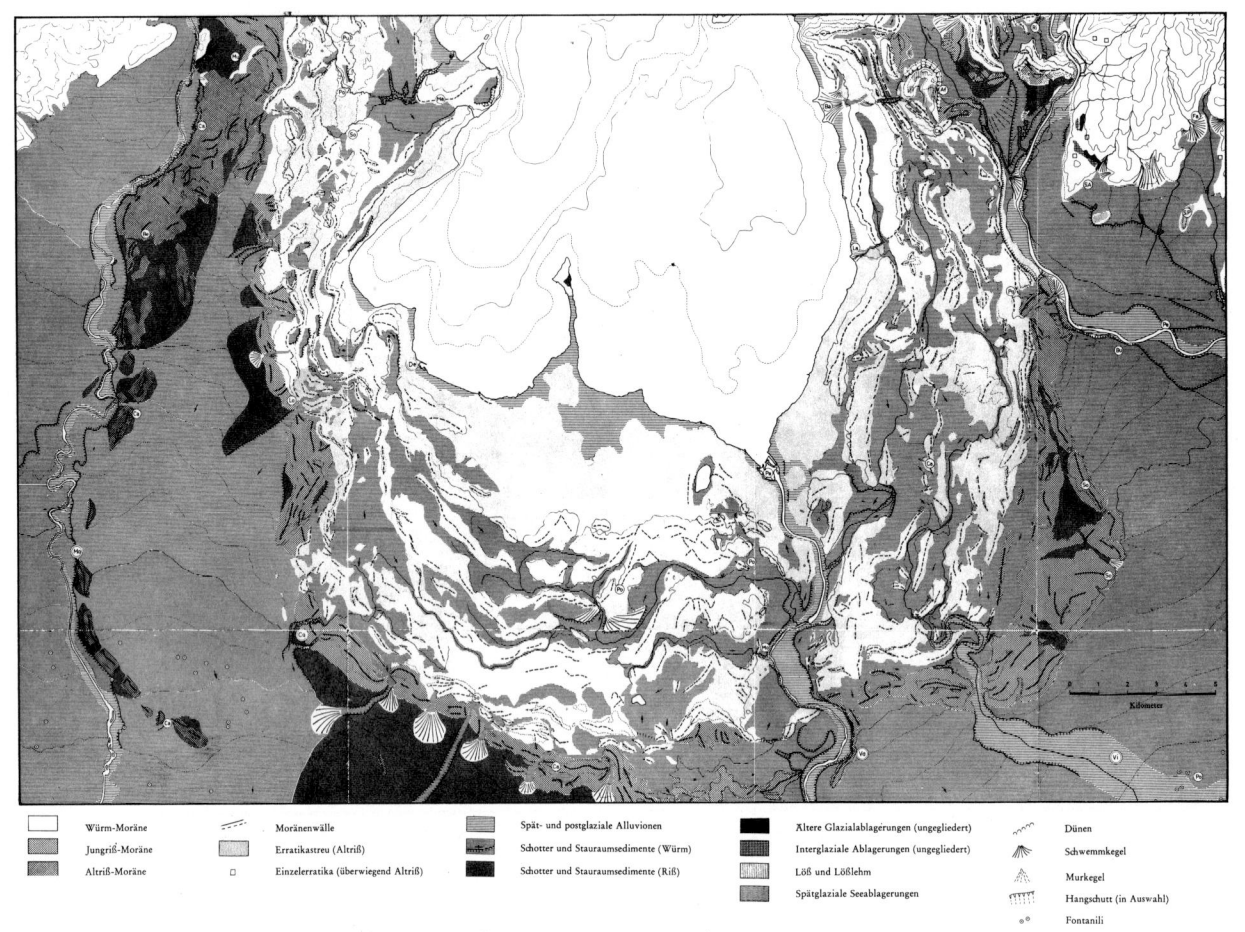

Fig. 4: Geomorphologische Karte Südteil des Gardasees nach Habbe (1969).

In die Schwemmfächer vor dem Amphitheater haben die Flüsse Chiese, Mincio, Tione und Etsch ihre Betten z.T. mit mehreren Terrassen-Stufen eingeschnitten. Dabei sind nach Habbe (1969) die Terrassen beim Etsch und beim Mincio in mehreren Stufen gut ausgebildet, während die Flüsse Chiese und Tione nur jeweils einen deutlichen Terrassensprung aufweisen. Die Höhen dieser Terrassensprünge waren aus Karten 1:50.000 nur grob zu interpolieren und liegen zwischen ca. 5m und 10m. Neben diesen Flußterrassen sind bei Habbe (1969) (vgl. Fig. 4) an verschiedenen Stellen entlang des Außensaumes der Moränenwälle gleiche Signaturen für Terrassen ehemaliger Gletscherschmelzflüsse zu finden. Auch diese Stufen wurden bei der Kartierung teilweise gefunden und berücksichtigt.

4. Ergebnisse der Kartierung geomorphologischer Strukturen

4.1 Kartierung der Moränenwälle

Durch die relativen Höhenunterschiede von durchschnittlich ca. 100m bis 150m gegenüber den umgebenden Flächen ergibt sich für die Moränenwälle ein guter Stereo-Eindruck. Die Erkennbarkeit der eng ineinander verzahnten Wälle wird unterstützt einerseits durch die günstige Beleuchtungssituation (Schattenwurf, Parameter vgl. 1.) , andererseits durch die häufig vertretene Bewaldung der Hangpartien, die sich in deutlich dunkleren Signaturen in der stereoskopischen Vergrößerung abhebt. Allerdings kann eine der Moränenform angepaßte Bewaldung in Zwischenmoränen-Tälern und an Hängen auch zu Fehlschlüssen in der Kartierung führen, was am Beispiel der im Etsch-Amphitheater kartierten Moränenwälle auftritt, wo Waldstreifen mit Moränenzügen verwechselt wurden (Vergleich mit TK 1:50.000). Im klein gekammerten Moränengebiet unterstützen

auch die Formen von Flurstücken durch ihre Ausrichtung zu den Moränenwällen deren Abgrenzbarkeit (vgl. Fig. 3).

Im Vergleich mit der geomorphologischen Karte 1:100.000 von Habbe (1969) tritt eine gute Lageübereinstimmung der gefundenen Moränenzüge mit den dort kartierten auf. Von den bei Habbe verzeichneten Wällen wurden ca. 80% bis 90% durch die LFC-Kartierung gefunden, ca. 5% bis 10% der kartierten Moränenwälle waren falsch interpretiert (vgl. Fig. 4).

4.2 Kartierung der Terrassenkanten

Die Erkennbarkeit der Terrassenkanten schwankt stark und hängt ab von der Beleuchtungsrichtung (Länge des Schattenwurfes bei angenommener Höhendifferenz von 5m bis 10m beträgt maximal ca. 9m bis 18m), vom Vegetationsbesatz (Wald-/Buschvegetation am Terrassenhang erleichtert die Erkennbarkeit) sowie von der Anpassung benachbarter Flurstücke an den Verlauf der Terrassenkanten. Negativ beeinflußt wird die Erkennbarkeit dieser Linien z.T. durch niedrige Moränenwälle, von denen sie schwer zu unterscheiden sind, sowie durch anthropogene Nutzungsformen (Kanal-, Straßenverläufe entlang dieser Linien).

Die Lageübereinstimmung der gefundenen Terrassenkanten mit den bei Habbe (1969) kartierten ist gut bis sehr gut. Allerdings wurden nur ca. 20% bis 25% der bei HABBE verzeichneten Terrassenlinien im LFC-Bild gefunden; falsch interpretiert waren von den erkannten Linien ca. 10% bis 15% (vgl. Fig. 3 und 4). In den topographischen Karten 1:100.000 und 1:50.000 sind Signaturen für Terrassenkanten vorhanden, jedoch nicht in der gleichen Dichte wie bei HABBE (1969) . Die Bildmarken 1, 2 und 3 in Fig. 2 bezeichnen Stellen mit Terrassenkanten an Chiese, Mincio und Etsch.

4.3 Kartierung des Gewässernetzes

Lediglich die Hauptvorfluter des Gebietes, Chiese, Mincio, Tione und Etsch waren eindeutig (mit einem Fehler in der Kartierung des Chiese-Verlaufes) zu kartieren und gut erkennbar. Die Differenzierbarkeit von kleineren Gerinnen machte Schwierigkeiten (Fehler und Nicht-Erkennen des Verlaufes der Fossa Redone) oder war gänzlich unmöglich durch die starke Differenzierung der Signaturen im eng gekammerten Moränenrelief. Seeflächen innerhalb der Moränenzüge waren ebenso allein aus der radiometrischen Information nur schwer eindeutig abgrenzbar gegenüber umgebenden Flurstücken oder Bewaldung.

5. Zusammenfassung

Es wurde der Versuch einer Kartierung geomorphologischer Strukturen aus LFC-Aufnahmen mittels einer stereoskopischen Bildanalyse vorgestellt. Durch den quantitativen Vergleich der Ergebnisse mit der morphologischen Karte von HABBE (1969) sind einige Möglichkeiten und Grenzen der ausschließlich auf die stereoskopische Auswertung beschränkten Kartierung geomorphologischer Strukturen aufgezeigt worden.

Eine weitergehende Bildanalyse unter Anwendung von Höhenmessungen im Bild in Verbindung mit entsprechenden Geländeaufnahmen (ground check) und weiteren Ausschnitt-Vergrößerungen kann vor allem die Genauigkeit der Abgrenzung von Moränenwällen erhöhen. Die Feststellung der maximalen Höhenauflösung bei der stereoskopischen Bildanalyse von LFC-Aufnahmen wäre insbesondere für die Kartierung von Terrassenkanten von Interesse. Sie kann aus dem hier vorgestellten Versuch nur sehr grob mit ca. 10m +/- 5m abgeschätzt werden.

6. Literatur

Habbe, K.A. (1969): Die würmzeitliche Vergletscherung des Gardasee-Gebietes. Studien über Verbreitung und Formenschatz der jungquartären Ablagerungen am Alpensüdrand zwischen Chiese und Etsch. Freiburger Geographische Arbrbeiten, Heft 3, Freiburg.

Upmeier, H. (1981): Der Agrarwirtschaftsraum der Poebene. Eignung, Agrarstruktur und regionale Differenzierung. Tübinger Geographische Studien, Heft 82, Tübingen.

Eignung von Large-Format-Camera-Aufnahmen zur Verbesserung griechischer Inselkarten

Das Beispiel Kithira

Frank-W. Strathmann

SUMMARY

By example of an LFC section from the Greek island of Kithira the applicability for the updating of topographical maps and for the production of photo maps are analysed. Practicable starting points for the application of photographic satellite images can be demonstrated by the mapping of the coast line. The complete mapping of the content of topographical maps, however, cannot be achieved, because of considerable information gaps on the LFC photo. Especially surfaced roads (tarmac), small settlements, and land use categories can be mapped only to a limited extent on the 1 : 50.000 to 1 : 200.000 LFC enlargements.

1. Einführung

In Griechenland bietet sich aufgrund der zivilen Zugänglichkeitsprobleme für (großmaßstäbige) topographische Karten und Luftbilder eine Verwendung von Weltraumaufnahmen zur landeskundlichen und kartographischen Informationsgewinnung an. Am Beispiel von Kithira, einer touristisch noch wenig erschlossenen Insel in der Westägäis, die im LFC-Bild trotz bildnadirnaher Lage und optimalen Witterungsbedingungen nur geringe Kontraste in der Bildphysiognomie aufweist, sollen einige Aspekte einer möglichen Nutzung von photographischen Satellitenaufnahmen aufgezeigt werden. Gerade die Beschäftigung mit diesem radiometrisch schwierigen Beispiel soll zeigen, welche Möglichkeiten und Grenzen in der Anwendung von LFC-Bildern liegen.

2. Methodische Vorbemerkungen

Ziel der Untersuchungen zum LFC-Stereopaar der Westägäis waren Studien zur Erfaßbarkeit der mediterranen Bildphysiognomie und zur Eignung der Weltraumaufnahmen für topographische und thematische Kartierungen.

Nach Vorkartierungen im Institut für Geographie wurde der Bildbereich "Westkreta" aufgrund der vielfältigen Ausprägungen von Geologie, Geomorphologie, Vegetation, Landnutzung und Verkehrswegen für LFC-Geländevergleiche ausgewählt. Anschließend wurde versucht, den auf Kreta erarbeiteten Bildschlüssel auf die Insel Kithira zu übertragen. Weitere Aspekte zielten auf die Verwendung von LFC-Aufnahmen zur Verbesserung der Küstenlinien-Darstellung und zur Herstellung von Bildkarten.

Mit Hilfe der vom EROS-Data-Center gelieferten Diapositive und auf der Basis von Arbeitskopien 1:80.000 und 1:15.000 wurden anhand der Bildphysiognomie Testareale und Teststreifen festgelegt. Diese repräsentativ das Bildinventar erfassenden Flächen wurden im Gelände aufgesucht. An topographisch günstigen Geländepunkten wurde ein LFC-Geländevergleich mit Geländedokumentation, insbesondere mit Erfassung der Vegetation bzw. des Oberflächenmaterials/-zustandes, durchgeführt. Potentiell zur LFC-Bildphysiognomie führende Landschaftselemente wurden im Feldbuch festgehalten und zum Teil aus geeigneter Perspektive, d.h. mit Erfassung der Eigencharakteristik, photographiert.

3. Erfassung der Bildphysiognomie

Bei Vorstudien auf der Insel Kreta konnten Einblicke in die LFC-Bildwirksamkeit des mediterranen Objektinventars gewonnen werden. Die Untersuchungen haben gezeigt, daß viele physisch-geographische und kulturgeographische Merkmale der Landschaft im LFC-Bild nach einigen Vorkenntnissen der mediterranen Eigenarten identifiziert werden können. Eine auch nur einigermaßen vollständige oder annähernd flächendeckende Kartierung in der Maßstabsspanne 1:50.000 - 1:200.000 ist jedoch nicht möglich. Während die Reliefkartierung aufgrund des Stereoeffektes gut möglich ist, scheitert die hydrographische Grundkartierung an der eindeutigen Identifizierbarkeit von Flußverläufen und deren potentieller Wasserführung. Die Geologie ist in vegetationsfreien Gebieten nur in Grundzügen, vor allem durch die Grauwerte der anstehenden Gesteine, anzusprechen.

Die Vegetation läßt sich nur nach groben Klassen und vorhergehenden (intensiven) Ground Checks unterscheiden. Auch die Kartierung von agrarischen Nutzflächen ist sehr problematisch. So ergeben sich zum Bei-

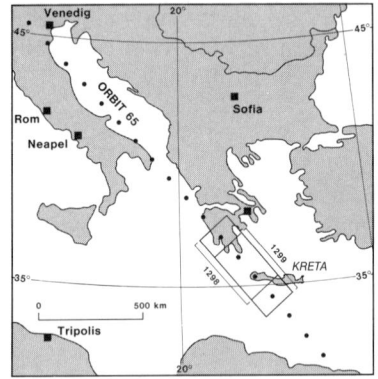

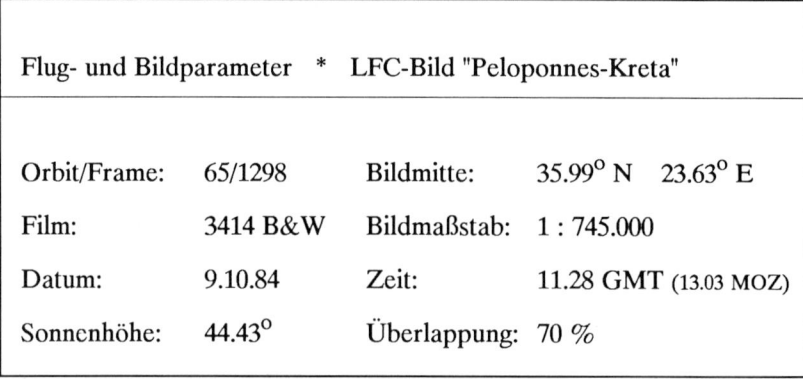

Flug- und Bildparameter	* LFC-Bild "Peloponnes-Kreta"	
Orbit/Frame:	65/1298	Bildmitte: 35.99° N 23.63° E
Film:	3414 B&W	Bildmaßstab: 1 : 745.000
Datum:	9.10.84	Zeit: 11.28 GMT (13.03 MOZ)
Sonnenhöhe:	44.43°	Überlappung: 70 %

Fig. 1: LFC-Bild "Peloponnes-Kreta" (verkleinert) mit Flugstreifen und Bilddaten

spiel bei Olivenhainen in Abhängigkeit von der Dichte bzw. den Kronendurchmessern der Bäume unterschiedliche (luftsichtbare) Rest-Bodenflächen, die je nach Substrat und Bodenfeuchte verschiedene Reflexionswerte haben. Aufgrund der Mischsignale sind somit im LFC-Bild diverse Grauwertinformationen möglich. Bei den Siedlungsräumen lassen sich oft nur die ungefähren Umrisse kartieren, während die innere Gliederung nur durch einige kontrastreiche Hauptstraßen und kleine Parks vorgenommen werden kann. In Rethimnon zeigte sich hierbei eine Abhängigkeit der Erkennbarkeit innerstädtischer Straßen von deren Ausrichtung. So waren Ost- West verlaufende Straßenzüge aufgrund der Schatteneffekte der Blockbebauungen besser erkennbar als Nord-Süd verlaufende, bei denen der mittelgraue Straßenasphalt sich mit den Ziegel-, Beton- und Wellblechoberflächen der Dachlandschaft vermischte. Bei hohem Umgebungskontrast konnten dunkle Flecken (meist Palmen/ Platanen, Baumreihen und begrünte Pergoladächer) im Altstadtgebiet erkannt werden.

Vorwiegend kleinere Nutzungsareale und solche mit geringem Kontrast zu den umliegenden Nutzungen sind nicht als solitäre Nutzungsarten abgrenzbar. Die bildphysiognomische Angleichung an die Umgebungsnutzung (Mimikry-Effekt) bedingt die Einbindung von charakteristischen Siedlungselementen in die sie umschließende Flächennutzungsklasse. Das Verkehrsnetz schließlich ist nur in kontrastreichen Abschnitten und somit nicht flächendeckend kartierbar. Asphaltstraßen sind nur mit ausreichender Breite, frisch geteert oder durch die Aneinanderreihung heller Signale (Flachdächer, Schotterflächen, Folien, Wellblech, Pflastersteine, Beton etc.) der angrenzenden Siedlungselemente erkennbar. Die Identifizierbarkeit eines Siedlungsbandes ergibt sich dann vor allem durch den hohen Umgebungskontrast zu umliegenden Obst- und Gemüseplantagen, Wiesen, Strauchvegetationen und Schilfbereichen (Spanisch Rohr). Beispielhaft zeigt dieses die Straße von Kalidonia nach Maleme.

Fig. 2: LFC-Bildausschnitt "Kithira" 1 : 150.000 (Bild 1298)

4. Das Beispiel Kithira

4.1. Landeskundliche Grundinformation

Die 285 qkm große Ägäisinsel Kithira umfaßt ca. 0.5 % der LFC-Aufnahme "Peloponnes-Kreta" (Fig.1). Ein umfassender Überblick über die Geographie der Insel findet sich bei LEONHARD (1899). Neuere Darstellungen (z.B. LEHMANN, 1980 und MARSELLOS, o.J.) beschäftigen sich vorwiegend mit der Bevölkerungsstruktur und -abnahme, der Agrarwirtschaft und der kulturhistorischen Bedeutung der Insel. Die höchsten Erhebungen liegen gering über 500 m. Den Hauptteil der Insel (Fig. 2) bildet eine Pliozänhochfläche (Höhenniveau 200 - 300 m) mit fruchtbarem Ackerboden. Bildwirksam sind außerdem die zerklüftete Steilküste mit wenigen Sand- und Kieselstränden, mediterrane Braunerden, ein größeres Pinienwald-Areal im Nordwesten der Insel und nach Grauwerten trennbare Stufen der Macchie und Garrigue (Phrygana). Der innere Teil der mit 11 Einw./qkm dünn besiedelten Mittelmeerinsel wird vorwiegend weidewirtschaftlich und zum Teil durch Anbau von Getreide und Gemüse genutzt, wobei die extensive Bewirtschaftungsform, der verdörrte Zustand des Graslandes und die Verteilung der Brachflächen sich in den helleren Grautönen des LFC-Bildes widerspiegeln.

4.2. Verfügbares Bildmaterial und reprotechnische Aspekte

Während das Bild 1298 (Fig. 1, Kithira im Bildnadir) einen ausreichenden Kontrast aufweist, ist das Bild 1299 (Kithira bildnadirfern) in den Landbereichen, vor allem am Bildrand, stark überstrahlt und die Länge der Insel verkürzt sich aufgrund der Verzerrung um 3%. Die radiometrischen Eigenschaften der gelieferten Diapositive sind sehr unterschiedlich. Liegt beim Meer die in beiden Aufnahmen mit dem Densitometer gemessene Lichtdurchlässigkeit bei 1.2-1.4%, so verstärkt sich diese bei den "hellen" Gesteinen und Landnutzungen im Bild 1298 auf 15-20% und im Bild 1299 auf 45-55%. Bei dem im Nordwesten der Insel gelegenen Pinienwald zum Beispiel liegen die Transmissionswerte bei 6% (Bild 1298) und 16-18% (Bild 1299). Für den Vergleich der Lagefehler in den LFC-Bildern ergeben sich die in der Tab. 1 dargestellten Werte. Sie verdeutlichen, daß die reliefbedingten Lagefehler im Bild 1298 vollständig und im Bild 1299 bis zum 100 m - Niveau im Rahmen der Zeichenungenauigkeit liegen. Die ins Gelände umgerechneten Lagefehler liegen im 100 m - Niveau zwischen 1.2 m und 48.5 m, bei 500 m Höhe zwischen 5.7 und 242.6 m.

	Bild 1298		Bild 1299	
	Südküste	Nordküste	Südküste	Nordküste
Entfernung zum Bildnadir [mm]	3.5	22.5	112.0	148.0
Höhe über N.N.	B i l d - L a g e f e h l e r [mm]			
100 m	0.00	0.01	0.05	0.07
300 m	0.00	0.03	0.15	0.20
500 m	0.01	0.05	0.25	0.33

Tab. 1: Lagefehler der Insel Kithira

4.3. Meteorologische Aspekte

Kithira liegt in der subtropischen Zone mit Winterregenzeit. Nach dem langjährigen Mittel der Klimastation Chora (1931-71) liegt die mittlere Oktober-Temperatur bei 19,6° C und die Luftfeuchtigkeit bei 70 %. Die entsprechenden Vergleichswerte für das erste Monatsdrittel im Oktober 1984 liegen bei 20.4° C und 62 %. Der langjährige Niederschlagsmittelwert von 63,4 mm wurde im Oktober 1984 jedoch mit 27.7 mm (davon 21 mm an einem Tag nach dem Befliegungszeitpunkt) erheblich unterschritten. Bedingt durch einen Höhenhochkeil über der Ägäis war es in den Tagen vor dem Befliegungszeitpunkt windschwach. Da außerdem vor dem Aufnahmezeitpunkt (vgl. Fig. 3) kein Regen zu verzeichnen war, die Vormittags- und Mittagstemperaturen relativ konstant hoch waren und die Tagesmittelwerte um 20° C lagen, kann für die Insel Kithira von repräsentativen Aufnahmebedingungen ausgegangen werden. Der "trockene" Zustand der Vegetation und der Böden verschlechtert zwar den für eine Oktober-Aufnahme potentiell-möglichen Interpretationswert, er entspricht jedoch der charakteristischen Luftsichtbarkeit der mediterranen Landoberfläche im Sommerhalbjahr.

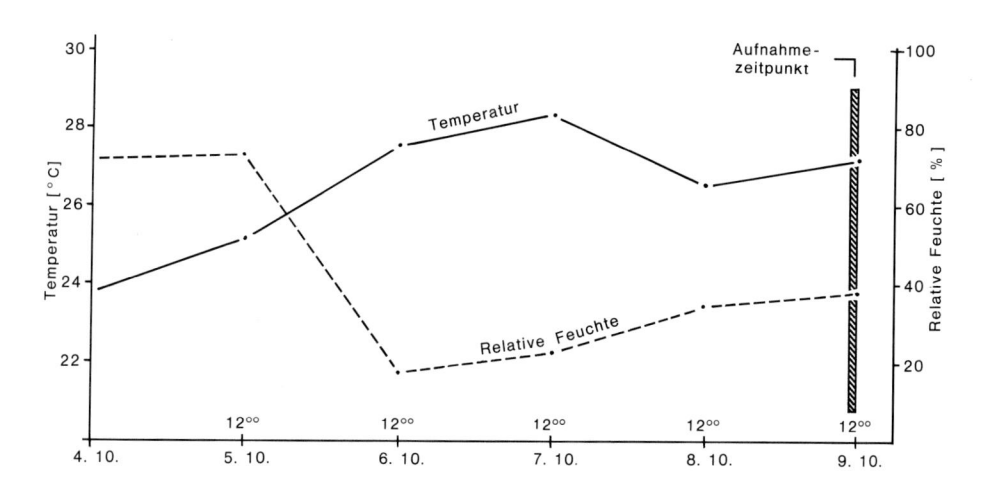

Fig 3: Temperatur und Luftfeuchte zum Aufnahmezeitpunkt

5. Kartographische Anwendungen

5.1. Küstenlinien-Kartierung

In dem LFC-Bild 1298, in dem Kithira im Bildnadirbereich liegt, wurde im Maßstab 1:50.000 eine exakte Trennung zwischen Land und Wasser vorgenommen. Diese Küstenlinien-Kartierung (Fig. 4) wurde mit der Küstenlinien-Darstellung in der Straßenkarte 1:50.000 und in der Generalstabskarte 1:100.000 (reprotechnisch vergrößert auf 1:50.000) verglichen, wobei versucht wurde, die Karten küstenabschnittsweise optimal an die LFC-Küstenlinie anzupassen. Somit sind die in der Fig. 4 dargestellten Kartierungen Minimalwerte der Abweichungen. Bei einer Küstenlinien-Überlagerung von LFC-Bild und Karte für den gesamten Inselbereich ergeben sich weitaus größere Lagefehler.

5.2. Landeskundliche Kartierung

Im Stereomodell lassen sich die wellige Hochebene mit ihren Einsenkungen und die selbständigen, meist parallel verlaufenden Abflußrinnen gut kartieren. Ein Vergleich mit den für die Insel vorhandenen Karten (vgl. Kartenverz.) zeigt, daß im Zuge einer geomorphologischen Auswertung nicht nur die Gerippelinien kartiert werden können, sondern auch Detailkartierungen, so zum Beispiel zur Erfassung von Fluß-Schottern, möglich sind. Das Straßennetz ist nur unvollständig, vor allem mit sehr großen Lücken im Bereich der Asphaltstraßen, kartierbar. Siedlungen sind nur bei ausreichender Größe und hohem Umgebungskontrast identifizierbar. Eine Gliederung der agrarischen Nutzflächen ist nicht möglich.

So zeigt zum Beispiel der LFC-Bildvergleich mit der Aeronautical Chart of Greece 1:500.000 (ICAO, 1955), daß die Küstenlinie, die Hauptorte, die Höheninformation, das Gewässernetz und die Waldflächen vollständig aus dem LFC-Bild kartierbar sind. Nur das Straßennetz kann etwa zur Hälfte nicht aus der Weltraumaufnahme abgeleitet werden. Bei den größermaßstäbigen Karten liegen die Kartierungsprobleme ebenfalls beim Straßengerippe und in zunehmenden Maße bei der Identifizierung von Ortschaften. Demgegenüber kann die orohydrographische Information bis zum Maßstab 1:100.000 ausreichend genau erfaßt werden.

5.3. Herstellung von Bildkarten

Mit Hilfe der Straßeninformation aus der Toubis-Touristenkarte 1 : 50.000 und nach eigenen Geländebefahrungen mit Korrektur von Straßenverläufen, Ergänzung des Wegenetzes und teilweiser Neuklassifizierung des Straßenzustandes wurde eine Straßenkartierung erstellt und in die LFC-Vergrößerung der Insel Kithira übertragen.

Hierbei konnten die im LFC-Bild sehr hell erscheinenden Schotterwege fast alle vollständig nachgezeichnet werden. Probleme ergaben sich nur in stark kontrastschwacher Umgebung (z.B. westl. von Avlemonas) und durch Verwechselungsmöglichkeiten mit Fluß-Schottern (z.B. südl. von Palaiopoli). Die Asphaltstraßen konnten nur bei starkem Umgebungskontrast fragmentarisch erkannt werden. Diese Straßenabschnitte erfüll-

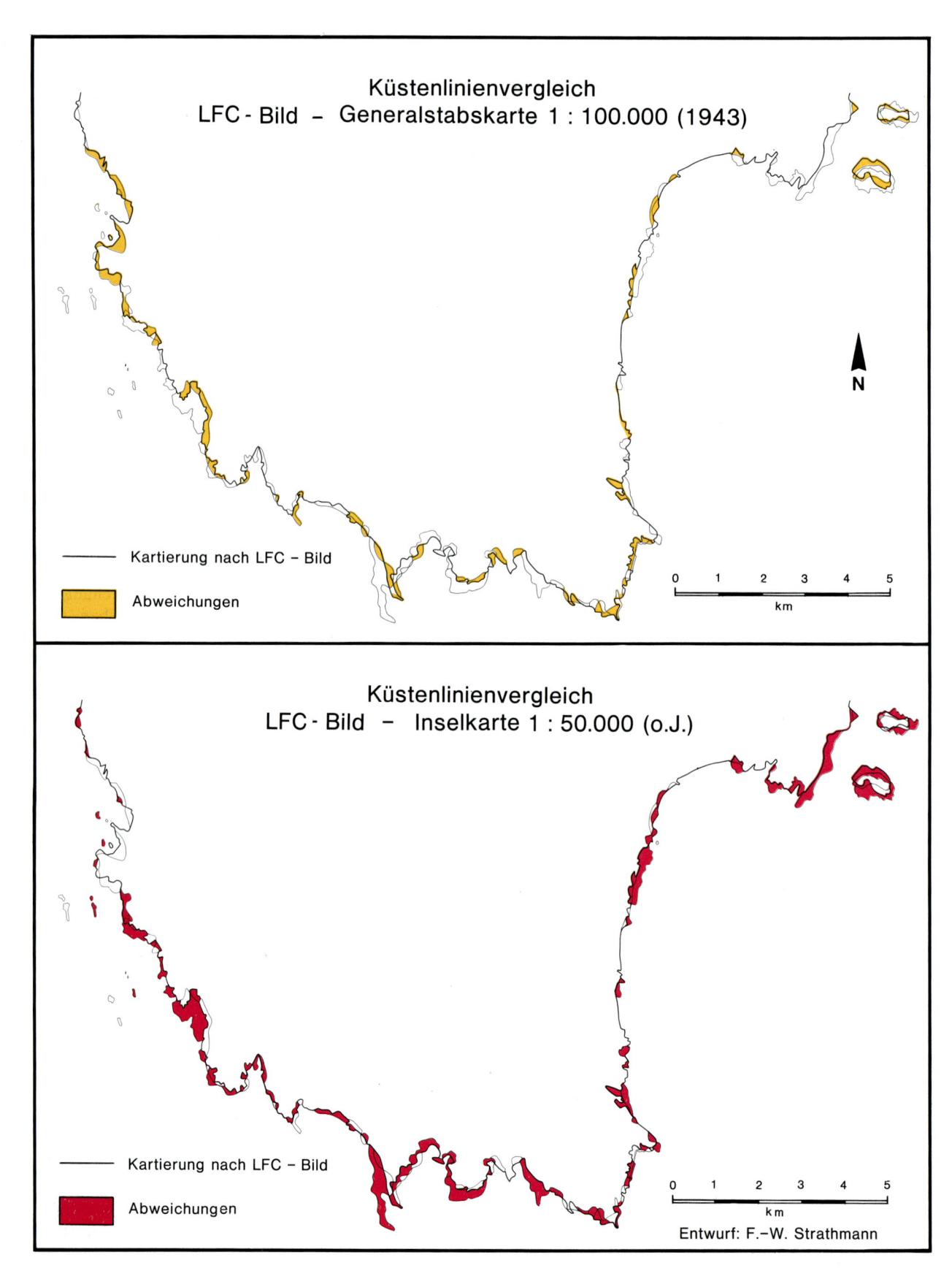

Fig. 4: LFC-Bild und Inselkarten im Küstenlinien-Vergleich (1:125.000)

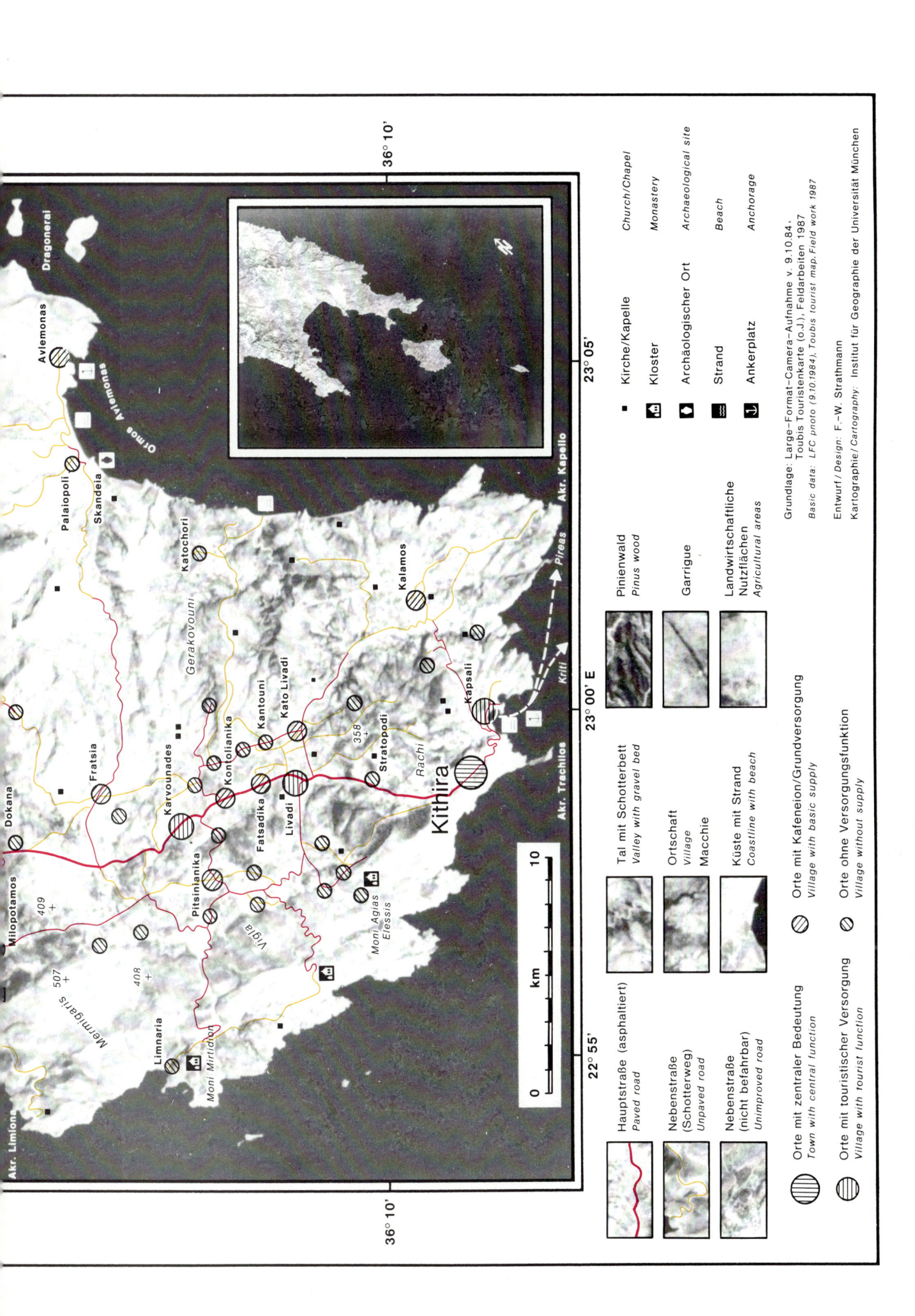

Tal mit Schotterbett / Valley with gravel bed	
Ortschaft / Village	
Macchie	
Küste mit Strand / Coastline with beach	
Pinienwald / Pinus wood	
Garrigue	
Landwirtschaftliche Nutzflächen / Agricultural areas	

Hauptstraße (asphaltiert) / Paved road
Nebenstraße (Schotterweg) / Unpaved road
Nebenstraße (nicht befahrbar) / Unimproved road

Orte mit zentraler Bedeutung / Town with central function
Orte mit touristischer Versorgung / Village with tourist function
Orte mit Kafeneion/Grundversorgung / Village with basic supply
Orte ohne Versorgungsfunktion / Village without supply

- Kirche/Kapelle / Church/Chapel
- Kloster / Monastery
- Archäologischer Ort / Archaeological site
- Strand / Beach
- Ankerplatz / Anchorage

Grundlage: Large-Format-Camera-Aufnahme v. 9.10.84,
Toubis Touristenkarte (o.J.), Feldarbeiten 1987
Basic data: LFC photo (9.10.1984), Toubis tourist map, Field work 1987

Entwurf/Design: F.-W. Strathmann
Kartographie/Cartography: Institut für Geographie der Universität München

36° 10'
23° 05'
23° 00' E
22° 55'
36° 10'

Akr. Limiona
Dragonerai
Avlemonas
Ormos Avlemonas
Palaiopoli
Skandeia
Milopotamos
Dokana
Mermigaris
507
409
408
Limnaria
Moni Mirtidion
Fratsia
Pitsinianika
Karvounades
Fatsadika
Vigla
Moni Agias Elessis
Katochori
Gerakovouni
Kontolianika
Kantouni
Livadi
Kato Livadi
358
Stratopodi
Rachi
Kithira
Kapsali
Akr. Trachilos
Akr. Kapello
Kalamos
→ Pireas
→ Kriti

ten eine "Stützlinien-Funktion" für die Überlagerung des Hauptverkehrsstraßennetzes. Die Fig. 5 zeigt die mit klassifizierten Straßenzuständen, abgestuften Ortsfunktionen, wichtigem Namensgut und touristischen Piktogrammen ausgestattete LFC-Bildkarte 1 : 100.000. Im Rahmen des noch vorhandenen Platzangebotes wäre eine Erweiterung der Beschriftung und thematischen Informationen auf Kosten der Bildinhalte möglich. Ebenso könnte - für motorisierte Kartenbenutzer besser lesbar - der Bildkarteninhalt auf den Maßstab 1:50.000 "aufgebläht" werden oder in diesem Maßstab durch eine Informationsverdichtung verbessert werden.

In beiden Maßstabsbereichen dienen die LFC-Bildinhalte i.w. der scharfen Abbildung der Küstenlinie, der schummerungsartigen Wiedergabe des Reliefs und der Betonung der Gerippelinien. Zum Erreichen eines optimalen Geländeeindrucks wäre das "Einsüden" der Aufnahme erforderlich, jedoch steht diesem Anliegen die Gewohnheit des Straßenkartenbenutzers, eine Karte in der Nordausrichtung zur Verfügung zu haben, kontrovers gegenüber. Die Bildkarte "Kithira" wurde daher mit dem Bewußtsein eingenordet, daß zur Geländebetrachtung gegebenenfalls ein Drehen der Karte notwendig ist.

Die Zuordnung der LFC-Grauwerte zu Flächennutzungsklassen und die visuelle Abgrenzung von Landschaftseinheiten wird durch die spektrale Kartenlegende erleichtert. Diese bildhafte Flächennutzungsansprache kann nur eine erste Stufe zur Analyse des LFC-Bildes sein. Für touristische Zwecke gibt sie jedoch einen groben Überblick über Strukturen der Landnutzung.

Eine Verbesserung der geometrischen Lagebeziehungen hätte durch die Verwendung eines Orthophotos erfolgen können. Für touristische Zwecke erscheint die kostengünstige "Behelfsausgabe" mit einem bildnadirnahen LFC-Ausschnitt (vgl. Fig. 2) jedoch gerechtfertigt zu sein. Für Anschauungszwecke wurde in der Fig. 5 sogar ein "ungünstiger" (bildnadirferner) LFC-Ausschnitt des Bildes 1299 gewählt. Probleme ergaben sich hierbei vor allem bei der Anpassung von Asphaltstraßen in stark reliefierten Bereichen.

6. Bewertung

Da im 0-m-Niveau die reliefbedingten Radialversätze vernachlässigbar sind, kann bei topographischen Karten eine Verbesserung der Küstenlinien-Darstellung durch LFC-Aufnahmen, dieses insbesondere bei Steilküsten und bis zum Maßstab 1:50.000, erreicht werden. Hier zeigt sich ein Ansatz zur operationellen Anwendung von photographischen Satellitenaufnahmen.

Eine vollständige Kartierung des Inhaltes von topographischen Karten ist aufgrund von erheblichen Informationslücken nicht möglich. Der LFC-Bildinhalt kann in mediterranen Gebieten, wenn überhaupt, nur in groben Klassen erfaßt werden. Diese reichen jedoch aus, um touristische Bildkarten herzustellen.

7. Literatur

LEHMANN, I. (1980): Die Westägäis. (= Schroeder Reiseführer, Griechische Inseln I), Leichlingen bei Köln, 384 S.

LEONHARD, R. (1899): Die Insel Kythera. Eine geographische Monographie. (= Petermanns Mitteilungen, Ergänzungsheft 128), Gotha, 47 S.

MARSELLOS, T.A. (o.J.): Telephone Directory of the Kytherian Diaspora, Pireas, 180 S.

8. Karten

FREYTAG & BERNDT (o.J.): Peloponnes-Korinth 1:300.000, Wien

ICAO (1953/55): Aeronautical Chart of Greece 1:500.000, Blatt Kriti, o.O.

LEONHARD, R. (1896/99): Karte der Insel Kythera 1:100.000, Gotha

OKH (1940/1943): Generalstabskarte von Griechenland 1:100.000, Blatt 8-M, Meleas-Kithira (Stand 1933), hrsg. vom Geograph. Dienst der Armee, o.O.

PETROCHILOS, N.A. (1982): Chartis Tis Nisou Kythiron, Inselkarte 1:70.000, Kythira

TOUBIS-Verlag (o.J.): Kythira, Touristen-/Straßenkarte 1:50.000, Neue Ausgabe, Athen

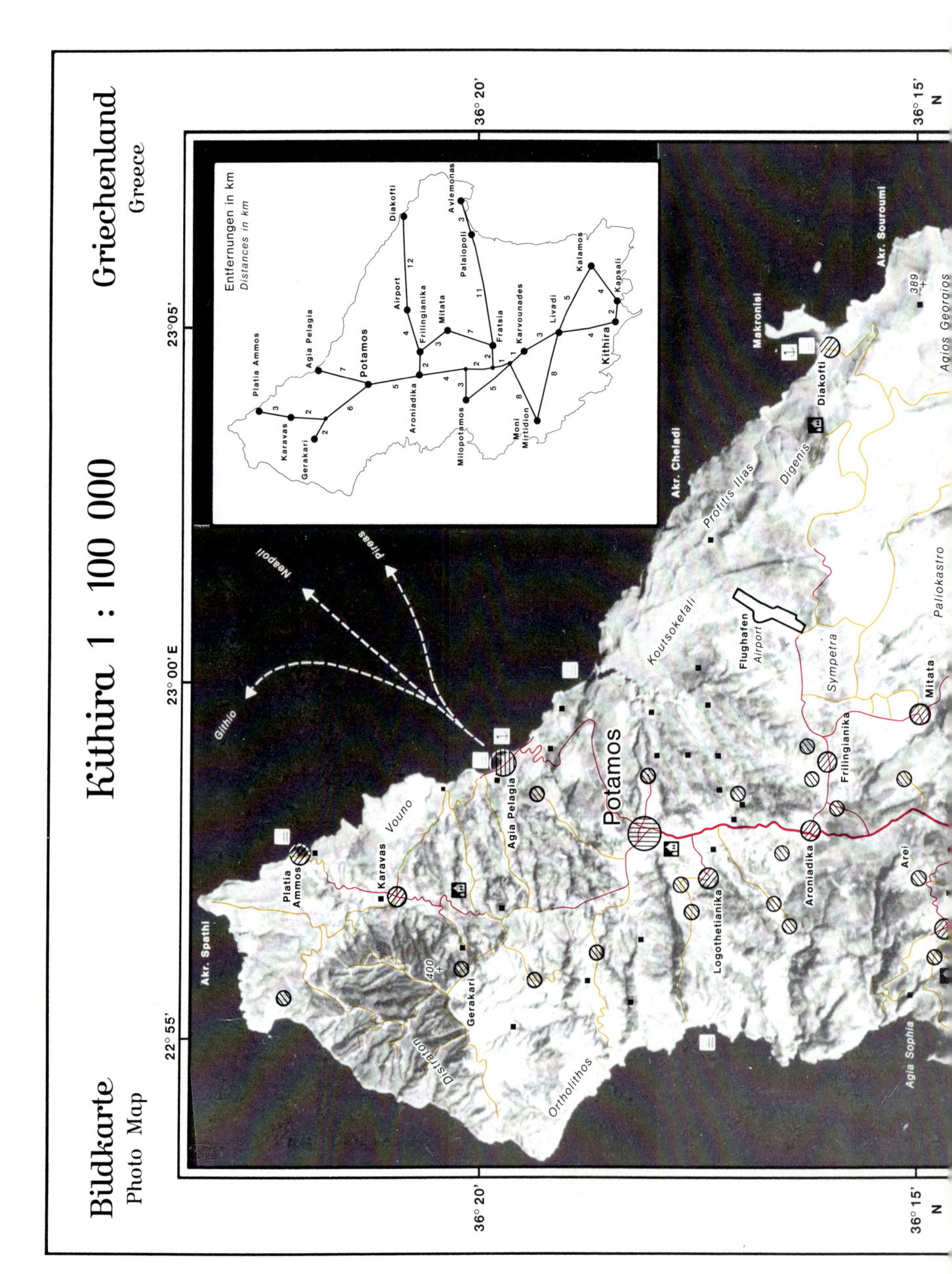

Fig. 5: Touristische Bildkarte "Kithira 1 : 100.000" (Bild 1299)

Analyse des Large-Format-Camera-Bildausschnittes "Boston Metropolitan Area"

Frank-W. Strathmann

SUMMARY

The image analysis aimed at a determination of the suitability of Large Format Camera photos for purposes of topographical and planning cartography by example of the Boston Metropolitan Area. Therefore, enlargements with scales ranging from 1 : 200.000 to 1 : 15.000 were produced from the LFC photo "Massachusetts". By means of this material, as well as by a comparison of the information content of a 1 : 125.000 scale high altitude photography with the LFC photo, the image physiognomy was analysed, as for instance the blurring of details, irradiation- and displacement effects, the contrast conditions, and the mixing effects of image objects.

The resulting test maps showed that the desired scale of 1 : 50.000 for the production of maps cannot be achieved. Even the map production in a scale of 1 : 100.000 is confronted with severe limitations, especially the complete mapping of lineations. However, it may be convenient to update maps of this scale, if the already existing map information is integrated as "auxiliary lines". But even so, linear patterns and land use categories in areas of low image contrast have to be verified to a considerable extent by ground checks, and the classification has, in case, to be adapted to the LFC image content.

1. Einführung

Die Region Boston wurde als Testraum für Bildanalysen der Large-Format-Camera (LFC) ausgewählt, da für diese Agglomeration brauchbare LFC-Bilder und aus einer vorhergehenden Studie zur Anwendung der Ultra-High-Altitude-Photography (UHAP) Luftbilder verschiedener Maßstäbe, Geländeaufnahmen und UHAP-Bildauswertungen (vgl. GIERLOFF-EMDEN, 1985) vorlagen.

Die Bildrandskizze des LFC-Bildes "Massachusetts" (Fig. 1) verdeutlicht, daß der US-amerikanische Bundesstaat zu 95 % von einer Weltraumaufnahme erfaßt wird. Aus den von der NASA angegebenen Flugparametern (237,14 km Flughöhe und 305 mm Brennweite) errechnet sich für das Bild Nr. 0664 ein Aufnahmemaßstab von 1 : 777.500. Demgegenüber ergibt sich durch Streckenvergleiche mit topographischen Karten ein mittlerer Aufnahmemaßstab von 1 : 760.000. Somit wird durch das LFC-Bild (Filmformat 22.9 x 45.7 cm) bei einer Flugstreifenbreite von 174 km eine Bodenfläche von 60450 qkm abgebildet. Dieses entspricht ca. 7 Blättern der TÜK 200, der vierzehnfachen Fläche des Ruhrgebietes, der zweifachen Fläche des belgischen Staatsgebietes oder einem Viertel der Bundesrepublik Deutschland.

2. Ziel und Methodik der Untersuchung

Ziel der Bildanalyse ist es, die Eignung des LFC-Weltraumbildes "Massachusetts" (Fig. 1) für die Herstellung/Fortführung von topographischen Karten und Anliegen der Planungskartographie zu untersuchen. Zu diesem Zweck wurde der Raum "Boston Metropolitan Area" als Testregion ausgewählt und diejenige der vier verfügbaren LFC-Aufnahmen verwendet, welche den kontrastreichsten Bildausschnitt aufweist. Aufgrund der LFC-Bildphysiognomie und vorhergehender Literaturstudien (vgl. u.a. CONZEN & LEWIS, 1976 und VOLLMAR, 1981) wurden einige für die Nutzungsklassen und deren Abfolge im Verdichtungsraum repräsentative Testareale (vgl. u.a. Fig. 2 und Fig. 3) festgelegt. Eine weitere Auswahl erfolgte anhand von topographischen Karten und Straßenkarten (vgl. Kap. 8.2), Luftbildmaterialien (vgl. Kap. 8.3 und GLEASON, 1985) sowie Architekturführern und Veröffentlichungen zur Stadtentwicklungsplanung (vgl. u.a. CITY OF SOMERVILLE, 1982 und SOUTHWORTH, 1984). Im Rahmen der Geländearbeiten wurden dann Vergleiche zwischen den Referenzmaterialien, der LFC-Bildphysiognomie in Vergrößerungen 1:50.000 und 1:15.000 und den angefahrenen Geländesegmenten durchgeführt. In einigen Testgebieten wurden Abschätzungen bzw. Messungen von Objektgrößen und Kartierungen der Oberflächenmaterialien vorgenommen und photographisch dokumentiert.

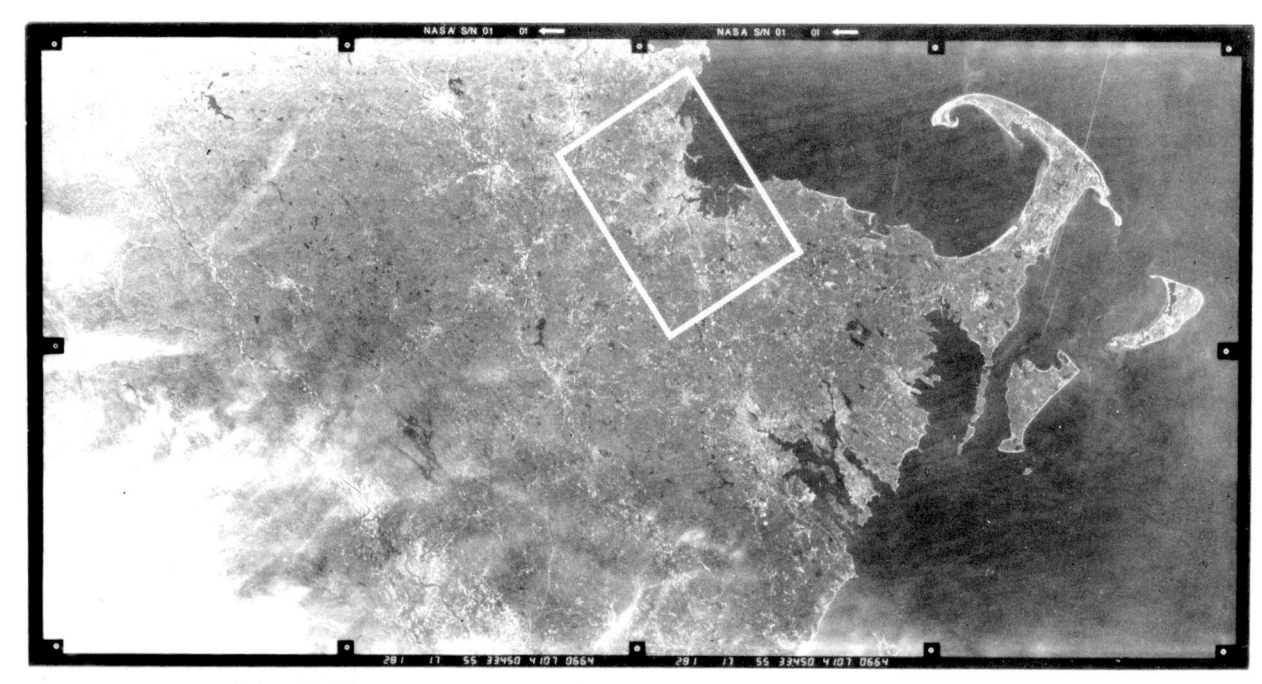

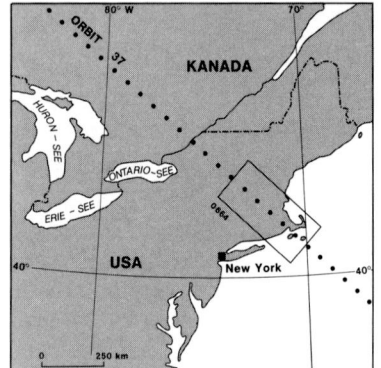

Fig. 1: LFC-Bild "Massachusetts" (verkleinert) mit Testregion Boston, Flugstreifen und Bilddaten

Flug- und Bildparameter * LFC-Bild "Massachusetts"			
Orbit/Frame:	37/0664	Bildmitte:	42.53° N 71.53° E
Film	3412 B&W	Bildmaßstab:	1 : 760.000
Datum:	7.10.84	Zeit:	17.56 GMT (13.08 MOZ)
Sonnenhöhe:	38.62°	Überlappung:	80 %

3. Grundlagen der Bildanalyse

3.1. Bildgeometrie und Geländebeleuchtung

Die wichtigsten Flug- und Bildparameter für das LFC-Bild "Massachusetts" werden in der Fig. 1 aufgezeigt. Da im Testraum Boston keine größeren Reliefunterschiede vorhanden sind und zudem ein Bildteil mit 2-10 cm Entfernung zum Bildnadir gewählt wurde, können Lagefehler für diese Bildanalyse vernachlässigt werden.

Ein Vergleich der Aufnahme 0664 mit anderen, den Raum Boston erfassenden Aufnahmen zeigt keine wesentlichen Veränderungen der Objekte gegenüber den veränderten Beleuchtungsrichtungen (Mitlicht-/Gegenlichteffekt, Reflexion an Oberflächenmaterialien etc.).

3.2. Repro- und arbeitstechnische Aspekte

Die vom EROS-Data-Center gelieferten Kopien 3. oder 4. Generation haben nur eine mittelmäßige Bildqualität*. Von dem Aufnahmemaßstab 1:760.000 wurden, zum Teil über Zwischenvergrößerungen, Arbeitskopien

---

* Anfragen an das EROS-Data-Center und den USGS sowie die Rücksendung des Bildmaterials führten nicht zu besseren Bildprodukten. Während vier Monate nach der Befliegung in Oberpfaffenhofen von DOYLE (vgl. auch DOYLE, 1985) eine ausgezeichnete LFC-Vergrößerung "Boston" präsentiert wurde, auf der einzelne Flugzeuge auf der Startbahn von Logan International Airport identifiziert werden konnten, sind auf den erhältlichen Diapositiven diese kleinsten Objekte nicht erkennbar.

Fig. 2: LFC-Bildausschnitt "Boston Metropolitan Area" ca. 1:248.000 und Testgebiete

Hochbefliegung 1 : 125 000 (vergr.)

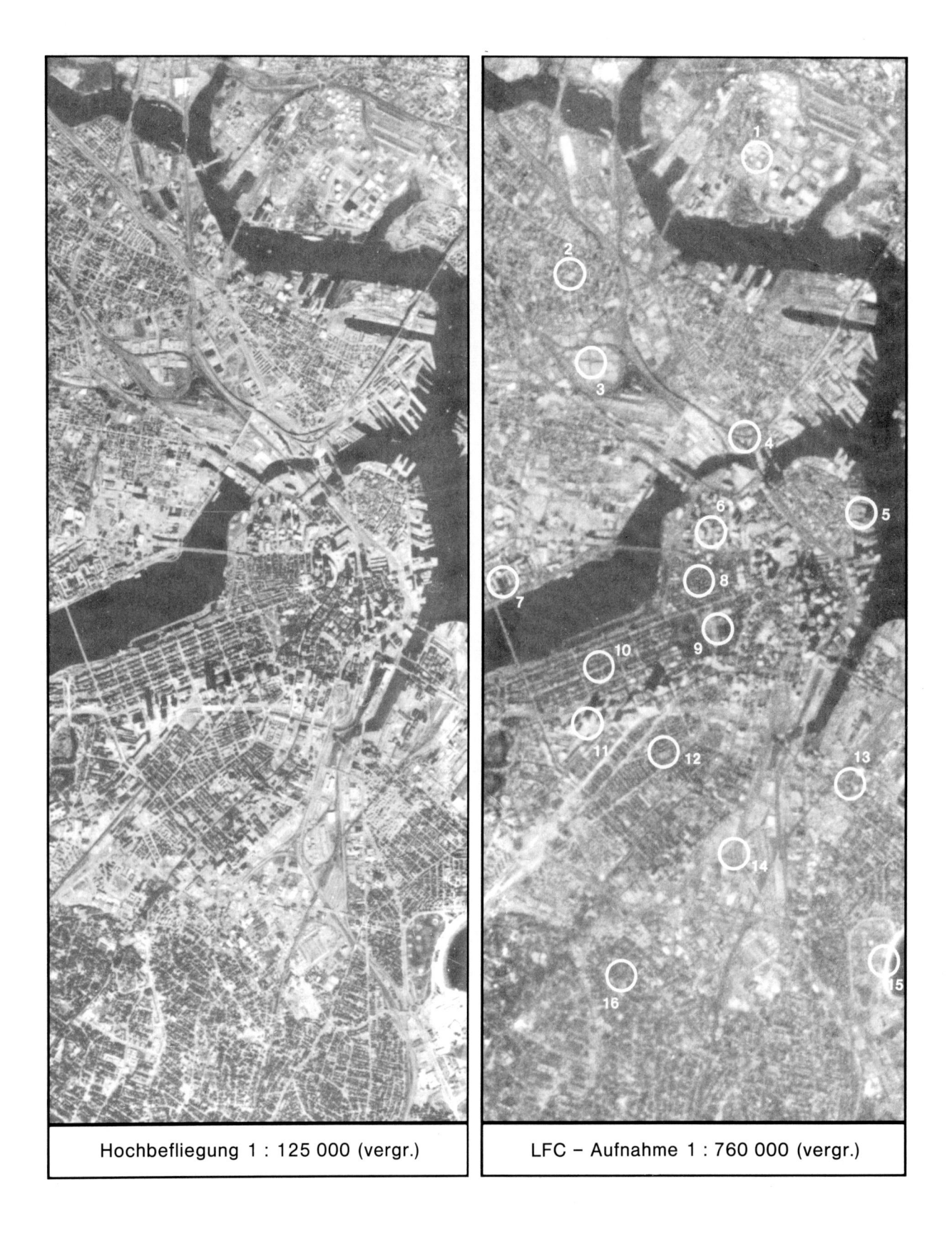

LFC – Aufnahme 1 : 760 000 (vergr.)

Fig. 3: Informationsvergleich "Boston-Cambridge-Somerville-Everett" 1:50.000: UHAP-Bild versus LFC-Bild

in den Maßstäben 1:200.000, 1:100.000, 1:80.000, 1:50.000 und 1:15.000 hergestellt. Während die erstgenannten Maßstäbe der visuellen (z.T. stereoskopischen) Betrachtung und der Erfassung der Raumstrukturen in der Übersicht dienten, wurden die Maßstäbe 1:80.000 und 1:50.000 für Testkartierungen verwendet. Der sich durch Detailunschärfe und diffuse Strukturen auszeichnende, etwa eine 50fache Vergrößerung des Ausgangsproduktes darstellende Maßstab 1:15.000 wurde zur Analyse von charakteristischen Grautongefügen und zur Erfassung von Überstrahlungseffekten und Kontrastverhältnissen herangezogen. Bestmögliche Analyseergebnisse ergaben sich bei der Kartierung mittels transparenter Folie im Maßstab 1:50.000 und der parallelen Verwendung von kleinmaßstäbigen Diapositiven in Auswertegeräten oder als Arbeitsgrundlage zur Leuchttisch-Bildanalyse mittels Meßlupe (Fadenzähler).

3.3. Meteorologische Aspekte

Am 2. und 3.10.1984 waren im Raum Boston anhaltend leichte Niederschläge zu verzeichnen. In den Tagen vor dem Befliegungszeitpunkt folgten dann trockene Kaltfronten. Tagsüber betrug die Luftfeuchtigkeit 40-50%. Am 6. und 7.10.1984 war es sonnig, bei vorherrschenden NNW- und WNW-Winden lagen die Tagestemperaturen zwischen 15° und 20° C. Somit kann zum Befliegungszeitpunkt von normalen Witterungseinflüssen ausgegangen werden. Während im linken Teil der Aufnahme Wolkenschleier eine detailreiche Interpretation verhindern, zeichnet sich der Raum Boston - Cape Cod - Providence durch die kontrastreiche Wiedergabe von Oberflächenstrukturen aus.

3.4. Regionalgeographische Aspekte

In der LFC-Vergrößerung (Fig. 2) werden die wesentlichen Teile der "Boston Standard Metropolitan Statistical Area" (SMSA) erfaßt. Dieser Verdichtungsraum mit 2.75 Mill. Einwohner (ABLER, 1976), dessen Gliederung durch ein Ring- und Radialsystem von Highways im LFC-Bild augenfällig ist, ist der achtgrößte in den USA. Während das "Daily Urban System" (DUS) 3.85 Mill. Einwohner umfaßt, leben in der Stadt Boston (i.w. südlich vom Charles River gelegen) nur 640.000 Einwohner.

Um die charakteristischen Elemente des Verdichtungsraumes darzustellen, wurden für diesen Beitrag ein suburbanes Wohngebiet (Fig. 4), eine Mittelstadt in der Ballungsrandzone (Fig. 5) und ein Bildstreifen aus dem Kernbereich (Fig. 3) ausgewählt.

4. Aufbau der Bildphysiognomie

4.1. Spektrale Information

Ein wesentliches Merkmal der Interpretation von Weltraumaufnahmen, insbesondere bei der Verwendung von 8-16fachen Vergrößerungen, liegt in der Verwertung der speziellen Bildphysiognomie. Gegenüber der konventionellen Luftbildinterpretation, bei der die Hauptgestaltelemente der Stadtlandschaft (Gebäude, Straßen, Bäume etc.) problemlos als Objektklassen identifiziert werden können, müssen bei der Auswertung von photographischen Satellitenbildern im Maßstabsbereich 1:50.000 - 1:100.000 Interpretationsschlüssel zur Erfassung dieses Objektinventars erstellt werden. Hierbei sind vor allem die im folgenden erläuterten Bildkomponenten und Reflexionscharakteristika für die Bildinterpretation von Bedeutung.

4.1.1 Überstrahlung (Ü-Effekt)

In LFC-Aufnahmen bewirkt die Überstrahlung von Objekten (Ü-Effekt) eine, zum Teil erhebliche Verbreiterung der hell reflektierenden Objektoberflächen bzw. eine Verdrängung (Unterstrahlung) des dunkleren Objektinventars (vgl. u.a. Fig. 3, Nr. 1, 3 und 7).

Durch Überstrahlungseffekte heller Oberflächenmaterialien, so zum Beispiel durch Beton, Wellblech, Schotter, Sand, trockene Bodensubstrate, Pflastersteine, Asphalt, Folie sowie durch Brachflächenvegetation oder abgeerntete Felder werden dunklere Reflexionswerte unterdrückt und in ihrer Größe/Breite verkleinert. Bei der Untersuchung des Ü-Effektes in verschiedenen Straßenzügen der Gemeinde Revere ergab sich, daß in der UHAP-Aufnahme die Gebäude noch voneinander trennbar sind. Die Ü-Effekte verkleinern jedoch die Hausabstände um 20-60%. Die gleichen Einzelhäuser in Reihenstellung erscheinen im LFC-Bild als Kette heller Signale unterschiedlicher Intensität und vermischen sich radiometrisch mit Hauseinfahrten und Straßenasphalt. Oft sind die Gebäude nur noch durch das Erfassen feinster Formunterschiede der hellen Signale singulär kartierbar. Die Überbetonung der helleren Grautöne führt hierbei, vor allem in bebauten und vegeta-

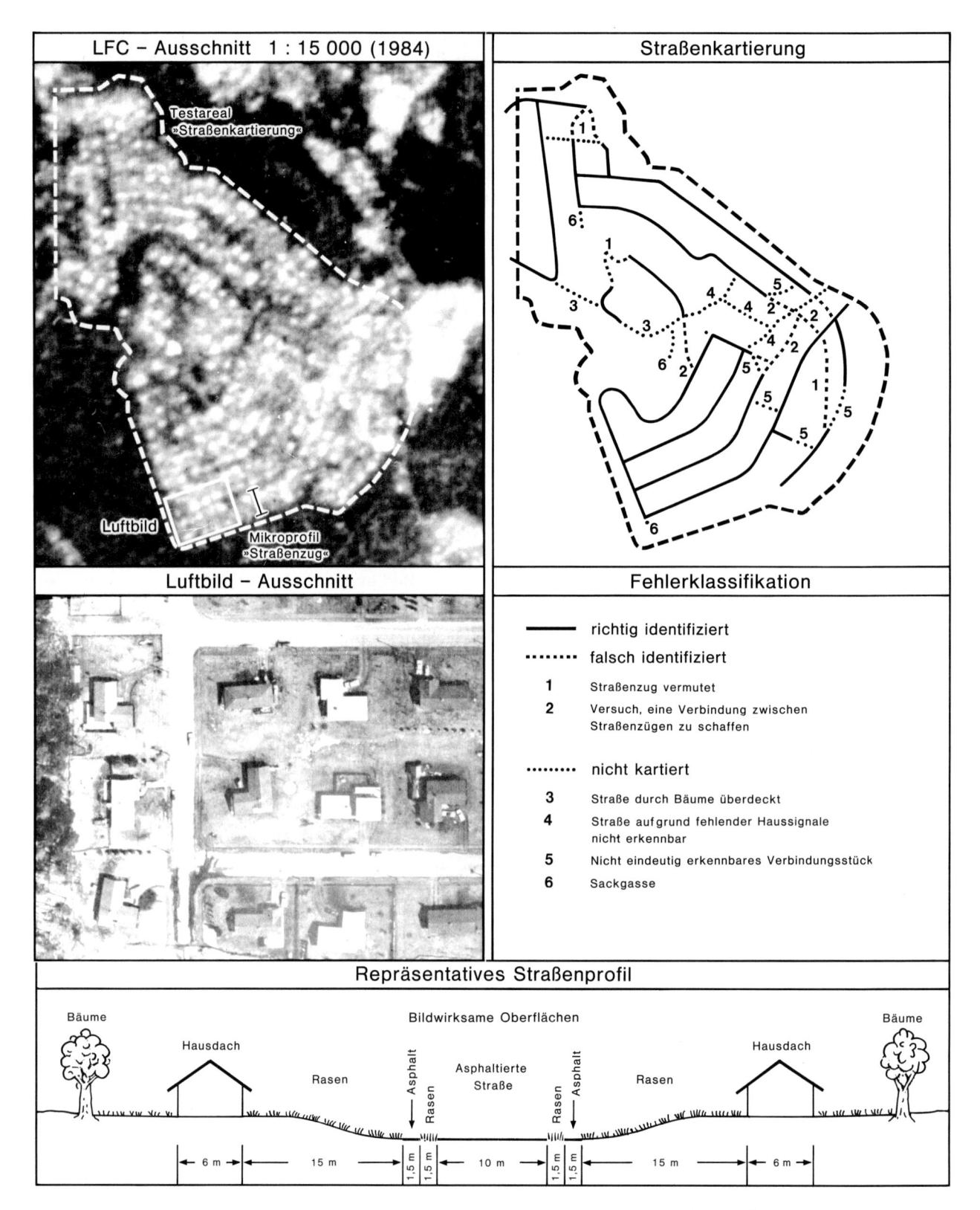

Fig. 4: Bildphysiognomie eines Wohngebietes mit Einzelhausbebauung und Fehlerklassifikation der Straßenkartierung (Peabody)

tionsfreien Gebieten, in der Primäranalyse meistens zur Überbewertung der mineralischen Oberflächenmaterialien.

Die Messung von Ü-Effekten mittels Meßlupe im Bereich von Hanscom AFB (Lexington) und im Bostoner Hafengebiet ergab im Vergleich von Metritek 21 - Bild (1:50.800), LFC-Vergrößerung (1:79.700) und FIR-Aufnahme (1:28.300) bei großen Objekten (Startbahn, Hallendächer, Kaianlagen etc.) im Durchschnitt an jeder hellen Objektkante eine Randüberstrahlung von 7 m.

4.1.2 Kontrastverhältnis zur Umgebung (K-Effekt)

Die in Hochbefliegungen mit hohen Kontrasten identifizierbaren, kleinteiligen Nutzungsstrukturen der Stadtlandschaft verursachen aufgrund von Mischsignalen geringere Kontrastverhältnisse (K-Effekte) im LFC-Bild. Es ergeben sich "flaue", diffuse und oft im Übergang zum Nachbarwert nicht abgrenzbare Grauton-Konturen, die im LFC-Bild (vgl. Fig. 3, Nr. 2, 9, 13 und 16) wolkige bzw. fleckige Texturen erzeugen. Trotz wechselnder, jedoch hoher K-Effekte können Lineamente, die mit einer Streckenführung länger als 500 m scharf abgegrenzt sind, so zum Beispiel Schnellstraßen, Eisenbahntrassen und Küstenlinien (vgl. Fig. 3, Nr. 4, 5 und 15), gut identifiziert werden. Bei einer radiometrischen Angleichung an die Reflexion der Umgebungsnutzung (Mimikry-Effekt) sind die Linienelemente nicht mehr lagetreu kartierbar. Dieses wird zum Beispiel in dem Verlauf der Eisenbahnlinie vom Bildpunkt 14 (mittlerer Kontrast) in Richtung Downtown (rechte Bildmitte, geringer Kontrast) deutlich.

Eine Trennung von Haussignalen ist bei mindestens einer Gebäudelänge Abstand zwischen den Einzelhäusern gegeben. Unterhalb dieser Abstandsschwelle ist eine Einzelhauskartierung nur bei einer sehr starken Kontrastabfolge (z.B. helles Dach, dunkler Baum, helles Dach) möglich.

4.1.3 Schatten

Nicht auswertbare Bildteile liegen im Bereich der Schatten von Hochhäusern, Industrieanlagen und Verkehrsbauten. Obwohl mit optimalem Kontrast erkennbar, können diese gebäudebedingten Schatten (vgl. Fig. 3, Nr. 11) zu totalen Informationslücken führen. Andererseits ergeben sich durch Schatteneffekte wichtige Interpretationshilfen zur Deutung von Bildmustern.

4.1.4 Verschmelzung/Vermischung von Bildobjekten (V-Effekt)

Da die gegenüber Luftaufnahmen starke Verkleinerung des Bildmaßstabes zwangsläufig zu einer geringeren Detailerkennbarkeit im LFC-Bild führt, werden viele in der UHAP-Aufnahme noch trennbare Objekte aufgrund des Ü-Effektes zu punkthaften Mischsignalen aggregiert. Diese Verschmelzung (Vermischung) von Bildobjekten (V- Effekt, vgl. u.a. Fig. 3, Nr. 2, 6, 9, 12, 13 und 16) beinhaltet die Aneinanderreihung verschiedener Objektbedeckungen. Vor allem bei mineralischen Oberflächen mit unterschiedlichen Reflexionseigenschaften führt der V-Effekt zu charakteristischen Bildobjekt-Vergesellschaftungen. Bei der Vermischung von Hausdach-Signalen mit (hausumgebenden) baulichen Nebenanlagen ergeben sich diffuse Bildobjekte. In ihrer Zuordnung zu anderen (weiter entfernt liegenden) Bildobjekten (z.B. Asphaltstraßen, Rasenflächen und Baumreihen) bilden sich typische Bildmuster heraus. So erhalten alle Elemente der Stadtlandschaft bildimmanente Eigencharakteristika. Diese sind dann die Indikatoren für die aus dem LFC-Bild ableitbaren Linienelemente und Flächennutzungen.

4.1.5 Grautongemenge

Aus dem typischen Nebeneinander verschiedener Reflexionswerte (vgl. V-Effekt) werden Grautongemenge aufgebaut, die die wichtigsten Indizien für die Erfassung der Nutzungsklassen sein können. Die Festlegung von Helligkeitsstufen mittels Densitometermessung kann in Verbindung mit der zusätzlichen Betrachtung der Textur und der gliedernden Strukturelemente zu einer Klassenbildung führen.

Mittels Macbeth-Densitometermessungen ergeben sich im Grautongefüge folgende Reflexionswerte für Oberflächenmaterialien und charakteristische Nutzungsmuster:

Wasser	4 - 6 %	1 =	Geschlossene Bauweise, enge Straßen (z.B. Beacon Hill, Fig. 3-8)	
Wald	7 - 10 %			
Parkfläche	6 - 18 %	2 =	Zeilenbebauung, normale Straßen (z.B. South End, Fig. 3-12)	
Wiese / Grünfläche	20 - 28 %			
Wohngebiet 1	10 - 11 %	3 =	Zeilenbebauung, breite Straßen (z.B. Back Bay, Fig. 3-10)	
2	12 - 15 %			
3	14 - 20 %	4 =	Offene Bauweise, hohe Baumdichte, wenig versiegelte Flächen (z.B. Fig. 3-2)	
4	12 - 28 %			
5	30 - 35 %	5 =	Offene Bauweise, geringe Baumdichte, versiegelte Flächen (z.B. Fig. 3-16)	
Mischgebiet	18 - 28 %			
Gewerbegebiet	30 - 45 %			
Industriegebiet (Chem.Ind.)	65 - 70 %			
Baustelle	50 - 60 %			
Versiegelte Fläche Asphalt	15 - 20 %			
Beton	75 - 85 %			

4.2. Geometrische Information

4.2.1 Detailunschärfe und bildwirksame Flächengrößen

Maßstabsbedingt und aufgrund der Ü-, K- und V-Effekte sind viele kleine Objekte der Stadtlandschaft nicht im LFC-Bild erkennbar. Die kleinsten (eigenständig) bildwirksamen, aber oft nicht identifizierbaren Objekte liegen in der Größenordnung von 0.01 ha. Geländestrukturen ab 1 ha Größe ergeben einen bildwirksamen V-Effekt. Etwa ab 25 ha, das entspricht ca 0.44 mm^2 im LFC-Bild, sind charakteristische Flächennutzungsmuster identifizierbar. Strukturen größer als 1 qkm lassen sich als selbständige Siedlungsgebietsteile kartieren. Bei starkem Umgebungskontrast lassen sich Linienelemente mit einer Breite von 3 m noch unterscheiden.

4.2.2 Lagemerkmale

Ebenfalls von Bedeutung für die Identifikation ist die Bewertung der Bildobjekt-Lage innerhalb eines homogenen Bildareales und gegenüber bereits identifizierten Bildinhalten sowie das topographische, verkehrsgeographische, verdichtungsräumliche und ggf. naturräumliche Lagemoment eines Geländeobjektes.

4.3. Informationsvergleich UHAP-LFC

Der Informationsvergleich zwischen der Hochbefliegung 1:125.000 und dem LFC-Bild 1:760.000 verdeutlicht, daß die im Kap. 4.1 aufgezeigten Effekte zu einer Detailunschärfe führen. Zur Veranschaulichung der im LFC-Bild texturverursachenden Geländeelemente werden die Auswirkungen des Maßstabsprunges in der Fig. 3 wiedergegeben. Hierbei zeigen sich prinzipielle Einsichten in den Aufbau der Bildphysiognomie und den Übergang von Strukturen zu Texturen. Einige im UHAP-Bild in Abhängigkeit von der Straßen-/Gebäudedichte und dem Anteil der Vegetation gut unterscheidbare Wohngebietsklassen lassen sich auch im LFC-Bild noch in Ansätzen (vgl. Fig. 3, Nr. 2, 6, 8, 10, 11, 12, 13 und 16) identifizieren. Die bildwirksamen Objektmerkmale reduzieren sich hierbei jedoch auf Straßenabstände, helle Punktsignale, die insbesondere durch Hausdächer verursacht werden, Schatteneffekte von höheren Gebäuden und die Höhe bzw. Dichte von Bäumen.

5. Anwendungspotential für die Kartographie

Für Testkartierungen und Informationsvergleiche LFC-Bild - Karte wurde der LFC-Bildausschnitt "Norwood" (vgl. Fig. 5-A) ausgewählt, weil er repräsentativ die Nutzungsabfolge für eine Stadt im Verdichtungsraum aufzeigt. An einen durch Eisenbahn und Hauptverkehrsstraßen angebundenen Stadtkern (Mischgebiet) schließen sich dicht bebaute Wohngebiete und in weiterer Entfernung locker bebaute Wohngebiete an. Die Gewerbegebiete reihen sich entlang der Schnellstraße, die überregionale Verkehrsanbindung erfolgt durch Autobahnen. Trennflächen zu den benachbarten Ortschaften sind Waldgebiete, landwirtschaftliche Nutzflächen und Grünflächen. Der Bildausschnitt ist wolkenfrei und kontrastreich. Eine "Bildstörung" ist die vom rechten Bildrand in Richtung auf den Flughafen verlaufende Doppellinie, die durch die Kondensstreifen eines Flugzeuges verursacht wurde.

Weitere Testkartierungen erfolgten in innerstädtischen Bereichen, so zum Beispiel in der oberen Bildhälfte der Fig. 3, und in suburbanen Wohn- und Gewerbegebieten (vgl. u.a. Fig. 4).

5.1. Erfassung von Straßen

5.1.1 Autobahnen und Hauptverkehrsstraßen

Im Raum Boston (vgl. Fig. 2) ist das Autobahn- und Schnellstraßennetz gut identifizierbar. Insbesondere der äußere Autobahnring mit seinen Kreuzen und Auf-/Abfahrten ist aufgrund des hohen K-Effektes der Fahrbahnen zu den angrenzenden Wald- und Wiesenflächen und der "bildhaften" Abbildung problemlos und vollständig kartierbar. Bei den radial ins Stadtzentrum einlaufenden Trassen ergeben sich auf einzelnen Abschnitten, in denen innerstädtische Misch- oder Gewerbegebiete durchquert werden, Interpretationsschwierigkeiten aufgrund des mangelnden Umgebungskontrastes. Hierbei kann jedoch die Trassenführung bis auf wenige Ausnahmen aus dem synoptischen Zusammenhang heraus "verfolgt" und somit kartiert werden.

Die Fig. 5-B zeigt, daß bei der Erfassung von Linienstrukturen nur "Hauptlineamente" mit großer Objektbreite, ausgedehnter und charakteristischer Streckenführung und hohem Umgebungskontrast identifizierbar sind. In kontrastschwachen Trassenabschnitten kann aufgrund des V-Effektes die Linienführung nur vermutet werden. Vor allem bei der Kartierung von Hauptstraßen (vgl. Fig. 5-A, B und E) ergeben sich einige Klassifikationsfehler. In einigen Bildteilen sind eindeutig Lineamente erkennbar, die eine Identifizierung als Hauptstraßen nahelegen. Der Vergleich der Karten B und E zeigt jedoch, so zum Beispiel für eine als Hauptstraße angesehene Waldschneise östlich vom Flughafen, daß in einigen (wenigen) Abschnitten falsch kartiert wurde.

5.1.2 Wohngebietsstraßen (Beispiel Peabody)

Bei dem Versuch, die Straßen eines Wohngebietes nach dem LFC-Bild zu kartieren, wurde ein Areal mit sehr lockerer Wohnbebauung (Fig. 4) ausgewählt. An diesem einfachen (suburbanen) Beispiel soll verdeutlicht werden, daß eine vollständige Straßenkartierung nicht möglich ist. Dieses trifft um so mehr zu, wenn die Gebäudeabstände enger, die Flächennutzungen differenzierter und die Nutzungsparzellen kleinteiliger werden.

Aufgrund von Geländebegehungen und eines Vergleichs mit Luftbildern wurde im LFC-Bildausschnitt der Straßenverlauf als Mitte eines hellgrauen, im wesentlichen durch sehr helle Hausdächer akzentuierten Streifens festgelegt. Nicht die Straße an sich, sondern die Aneinanderreihung von stark reflektierenden Hausdächern, je nach Gebäudeabstand als helle ausgefranste Linie oder als Kette von Einzelpunkten unterschiedlicher Größe, Form und Helligkeit erkennbar, prägen hierbei die Bildphysiognomie. Versiegelte Flächen, vor allem Parkplätze, gepflasterte Hauseinfahrten und Beton-Bürgersteige, "täuschen" aufgrund ihrer ebenfalls hohen Reflexionswerte zum Teil Haussignale vor. Die hellen Streifen werden meistens durch enge (dunklere) Streifen voneinander abgegrenzt. Ein erheblicher Vorteil für die Kartierung der äußeren Straßenzüge und damit für die Zuordnung der inneren Straßenverläufe ergibt sich durch die scharfe Abgrenzung des Siedlungsgebietes gegenüber den umliegenden Waldflächen.

Die Suche nach den Ursachen für Fehlkartierungen führte zu einer Systematisierung der Fehler. In diesem Trainingsgebiet (vgl. Fig. 4) wurden 70% der Straßen richtig und 12% falsch identifiziert, 18% der gesamten Straßenlänge konnte nicht erfaßt werden. Die Hauptgründe für die falsche Verlaufskartierung liegen in der Fehlinterpretation von Bildmustern und in der Neigung des Bearbeiters, sinnvolle Verbindungen zwischen den Straßenzügen herzustellen. Straßenabschnitte, die durch Bäume überdeckt waren, keine Punktsignale für Häuser aufwiesen oder radiometrisch sich der Umgebungsnutzung anpaßten, konnten nicht kartiert werden. Auch sehr kurze Straßenabschnitte, insbesondere Sackgassen, konnten aufgrund von fehlenden Bildzusammenhängen nicht erkannt werden.

Testkartierungen von Fernerkundungs-Studenten des Institutes für Geographie im Maßstab 1:80.000 (Bildausschnitt Cambridge-Somerville) zeigten, daß das Hauptverkehrsstraßennetz fast vollständig kartiert werden konnte. Verwechselungen ergaben sich jedoch im innerstädtischen Bereich zwischen Autobahnen und Eisenbahntrassen, so zum Beispiel bei der aufgeständert geführten Stadtautobahn (vgl. Fig. 3, Nr. 4). Das Netz der Wohnerschließungsstraßen wurde ebenfalls weitestgehend erkannt. Die einzelnen Straßenzüge in den Wohngebieten wurden, wenn auch nicht vollständig und zum Teil nicht lagegetreu, so jedoch als Strukturmuster kartiert.

In den Siedlungsgebieten sind i.d.R. nur einzelne Abschnitte von Straßen zu erkennen. Die Identifizierbarkeit steigt mit dem Abstand der Straßen zueinander und deren regelmäßiger Anordnung. Sie verringert sich mit

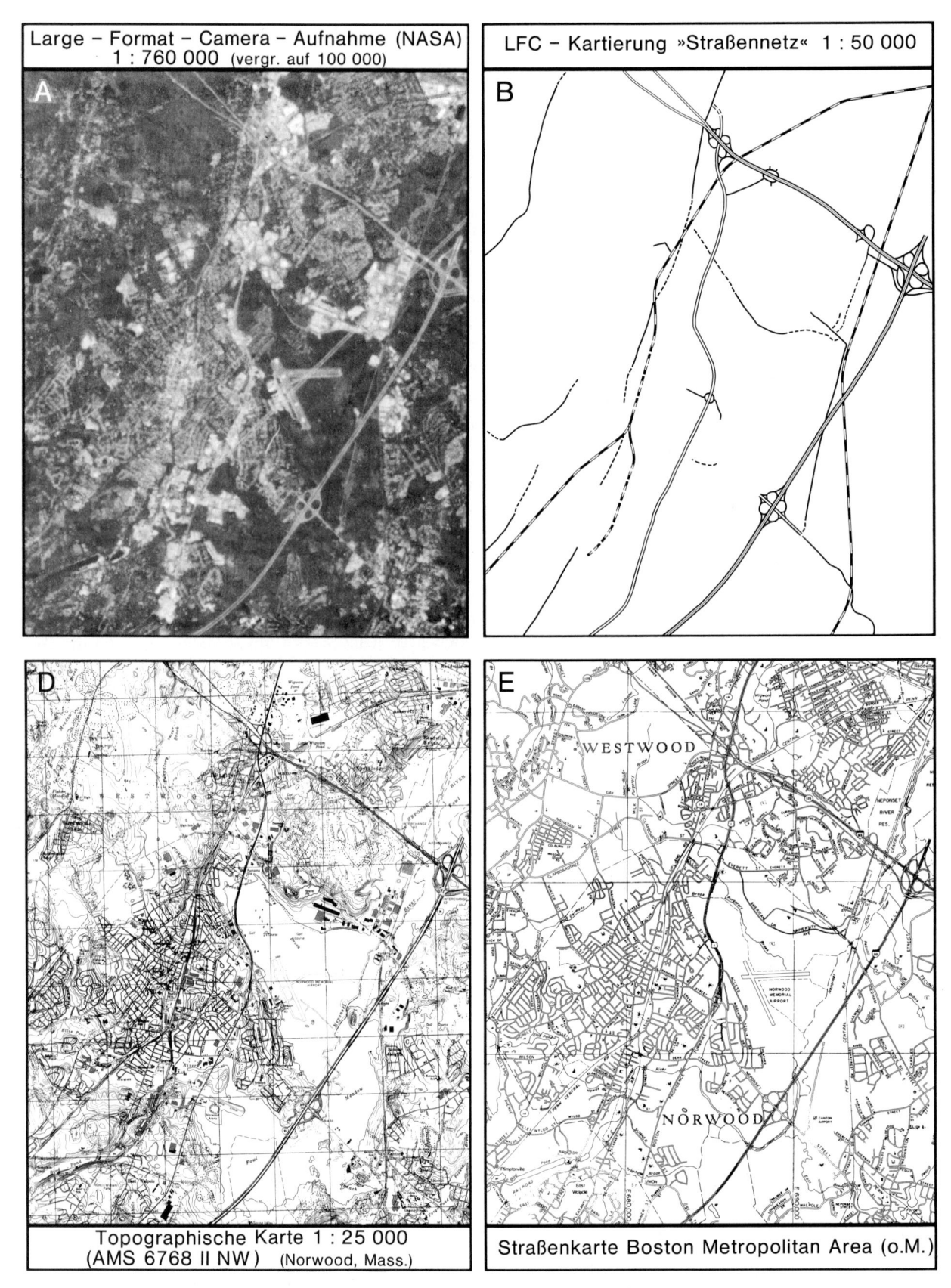

Large – Format – Camera – Aufnahme (NASA) 1 : 760 000 (vergr. auf 100 000)	LFC – Kartierung »Straßennetz« 1 : 50 000
Topographische Karte 1 : 25 000 (AMS 6768 II NW) (Norwood, Mass.)	Straßenkarte Boston Metropolitan Area (o.M.)

Fig. 5: Informationsvergleich "Norwood" 1:100.000 : LFC-Kartierungen versus Karteninhalte

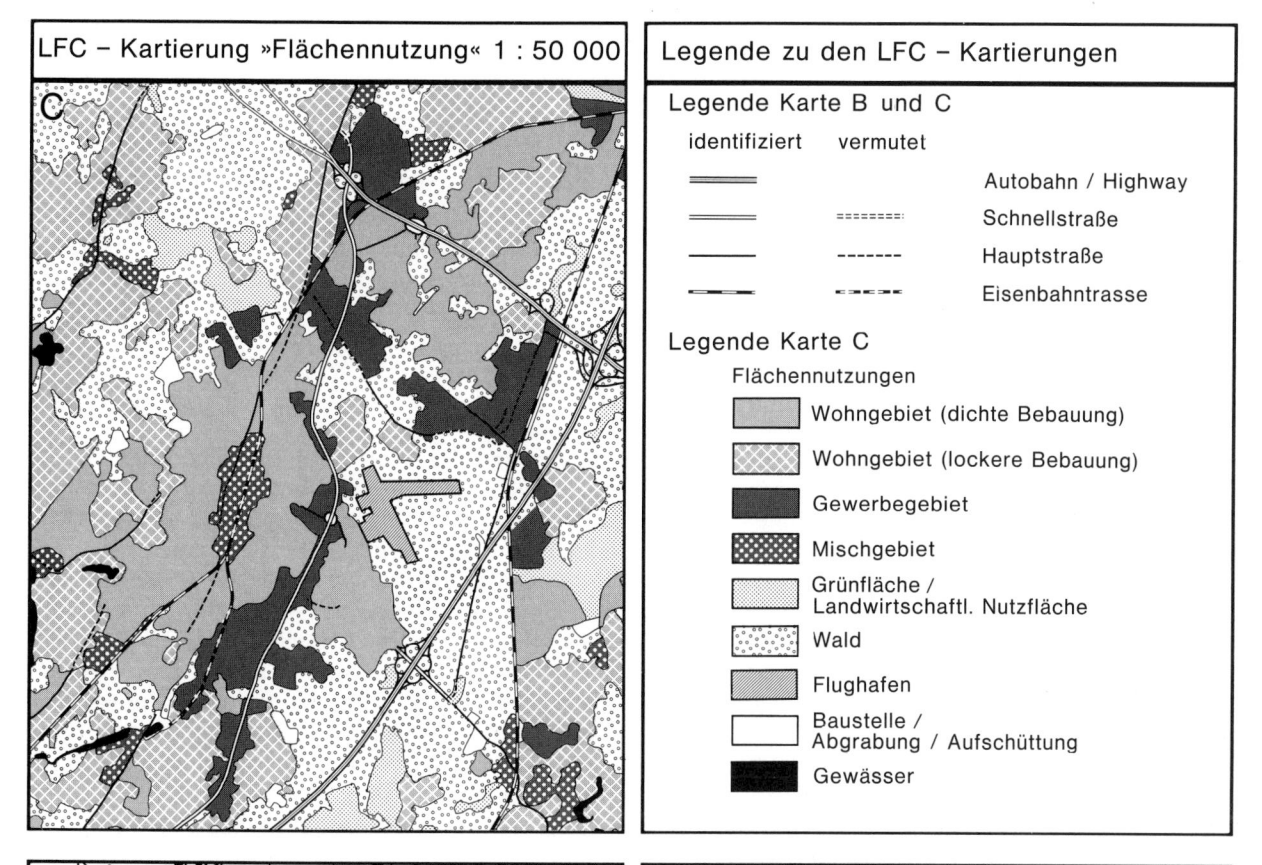

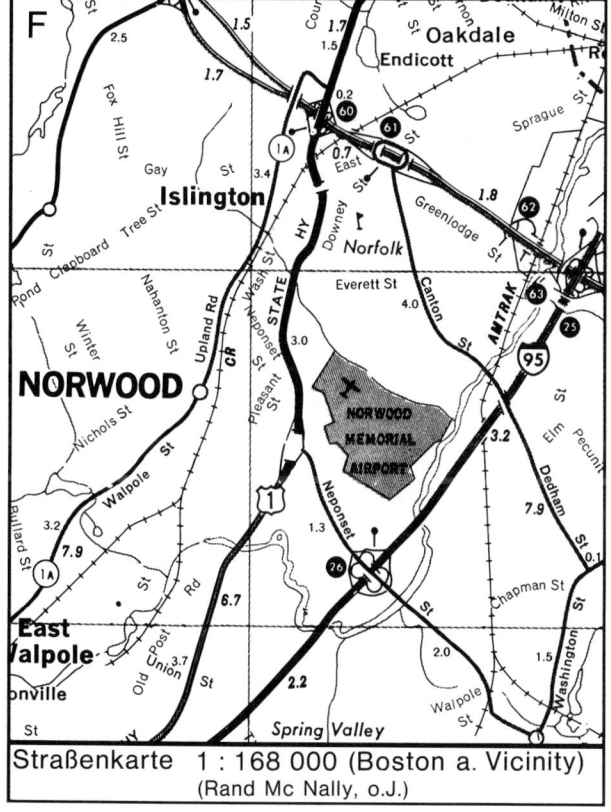

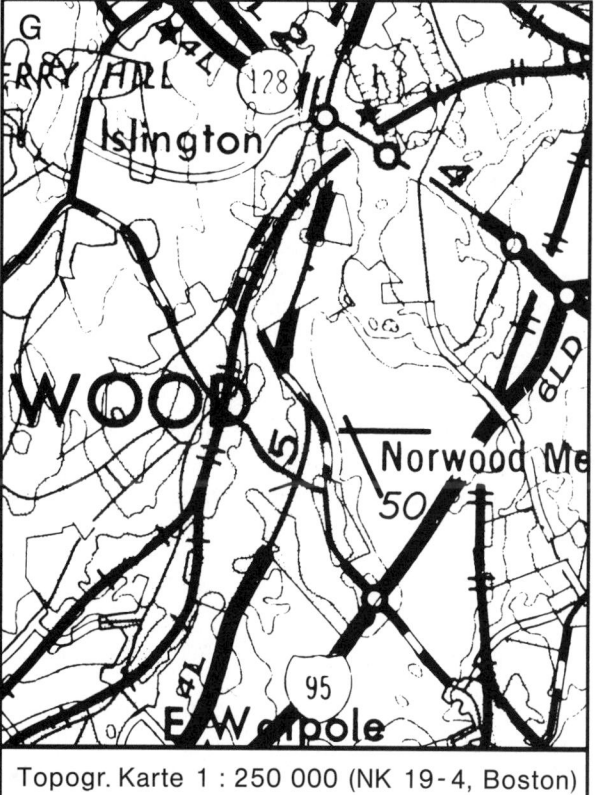

LFC – Kartierung »Flächennutzung« 1 : 50 000	Legende zu den LFC – Kartierungen
	Legende Karte B und C identifiziert / vermutet — Autobahn / Highway, Schnellstraße, Hauptstraße, Eisenbahntrasse
	Legende Karte C Flächennutzungen: Wohngebiet (dichte Bebauung); Wohngebiet (lockere Bebauung); Gewerbegebiet; Mischgebiet; Grünfläche / Landwirtschaftl. Nutzfläche; Wald; Flughafen; Baustelle / Abgrabung / Aufschüttung; Gewässer
Straßenkarte 1 : 168 000 (Boston a. Vicinity) (Rand Mc Nally, o.J.)	Topogr. Karte 1 : 250 000 (NK 19-4, Boston)

der Abnahme der Siedlungsgebietsgröße und der Vermischung von Nutzungsstrukturen im innerstädtischen Bereich.

5.2. Erfassung von Eisenbahnlinien

In Abschnitten mit mangelndem Umgebungskontrast kann die Trassenführung von Eisenbahnlinien nicht immer eindeutig kartiert werden. Eine Trennung der meist mehr auf längeren Strecken geradlinig oder schwach gekrümmt verlaufenden Eisenbahntrassen von den Schnellstraßen ist oft nur in der Trassenverfolgung über größere Strecken (möglichst über 10 km) und durch die genaue Analyse der umliegenden Nutzungen möglich. Hierbei wird die Identifizierbarkeit jedoch stark durch die Kenntnis des Aufbaus US-amerikanischer Großstädte und die Verkehrsanbindung ihrer Vororte beeinflußt.

5.3. Erfassung von Flächennutzungen

Auf der Basis von Testkartierungen im Verdichtungsraum Boston und der Analyse der Bildphysiognomie zeigt sich, daß in Abhängigkeit von den Oberflächenmaterialien, der Gebäudeform und -größe, der Dachform, der Art und des Zustandes der Dachbedeckung, den Abständen der Gebäude zueinander und zur Straßenfläche sowie der Durchsetzung der Grundstücke mit Bäumen und deren Höhe sich etwa 20 Flächennutzungskategorien in der Stadtlandschaft unterscheiden lassen. Obgleich bei der Testkartierung (Fig. 5-C) neben den vier Kategorien für Verkehrsflächen nur neun Flächennutzungen ausgewiesen wurden, lassen sich im innerstädtischen Bereich noch weitere Wohngebietstypen (vgl. auch Kap. 4.1.5) herausarbeiten und es treten weitere Flächennutzungsarten hinzu. Nach den Ground-Check-Erfahrungen für weitere Testgebiete im Verdichtungsraum Boston dürfte der Interpretationsfehler für Nutzungsklassen bei 5-10% liegen. Hierbei liegen die Verwechselungen im wesentlichen bei den vier Klassen Baustelle, Gewerbegebiet, Mischgebiet und Abgrabung. Ergänzend zum Aufbau der Bildphysiognomie ist für die Interpretation vor allem die Kenntnis der Lagebeziehungen (z.B. zum CBD, zur Küste oder zum radialen Schnellverkehrsnetz) erforderlich.

Bei der in Kap. 5.1 aufgezeigten (studentischen) Testkartierung war eine Unterscheidung nach Hauptkategorien der Flächennutzung (entsprechend Level I des USGS, vgl. u.a. JENSEN, 1983) möglich.

5.4. LFC-Bildinhalt versus Karteninhalt

Ein Grundproblem der Auswertung von Weltraumaufnahmen besteht darin, daß detailreiche Strukturen unter den Auswertegeräten oder in den Vergrößerungen erkennbar sind, deren Identifikation, Klassifikation und Kartierung aber nur beschränkt möglich ist.

Ein Vergleich des LFC-Bildes mit den detaillierten Karteninhalten der (amtlichen) Topographischen Karte 1:25.000 (Fig.5-D) verdeutlicht, daß viele Elemente der Situationsdarstellung im LFC-Bild "wiedererkannt" werden können. Umgekehrt ist jedoch aus dem LFC-Bild eine eindeutige, insbesondere lagegetreue und klassifizierungsgerechte Ableitung von Karteninformationen oft nicht möglich. Auch der "abgespeckte" Karteninhalt des Stadtplanes (Fig. 5-E) ist aus dem Bild nicht kartierbar. Dagegen zeigt der Vergleich mit der Umgebungskarte 1:168.000 (Fig. 5-F), daß erhebliche Teile des in dieser Straßenkarte dargestellten Verkehrsnetzes aus dem LFC-Bild ableitbar sind. Probleme ergeben sich vor allem bei der Kartierung des Flußverlaufes (geringer K-Effekt) und bei der Erfassung von Wohnstraßen (starker V-Effekt).

Der Vergleich mit der (amtlichen) Topographischen Karte 1:250.000 (Fig. 5-G) zeigt, daß bei der LFC-Kartierung noch einige (verbindende) Straßenabschnitte fehlen. Die Umgrenzungen der vier dargestellten Flächennutzungen (Bebautes Gebiet, Freiflächen, Wald und Seen) sind jedoch aus dem LFC-Bild gut ableitbar. Auch die in der Karte mit einer Äquidistanz von 10 m wiedergegebenen Isohypsen scheinen nach den photogrammetrischen Erwartungen (vgl. u.a. KONECNY et al., 1982) erreichbar zu sein.

5.5. Herstellung und Fortführung von Topographischen Karten

Einige bisher durchgeführte Kartierungsversuche zeigen, daß LFC-Aufnahmen zur (Neu)Herstellung von Topographischen Karten 1:100.000 aufgrund zu vieler Informationslücken in der Bildphysiognomie nur bedingt geeignet sind. Strebt man dieses Ziel an, so müßte der Karteninhalt einer TK 100 wesentlich "verdünnt" werden. Aber auch bei den Vorschlägen zur Weiterentwicklung der TK 100 (vgl. u.a. MÜLLER, 1977 und GRIMM, 1983) müßten gegebenenfalls die in der Karte darzustellenden Nutzungsklassen verändert werden.

Problematisch erscheint vor allem die Nicht-Kartierbarkeit von Straßen und Eisenbahnlinien in kontrastschwachen Abschnitten. Zur Vermeidung von Fehlinterpretationen und zur vollständigen Kartierung eines Kartenblattes sind Geländevergleiche unbedingt erforderlich.

Weniger problematisch erscheint die Fortführung von topographischen Karten. Hierbei können bereits vorhandene Straßenabschnitte als "Stützlinien" zur Einpassung von neu kartierten Straßenzügen verwendet werden. Auch Veränderungen der Flächennutzungen treten im direkten Vergleich zwischen Karteninhalt und LFC-Bildinhalt gut hervor. Zu deren Identifikation sind jedoch Erfahrungen mit der speziellen LFC-Bildphysiognomie und zusätzliche Geländebegehungen notwendig.

5.6. Herstellung von Bildkarten

Die Kartenauschnitte F und G der Fig. 5 verdeutlichen, daß in US-amerikanischen Straßenkarten kleineren Maßstabes nur die wichtigsten Hauptstraßen als Orientierungsgerippe aufgenommen werden. Auch der detaillierte Straßenplan (Fig. 5-E) weist außerhalb des Straßennetzes nur wenige Zusatzinformationen auf.

Obgleich auf der Grundlage eines LFC-Bildes keine flächendeckende Straßennetzkartierung (vgl. Fig. 5-C) durchgeführt werden kann, kann die Aufnahme doch in Verbindung mit topographischer Grundinformation eine gute Orientierungsgrundlage sein. So zeigt die Bildkarte "Norwood" (Fig. 6) die Ausschnittsbearbeitung für eine Bild-Straßenkarte 1:50.000. Hierbei diente ein LFC-Bildausschnitt (ca. 0.14 % des Gesamtbildes) als "Basiskarte". Überlagert wurde ein aus der Topographischen Karte 1:25.000 ausgewähltes und übertragenes Verkehrsnetz. Der Weltraumbildkarten-Inhalt könnte noch durch das Hinzufügen weiterer Straßenzüge, die Darstellung wichtiger Gebäude und Funktionsflächen sowie durch Erweiterung der Beschriftung verdichtet werden. Somit ist der in der Fig. 6 wiedergegebene (ausgedünnte) Inhalt auch für eine Verkleinerung in den Maßstab 1:100.000 geeignet. Zur besseren Lesbarkeit wurde außerdem eine spektrale Legende verwendet.

Aufgrund der mehrmaligen Verfügbarkeit von Bildteilen bei 80% Überlappung und der geringen Reliefunterschiede sind, insbesondere bei der Verwendung von bildnadirnahen Arealen, Lagefehler im LFC-Bild vernachlässigbar. Bei einem Kartenformat von 50 x 50 cm könnten somit aus einem LFC-Bild (58.000 bis 152.000 qkm bei Aufnahmemaßstäben von 1:740.000 bis 1.200.000) theoretisch 92-244 Bildkarten 1:50.000 oder 27-61 Bildkarten 1:100.000 hergestellt werden. Bei dem LFC-Bild 0664 sind jedoch aufgrund von größeren Meeresflächen und bewölkten Landflächen nur 45% der Fläche, das entspricht 43 Karten 1:50.000 oder 11 Karten 1:100.000, nutzbar. Sollen nur bildnadirnahe Teile der Aufnahme Verwendung finden, so reduziert sich die Anzahl der möglichen Bildkarten auf 21 bzw. 5 Kartenblätter.

Mögliche Anwendungsbereiche derartiger Bildkarten könnten in der Verlagskartographie im Maßstabsbereich 1:50.000 - 1:200.000 und in der Regionalplanung zur Erfassung von Veränderungen liegen. In beiden Einsatzbereichen hat das aufgedruckte Verkehrsgerippe eine Orientierungsfunktion und der LFC-Bildinhalt dient zur Veranschaulichung der Raumnutzung. In locker bebauten Siedlungsbereichen und in großgekammerten Gewerbe-/Industriegebieten kann das Bild darüberhinaus auch zur Auffindung von Straßenzügen dienen.

6. Anwendungspotential für die Regionalplanung

Für Testzwecke zur planungsbezogenen Anwendung von LFC-Bildinhalten wurde die 46.000 Einwohner große, am nördlichen Ballungsrand gelegene Gemeinde Peabody ausgewählt. Aufgrund der Bevölkerungs- und Gebäudestruktur gilt sie bei einer Einwohnerdichte von 2795 Personen/sq. mile und 61,7% Einfamilienhäusern als repräsentative Gemeinde im SMSA.

6.1. Realnutzungskartierung

An einem Beispiel aus der Gemeinde verdeutlicht die Fig. 7, daß viele Nutzungsklassen der mittels Luftbildauswertung 1:25.000 gewonnenen Realnutzungskartierung auch aus dem LFC-Bild abgeleitet werden können. Verwechselungen können hierbei zum Beispiel zwischen den Kategorien Abgrabung/Baustelle und Gewerbegebiet entstehen. Während in dem Wohngebiet 2 gleichartige Bildmuster vorherrschen, gleicht nur der gewinkelte Straßenzug im Wohngebiet 1 (rechter Bildrand) der Bildphysiognomie des Wohngebietes 2, die anderen sind der spektralen Signatur für Grünfläche bzw. Abgrabung ähnlich. Demgegenüber deuten die spektralen Eigenschaften und die markante Form des Bildareales 3 auf eine Verkehrsfläche (Autobahnbaustelle) hin. Obgleich bei weiteren Geländebegehungen im Großraum Boston nicht alle vom Metropolitan Area Planning Council (MAPC) für die vorbereitende Bauleitplanung und Regionalplanung verlangten Nutzungsklassen im

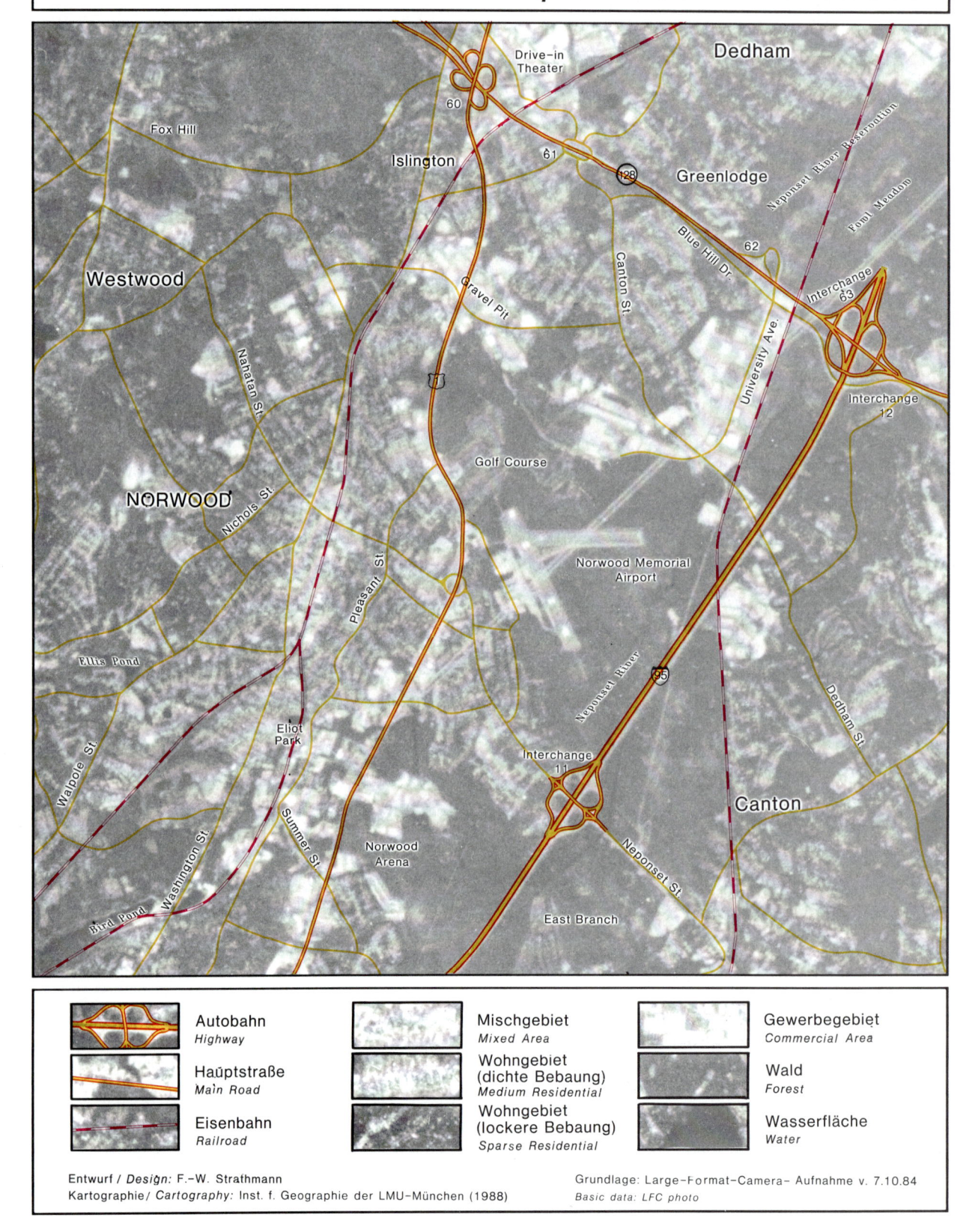

Fig. 6: Überlagerung von LFC-Bildausschnitt und ausgewählter Karteninformation

LFC – Ausschnitt 1 : 15 000 (1984)

Wohnbebauung (Suburb)

UI –	*Industrial /*	Industriegebiet
UC –	*Commercial /*	Gewerbegebiet
R2 –	*Medium Residential /*	Wohngebiet
UT –	*Transportation /*	Verkehrsfläche
UO –	*Open and Public /*	Grünfläche
M –	*Mining /*	Abgrabung
F –	*Forest /*	Wald
AC –	*Cropland /*	Ackerland
RS –	*Recreation /*	Erholungsfläche

Realnutzungskartierung 1 : 15 000 (1980)

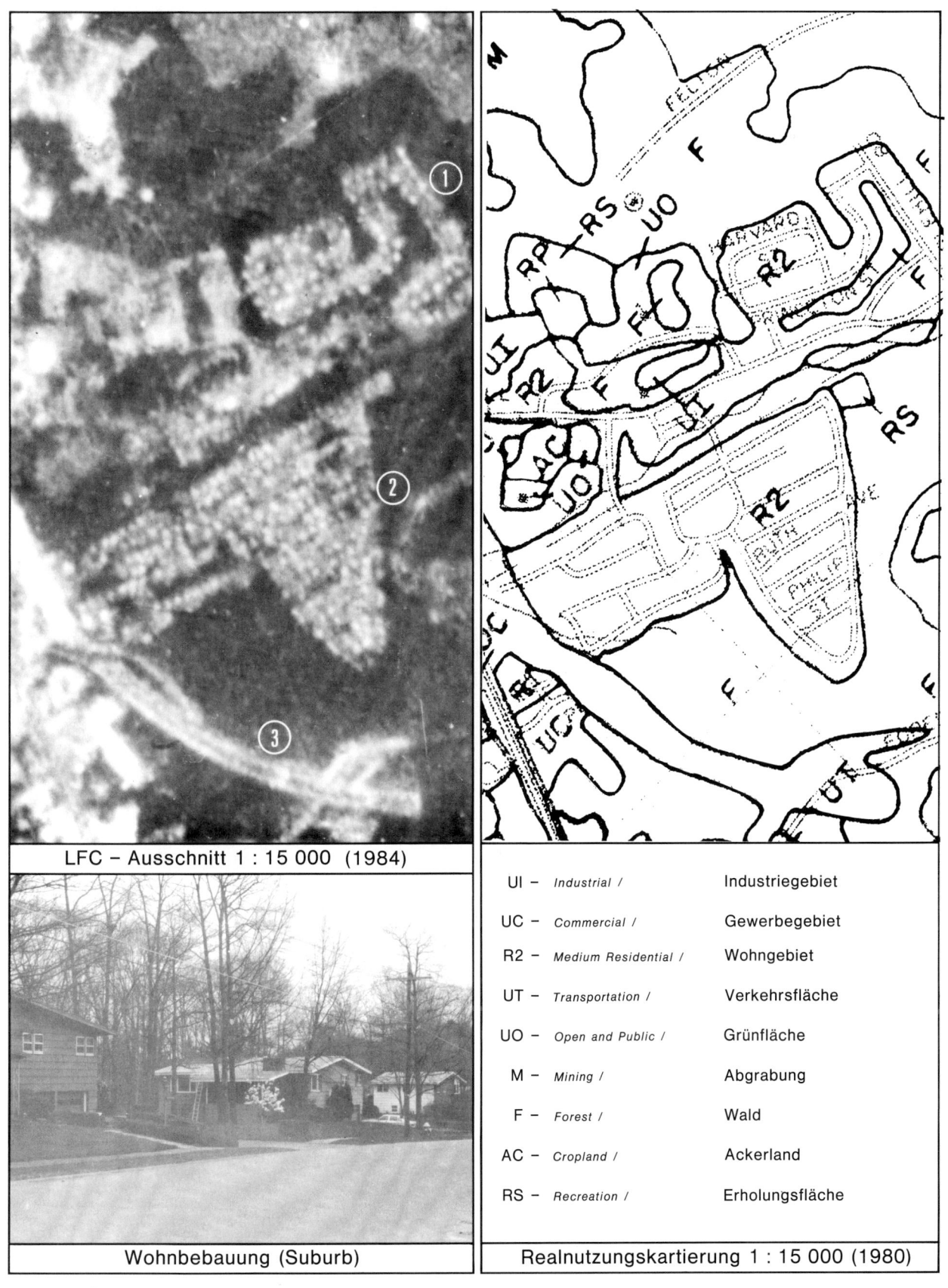

Fig. 7: LFC-Bildinhalt versus Realnutzungskartierung

LFC-Bild erkannt werden konnten bzw. einige Bildteile mehrdeutige Interpretationen nahelegten, kann das LFC-Bild doch eine Präinformation für Flächennutzungsänderungen sein. Auch mit den hierbei notwendigen Geländeüberprüfungen kann die Weltraumaufnahme noch ein ergänzendes Hilfsmittel in der laufenden Raumbeobachtung sein.

Im Rahmen von flächendeckenden Realnutzungskartierungen mittels LFC-Aufnahmen bietet sich folgende Abfolge von Arbeitsschritten an:

1. Kartierung der Grenze Wasser-Land einschl. der Wasserläufe u. Seen
2. Umgrenzung der Waldflächen ohne regelmäßigen Anteil an Fremdnutzungen (z.B. Häuser)
3. Kartierung der größeren Lineamente (Autobahnen, Straßen, Schneisen, Eisenbahntrassen etc.)
4. Gliederung der "Restnutzungen" nach homogenen Grautongemengen
5. Differenzierung der Grautongemenge nach Größe, verdichtungsräumlicher Lage und Verkehrsanbindung.

Auch zur Kartierung spezieller Fragestellungen, so zum Beispiel zur Erfassung von Großbaustellen, ist die Verwendung von LFC-Bildern denkbar. Derartige Anwendungen setzen aber mindestens einjährige Repetitionsraten voraus.

6.2. LFC-Bildinhalt versus Census-Daten

Der Vergleich der LFC-Vergrößerungen 1:100.000 und 1:200.000 mit den aus dem U.S.-Census 1970 abgeleiteten Bevölkerungsdichtekarten zeigt für die Boston SMSA einige grobe Übereinstimmungen zwischen den Bildmustern und den Dichtewerten der Census-Tracts. Eine Ableitung von Dichteklassen aus dem LFC-Bild heraus erscheint jedoch nur nach umfangreichen Vergleichsstudien zwischen Bildphysiognomie und Censusdaten und unter Einbringung von Geländekenntnissen möglich.

Der detaillierte Bildvergleich mit den gebäudebezogenen Census-Daten für die Tracts und Block Groups der Gemeinde Peabody/Essex zeigt gute Korrelationen zwischen der Struktur der Gebäudedaten (Bauweise, Stockwerke, Alter und Räume pro Hauseinheit) und den Bildmustern im LFC-Bild.

So bestehen die Wohngebiete der Fig. 7 zum Beispiel i.w. aus freistehenden Häusern, wurden meist zwischen 1960 und 1969 gebaut und haben im Durchschnitt 6,3 bzw. 7,0 Räume pro Hauseinheit. Aufgrund der Detailunschärfe und der Ü-/V-Effekte kann das LFC-Bild jedoch kein Ersatz für statistische Erhebungen sein.

7. Bewertung

Die Verwendung von LFC-Bildern bietet sich an, um in der zeitlichen Lücke zwischen konventionellen Bildflügen und der hierauf basierenden Kartenherausgabe Veränderungen grob zu erfassen. Aufgrund der aufgezeigten Identifikationsprobleme und Fehlerraten, insbesondere bei der vollständigen Erfassung von linearen Elementen, sind diese photographischen Satellitenbilder für die gegenwärtigen Anforderungen der amtlichen Kartographie nicht geeignet. Die von DOYLE (1985) angestrebte Kartenherstellung im Maßstab 1:50.000 scheint nicht erreichbar. Auch die Kartenherstellung im Maßstab 1:100.000 ist nur mit starken Einschränkungen, vor allem bei der Lineamentkartierung, möglich. Eine Kartennachführung in dem letztgenannten Maßstab unter Verwendung von bereits vorhandenen Karteninformationen als "Stützlinien" und unter Zuhilfenahme weiterer, für kartographische Zwecke verfügbarer Quellen erscheint dagegen sinnvoll. Gegebenenfalls müssen hierbei die Linienelemente in kontrastschwachen Abschnitten geländeüberprüft und die Landnutzungsklassen den LFC-Inhalten angepaßt werden.

8. Literatur und Referenzmaterialien

8.1. Literatur

ABLER, R. (1976): Boston. In: A Comparative Atlas of America's Great Cities (Chapter 6), Minneapolis, S. 21-29

CITY OF SOMERVILLE (1982): Beyond the Neck - The Architecture and Development of Somerville, Mass., Cambridge, 156 S.

CONZEN, M.P. & G.K. LEWIS (1976): Boston - A Geographical Portrait. Boston, 87 S.

DOYLE, F.J. (1985): High-Resolution Image Data from the Space Shuttle. In: Proceedings of the joint DFVLR-ESA Workshop, Oberpfaffenhofen, ESA SP-209, S. 55-59

GIERLOFF-EMDEN, H.-G. (1985): Über die Herstellung topographischer und thematischer Karten aus Hochbefliegungen. In: Bildmessung und Luftbildwesen, Heft 2, S. 86-92

GLEASON, D.K. (1985): Over Boston. Baton Rouge & London, 134 S.

GRIMM, W. (1983): Die Weiterentwicklung der Topographischen Karte 1:100.000. In: Kartographische Nachrichten, Heft 4, S. 41-46

JENSEN, J.R. (1983): Urban/Suburban Land Use Analysis. In: Manual of Remote Sensing, Vol. II, ed. by R.N. Colwell, Falls Church, S. 1571-1666

KONECNY, G., SCHUHR, W. & J. WU (1982): Untersuchungen über die Interpretierbarkeit von Bildern unterschiedlicher Sensoren und Plattformen für die kleinmaßstäbige Kartierung. In: Bildmessung und Luftbildwesen, Heft 6, S. 187-200

MÜLLER, H.H. (1977): Die Topographische Karte 1:100.000, ein neues amtliches Kartenwerk in Hessen. In: Kartographische Nachrichten, Heft 2, S. 41-46

SOUTHWORTH, S. & M. (1984): A.I.A. Guide to Boston (ed. by The Boston Society of Architects). Boston, 498 S.

VOLLMAR, R. (1981): 'Urban Renewal' in Boston/USA. In: Geographische Rundschau, Heft 1, S. 2-11

8.2. Karten

ESSELTE MAP SERVICE (1982): Map of Greater Boston 1:50.000.

MAPC et al. (1980): Land Use Study - 1980. Peabody 1:25.000.

RAND McNALLY (o.J.): Boston Street Map.

RAND McNALLY (o.J.): Boston and Vicinity 1:168.000.

USGS (1970-1979): 7.5 Minute Serie (Topographic), 1:25.000, diverse Blätter für den Großraum Boston.

USGS (1970): Eastern United States 1:250.000, Boston (NK 19-4).

U.S. DEPARTMENT OF COMMERCE (1975): Boston, Mass. - Population Density Map (UA-SMSA 1120-1-A).

8.3. Luftbilder

ITEK (8.8.1984): Bedford-Lexington, CIR, 1:28.300, Metritek-21.

USGS (17.4.1985): NHAP Boston, CIR, 1:58.000.

USGS (18.10.1977): UHAP Boston Metropolitan Area, CIR, 1:126.750.

Large Format Camera Photos von den Black Hills, USA, und ihre Eignung für thematische Kartierungen im Maßstab 1 : 100.000

Klaus R. Dietz

SUMMARY

Large Format Camera (LFC) photos from the Black Hills, taken on 11th October 1984, on Space Shuttle Mission 41-G, were analysed with regard to their suitability for thematic mapping in the scale of 1 : 100.000. The images were compared with Metric Camera (MC) photos, taken on 6th December 1983, as well as with topographical and thematic maps, and with high altitude photos with scales of 1 : 80.000. The analysis was supported by ground checks in the years 1982 and 1985.

The original LFC photos (film positive) were enlarged to the scale of 1 : 80.000 and then evaluated stereoscopically (paper prints). Additionally, the original film transparencies were analysed, by enlarging them up to 16 times (virtual images).

The results are as follows:

LFC photos are well suitable for the mapping of land use / land cover in the non forested areas of the Great Plains. Size, geometric configuration and simplicity of the land use patterns permit mapping in the scale of 1 : 100.000, which must, however, be supported by additional information and/or ground checks. This is also the case with the mapping of the geomorphologic situation. The recognizability of geologic units is based on typical patterns, and, above all, on the presence of sufficient object-, respectively image contrast. The mapping possibilities are thus rather limited. The photos are again well suited for the detection of the map situation, i.e traffic nets, settlements etc., if supported by some additional information.

The LFC photos provide less favorable results in the forested upland areas. Here, the vegetation cover and the relief-induced shadows cover most of the micro-relief and the spectral information from the surface. Thus, also the recognizability of the map situation decreases. The distinction of different tree species (broadleaf/needle) does not seem possible.

It is to be assumed that better mapping results would be possible, if the analysis were based on photos of an earlier negative generation, as presented by DOYLE, 1985.

1. Einleitung

Vom Gebiet der Black Hills und der umgebenden Great Plains, USA, das bereits 1983 im Rahmen des Metric Camera (MC) Experiments vom Space Shuttle aus aufgenommen worden war (GIERLOFF-EMDEN, DIETZ & HALM, 1985), wurden im Rahmen des Large Format Camera (LFC) Experiments erneut photographische Aufnahmen gemacht.

Aus dem vorliegenden Bildmaterial (vgl. Tab. 1) wurden Testgebiete ausgewählt, anhand deren die Eignung der LFC Bilder für thematische Kartierungen der Landnutzung und Landbedeckung (land use / land cover) und der Geologie/Geomorphologie für den Maßstab 1 : 100.000 untersucht werden sollte.

Wie in der Vorstudie werden somit nicht primär photogrammetrische Fragestellungen, sondern die Erkennbarkeit und Identifizierbarkeit kartographisch relevanter Objekte analysiert, die als Bildeigenschaften, wie z.B. Bildstrukturen und -texturen, in Erscheinung treten.

1.1. Methode

Ausschnitte der originalen LFC-Diapositive wurden auf photographischem Wege bis zum Maßstab 1 : 80.000 vergrößert (Papierabzüge) und dann mit Hilfe von Spiegelstereoskopen ausgewertet.

Zusätzlich erfolgte eine Kontrolle der Auswertungen durch eine bis zu 16-fache Vergrößerung der originalen Diapositive an den Stereoauswertegeräten Bausch & Lomb Stereo Zoom Transferscope und Zeiss/Jena Interpretoskop (virtuelle Bilder). Die Ergebnisse der Stereoauswertungen wurden anhand vorhandener topographischer und thematischer Karten und panchromatischer Hochbefliegungsaufnahmen im Maßstab 1 : 80.000 überprüft.

Die Bildanalysen wurden durch Geländearbeiten in den Jahren 1982 und 1985 unterstützt.

1.2. Angaben zu den LFC-Bildern

Die untersuchten Bilder wurden am 11. Oktober 1984 mit 80 % Überlappung auf Kodak 3414 High Definition Aerial Film aufgenommen. Dem Aufnahmezeitpunkt von 18 h GMT entspricht eine Ortszeit von 11 h (Mountain Time Zone). Die Bewölkung auf den Bildern wird mit 10 % angegeben. Weitere Bilddaten sind in Tab. 1 aufgelistet:

Bild Nr.	H	Min	Sec GMT	Bildkoord. N.Br. - W.L.		Flughöhe [km]	Sonnenhöhe [°]
1950	18	14	26.468	45.81	104.76	240.73	36.80
1951	18	14	35.292	45.43	104.14	240.66	37.25
1952	18	14	44.095	45.05	103.54	240.58	37.69
1953	18	14	52.915	44.67	102.94	240.51	38.14
1954	18	15	01.739	44.28	102.34	240.42	38.58
1955	18	15	10.564	43.89	101.70	240.34	39.02

Tab. 1:

Aus der Brennweite der Aufnahmekammer von 305 mm und der Flughöhe von rund 240 km errechnet sich ein mittlerer Bildmaßstab von ca. 1 : 789.000.

1.3. Meteorologische Verhältnisse zum Aufnahmezeitpunkt

Die meteorologischen Daten des Regionalflughafens in Rapid City zeigen, daß dort die letzten Niederschläge in Höhe von 1.45 mm am 05. Oktober fielen. Die an den nachfolgenden Tagen registrierten täglichen Mittel-

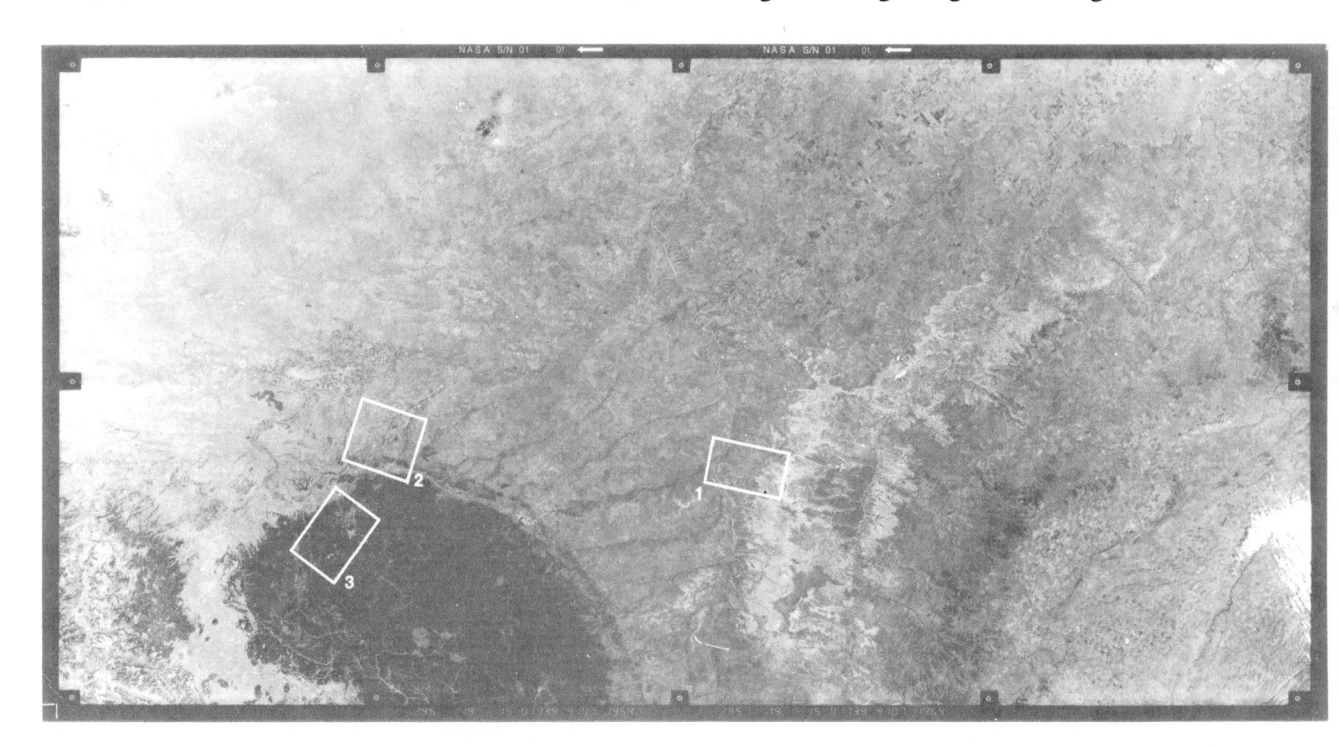

Fig. 1: LFC Bild Nr. 1954 und Lage der Testgebiete 1 - 3

temperaturen lagen zwischen 12.2° C und 15° C, die durchschnittlichen Windgeschwindigkeiten betrugen 9.8 bis 25.4 km/h, so daß trockene Oberflächenverhältnisse anzunehmen sind.

Eine Viertelstunde vor dem Aufnahmezeitpunkt wurden in Rapid City folgende Klimadaten registriert: Lufttemperatur 23.3° C, relative Luftfeuchte 36 %, Windgeschwindigkeit 32.2 km/h aus 190°, wolkenloser Himmel und eine Sichtweite von 56 km (NOAA, 1984).

2. Untersuchungen zu den einzelnen Testgebieten

2.1. Testgebiet Kube Table - Cheyenne River (Nr. 1)

Dieses Testgebiet wurde als Beispiel für geomorphologisch- geologische und Landnutzungskartierungen ausgewählt. Es ist Teil des unvergletscherten, fluviatil zerschnittenen Missouriplateaus und zeigt Landnutzungsmuster und eine physisch-geographische Ausstattung, die als repräsentativ für große Areale der Great Plains angesehen werden können.

Das gleiche Testgebiet war bereits im Zusammenhang mit dem MC Bild Nr. 01-0929-32 untersucht worden (DIETZ, 1985). Bedingt durch die günstigeren Beleuchtungsverhältnisse zum Zeitpunkt der LFC Aufnahmen (Sonnenhöhen von 36° bis 39° gegenüber nur 6° beim MC Bild) und auch durch das jahreszeitlich frühere Aufnahmedatum (11. Oktober gegenüber 06. Dezember) besitzen die LFC Photos einen deutlich höheren Informationsgehalt als das MC Bild, zumal das Testgebiet zum Aufnahmezeitpunkt der MC schneebedeckt war.

2.1.1. Geomorphologisch - geologische Kartierung

Bei stereoskopischer Bildauswertung sind im Testgebiet zerschnittene plateauähnliche Oberflächen erkennbar, die nach der geologischen Karte (RAYMOND & KING, 1976) und auch nach den Geländebefunden als Reste altquartärer fluviatiler Terrassen anzusprechen sind. Diese im Bild eindeutig abgrenzbaren morphologischen Einheiten werden von jüngeren Flugsanden, z.T. in Form von Dünen, bedeckt. Letztere sind im LFC Bild auf Kube Table als hell reflektierende Areale erkennbar.

Die fluviatilen Terrassen wurden im Laufe des Pleistozäns vom White und Cheyenne River, deren Nebenflüssen Bear Creek und Spring Draw sowie zahlreichen Gullies zu isolierten Plateaus zerschnitten. Diese unter dem Stereoskop gut erkennbare Taleintiefung um 45 - 60 m erfolgte in mehreren Phasen, wobei in jeder Phase eine tieferliegende, jüngere Terrasse ausgebildet wurde. Eine dieser tieferen Terrassen war bereits im MC Bild - hier begünstigt durch den langen Schattenwurf - erkannt und kartiert worden. Die jüngsten Terrassen sind auch im LFC Bild nicht voneinander abgrenzbar, da sie weniger als 10 m über der rezenten Talaue liegen, d.h. die Vertikaldistanz ist zu gering für eine eindeutige Abgrenzung dieser Formen.

Begünstigt durch den hohen Bildkontrast im LFC Bild kann das aktuelle Gerinnebett des Cheyenne Rivers von der vegetationsfreien Talaue abgegrenzt werden (Fig. 7). Im LFC Bild sind sogar die Mäanderschlingen der kleinen Nebenflüsse erkennbar.

Im Laufe der pleistozänen Taleintiefung wurden im Testgebiet auch präquartäre Gesteine angeschnitten, so z.B. hellfarbene tertiäre Sedimente und dunkelgraue Schiefer der oberen Kreide. Die Verbreitung und die Schichtgrenze dieser beiden geologischen Einheiten ist im LFC Bild teilweise erkennbar, so z.B. an den Talhängen von Bear Creek und Spring Draw. Auf ihre Darstellung wurde in Fig. 3 aus kartographischen Gründen verzichtet, zumal sie auch nicht für den gesamten Bereich des Testgebiets eindeutig kartiert werden können. Dies vor allem aufgrund der Tatsache, daß jüngere Umlagerungerungsprodukte der tertiären Sedimente, Alluvium und Kolluvium, eine ähnliche Reflexion aufweisen. Sie sind also spektral nicht gegeneinander abgrenzbar.

2.1.1.1 Ergebnis:

Größere morphologische Einheiten, wie z.B. Terrassenflächen, Talhänge, Auenbereiche und Dellentäler sind im LFC Bild gut erkennbar. Terrassenflächen, deren Äquidistanz kleiner als 10 - 15m ist, sind nicht eindeutig gegeneinander abzugrenzen, es sei denn, die Erkennbarkeit des Verlaufs der Terrassenkanten wird durch günstigen Schattenwurf erleichtert. Lineare morphologische Elemente, wie Flußläufe und sogar Erosionsanrisse (Gully-Erosion), sind bei ausreichendem Objektkontrast deutlich erkennbar, selbst wenn die Objektbreite unter 10 m liegt. Geologische Einheiten sind nur bedingt, d.h. bei hohem Kontrast, voneinander abzugrenzen. Geländeuntersuchungen sind als Zusatzinformationen erforderlich.

Fig. 2: Ausschnittsvergrößerung aus LFC, Testgebiet Kube Table - Cheyenne River (Nr. 1)

2.1.2. Kartierung der Landnutzung/Vegetationsdecke

Infolge der regelmäßigen Feldstrukturen und auch der Größe der einzelnen Felder (Streifen variabler Breite und Längen von bis zu 1,6 km) kann das Ackerland relativ gut gegenüber dem Weideland und dem Ödland abgegrenzt werden. Bei den Geländeuntersuchungen wurde festgestellt, daß im Testgebiet fast ausschließlich Winterweizen in der Form des "Strip Cropping" angebaut wird, einer Landnutzungsform jenseits der agronomischen Trockengrenze, bei der sich Streifen von Weizenfeldern mit vegetationsfreien Brachflächen abwechseln. Dieses Landnutzungsmuster ist im LFC Bild gut erkennbar: die dunklen Streifen sind jeweils Brachflächen, die hellen sind zum Aufnahmezeitpunkt bereits abgeerntete Weizenfelder (Stoppelflächen).

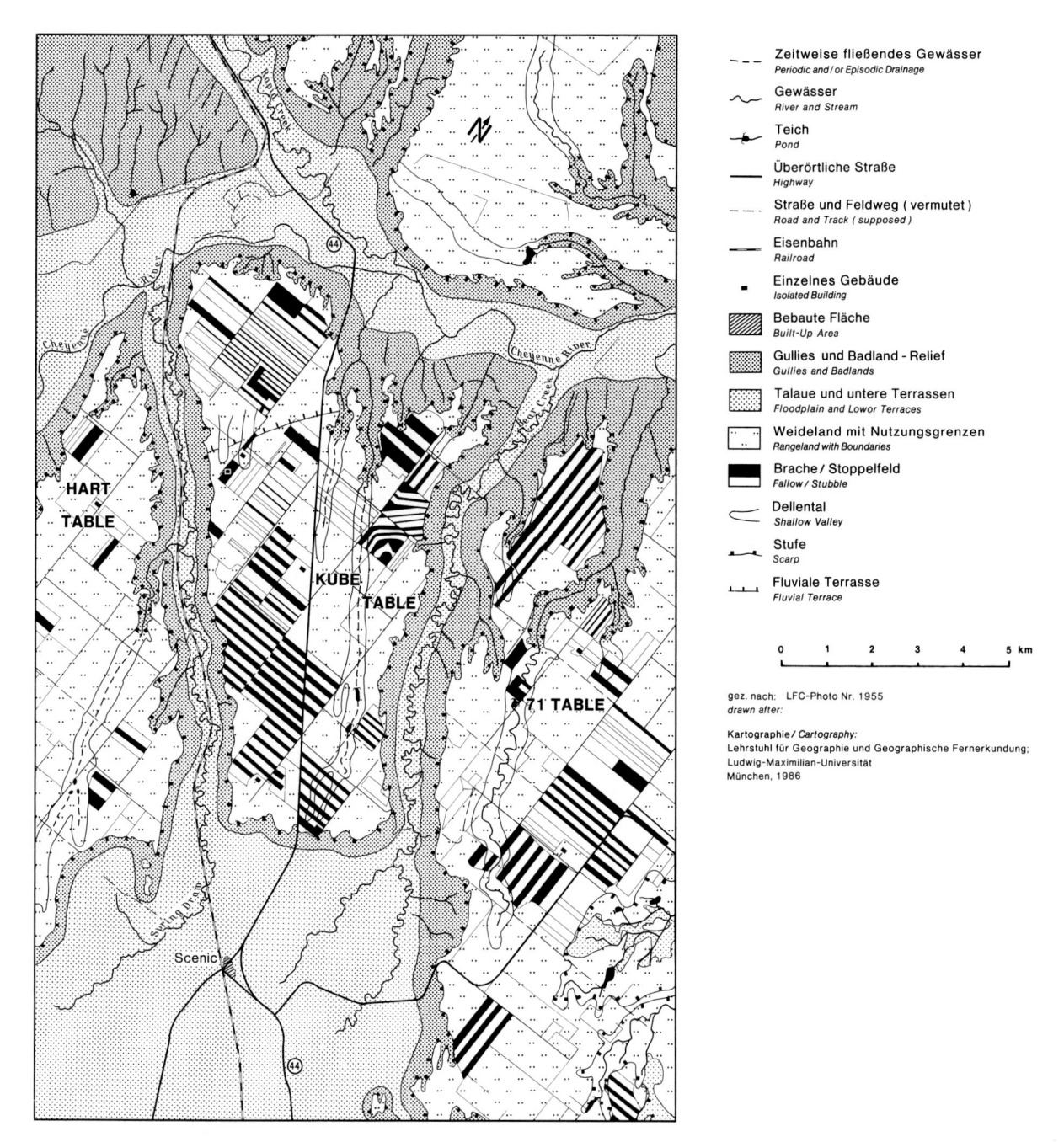

Fig. 3: Testgebiet Kube Table - Cheyenne River (Nr. 1)

Das Weideland ist aufgrund mittlerer Grautöne und fleckiger Texturen erkennbar. Der Verlauf von Weidegrenzen ist im LFC Bild häufig aus geradlinig verlaufenden Grautonänderungen zu erschließen. Im Bereich flacher Dellentäler auf den Terrassenflächen und in verlandeten Altlaufstrukturen der Talaue ist häufig höhere Bodenfeuchte und/oder noch lebende Gras- und Krautvegetation vorhanden, wie während der Geländeuntersuchungen festgestellt wurde (Fig. 8). Diese Areale sind ebenfalls im LFC Bild als dunklere Bereiche gut zu erkennen.

Geschlossene Waldareale sind im Testgebiet nicht vorhanden. Der weitständige Laubbaumbestand der Talaue des Cheyenne Rivers (Weide und Pappel) ist im LFC Bild nicht erkennbar, da die Bäume zum Aufnahmezeitpunkt wohl auch schon kahl waren. Eine kleine Kiefernaufforstung auf Kube Table ist zwar erkennbar, unterscheidet sich jedoch auf der panchromatischen Emulsion im spektralen Signal nicht von Bewässerungsteichen vergleichbarer Größe.

Im südlichen Drittel des Testgebietes, das schon zum Badlands National Park überleitet, sind große, nahezu vegetationsfreie Flächen erkennbar, in denen die hellen Bodenfarben die spärliche Vegetation überstrahlen.

Fig. 4: Talaue des Cheyenne River: Das unbewachsene Hochflutbett (links) kann im LFC Bild gegen den Fluß und eine vegetationsbedeckte Niederterrasse abgegrenzt werden.

Fig. 5: Weidegebiet auf Kube Table: Ein flaches Dellental mit höherer Bodenfeuchte und noch grüner Vegetation ist im LFC Bild deutlich erkennbar.

2.1.2.1 Ergebnis:

Gute Erkennbarkeit und Identifizierbarkeit der einfachen Landnutzungsstrukturen, die aufgrund vorhandener Feldgrößen und geometrischer Konfigurationen auch im Maßstab 1 : 100.000 darstellbar sind. Die Vegetationsbedeckung ist dagegen nur z. T. dem LFC Bild zu entnehmen. Zusätzliche Geländeinformationen sind erforderlich.

2.1.3. Kartierung der Kartensituation

Die überörtlichen Straßen im Testgebiet, vor allem der geteerte Süd Dakota Highway 44 (Breite 12 m), sind durchgehend erkennbar. Auch ungeteerte Nebenstraßen und Feldwege (Breite bis zu 8 m) sind aufgrund des Kontrasts zur Umgebung zumeist deutlich erkennbar. Die Erkennbarkeit des Wegenetzes wird jedoch durch den Verlauf entlang der regelmäßigen Feldstrukturen wesentlich erleichtert. Dort, wo die Straßen infolge des Reliefs Kurven aufweisen, so z.B. in den Tälern von Bear Creek und Spring Draw, sind sie kaum erkennbar. Ein Vergleich mit Hochbefliegungsaufnahmen und den Blättern der Topographischen Karte 1 : 24.000 ergab, daß ca. 15% des gesamten Wegenetzes nicht erkannt wurden, darunter jedoch auch Fahrspuren, die allenfalls mit geländegängigen Fahrzeugen befahrbar sind.

Durchgehend erkennbar ist wiederum der Verlauf einer eingleisigen Eisenbahnstrecke, deren Betrieb bereits seit einiger Zeit eingestellt worden sein muß, da die Schienen im Bereich der Ortschaft Scenic während der Geländeuntersuchungen schon von einer Teerstraße überdeckt waren. Die Unterscheidung zwischen Straßen und der Eisenbahnlinie ist im LFC Bild nur mittelbar über die Bewertung der topographischen Situation möglich.

Das Testgebiet weist nur eine einzige Ortschaft, die Indianersiedlung Scenic mit ca. 50 Einwohnern, auf. Sie ist auch im LFC Bild erkennbar. Zusätzlich konnten aus dem LFC Bild 10 isolierte Gebäude/Gebäudegruppen (= Farmen) kartiert werden. Ein Vergleich mit Hochbefliegungsaufnahmen aus dem Jahr 1981 zeigte jedoch bereits 49 isolierte Gebäude, so daß insgesamt nur ca. 20 % der Gebäude erkannt wurden.

2.1.3.1 Ergebnis:

Gute bis mäßige Erkennbarkeit des Verkehrsnetzes. Erkennbarkeit von isolierten Gebäuden nur bedingt vorhanden. Für eine Kartierung im Maßstab 1 : 100.000 nicht ausreichend, zusätzliche Geländebefunde erforderlich. Dennoch deutliche Verbesserung gegenüber dem Informationsgehalt der MC Aufnahme.

2.2. Testgebiet Bear Butte - Sturgis (Nr. 2)

Das Testareal wurde wegen seiner Lage am Ostrand der Black Hills als Übergangsgebiet zum Mittelgebirgsrelief und der daraus resultierenden morphologischen Vielfalt ausgewählt. Es umfaßt eine Fläche von ca. 340 qkm.

2.2.1. Geomorphologisch-geologische Kartierung

Eine stereoskopische Auswertung der LFC Bilder läßt fünf verschiedene geomorphologisch-/geologische Einheiten erkennen:

- das höherliegende Gebiet der dicht bewaldeten, "inneren" Black Hills im Westen,
- das sogenannte Red Valley- oder Racetrack-Gebiet, ein topographisch tiefer gelegener Ausraumbereich, der rings um die inneren Black Hills verläuft,
- ein bewaldeter, nach E einfallender Schichtkamm, der sogenannte Dakota Hogback,
- die Terrassen- und Tallandschaft der Great Plains und
- die vulkanischen Intrusionen des Bear Butte und des Bear Butte Circus.

Die Erkennbarkeit mikro- bis mesoskaliger topographischer Objekte, z.B. Gullies, ist im Bereich der "inneren" Black Hills deutlich herabgesetzt. Ursächlich dafür sind im wesentlichen die Waldvegetation und der reliefbedingte Schattenwurf. Man erkennt jedoch im LFC Bild eine nach Nordost abdachende Landoberfläche, die von einigen Tälern zu sogenannten Flatirons (Bügeleisen) zerschnitten worden ist. Diese Formen sind ein Indikator für schräggestellte Sedimentgesteine, in diesem Falle ausweislich der geologischen Karte permische Kalke (Minnekahta Limestone). Ausbisse dieses Gesteins sind an der helleren Reflexion gegenüber der umgebenden Waldvegetation erkennbar.

Mit einer deutlichen Hangverflachung schließt sich im LFC Bild nach Osten das Red Valley an. Sein Name stammt von der vorherrschenden roten Farbe der hier anstehenden Schluff- und Sandsteine der triassischen Spearfish Formation. Sie erwiesen sich als morphologisch weicher als die liegenden und hangenden Gesteine und wurden daher verstärkt ausgeräumt. Heute gibt es jedoch keinen größeren Fluß mehr, der dieser Monoklinalstruktur folgt. Die rezenten Flüsse queren die Talung, haben sich in den nach Osten anschließenden Dakota Schichtkamm eingetieft und zeigen vorwiegend west-östliche Laufrichtungen, d.h. einen konsequenten Verlauf. An einigen Stellen im Red Valley wurden im Zuge dieser Tiefenerosion auch Gipsschichten angeschnitten. Sie bilden heute ebenfalls kleinere Schichtkämme, die im LFC Bild als sehr stark reflektierende Areale erkennbar sind.

Von besonderem Interesse für die morphologische Entwicklung des Testgebiets sind im Red Valley die Überreste älterer, höhergelegener fluviatiler Terrassen, die im LFC Bild v.a. in der Umgebung der Ortschaft Sturgis zu erkennen sind. Sie sind dort in einigen Kiesgruben aufgeschlossen, die im Bild als hell reflektierende Areale erkennbar sind. Vom Geländebefund her sind diese Terrassenreste als mittel- bis altpleistozäne Flußablagerungen anzusprechen (vgl. Fig. 9).

Die Monoklinalstruktur des Dakota Schichtkamms ist im LFC Bild bei stereoskopischer Auswertung gut erkennbar. Die asymmetrische Struktur mit steilerem, südwest-exponiertem Fronthang und dem flacher einfallenden nordost-exponiertem Rückhang ist in den Taleinschnitten am deutlichsten sichtbar. Der Höhenzug des Schichtkamms besteht nach Angaben der geologischen Karte aus Sandsteinen der unterkretazischen Lakota und Fall River Formationen, die im LFC Bild teilweise als heller reflektierende Bereiche von den liegenden Gesteinen (jurassische Sundance Formation) abgegrenzt werden können.

Den flächenmäßig größten Anteil am Testgebiet hat das Relief der Great Plains, das Ähnlichkeiten mit dem Testgebiet Kube Table aufweist. Auch hier sind im LFC Bild Reste fluviatiler Terrassen deutlich zu erkennen, so z.B. ein bemerkenswert langgestreckter Terrassenriedel nördlich des Bear Butte Creek, der unmittelbar am Dakota Schichtkamm ansetzt und ein weiterer plateauartiger Terrassenrest am Flugplatz von Sturgis. Diese

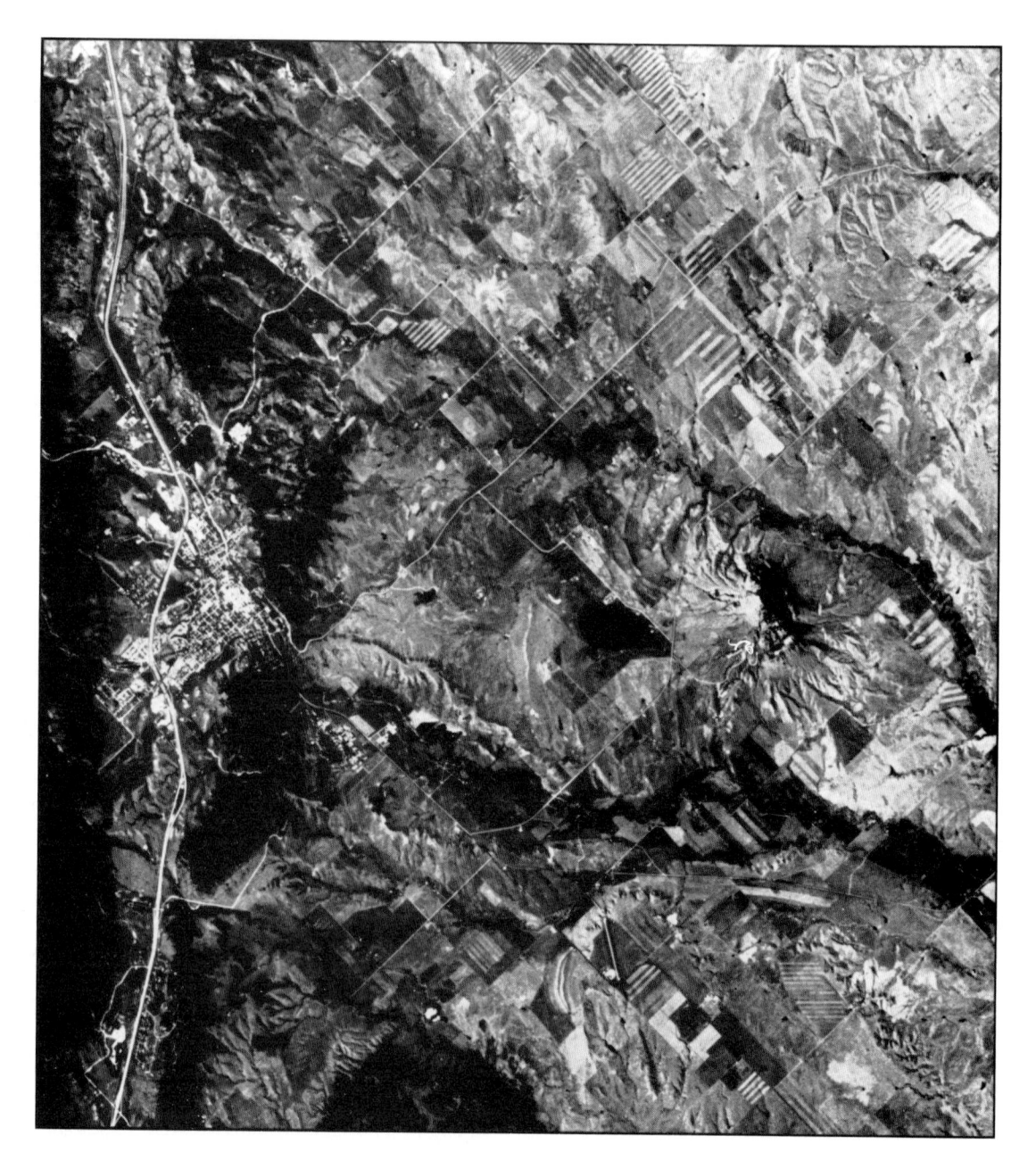

Fig. 6: Ausschnittsvergrößerung aus LFC, Testgebiet Bear Butte - Sturgis (Nr. 2)

Terrassenreste sind aufgrund der Geländebefunde als Äquivalente der Terrassenreste im Red Valley anzusprechen. Im Zuge der nachfolgenden Reliefentwicklung wurden nicht nur diese Aufschüttungsformen weitgehend zerstört, sondern auch Teile des präquartären Untergrundes erodiert, so daß dunkle Tonschiefer der Kreidezeit angeschnitten wurden (FELDMAN & HEIMLICH, 1980). Das nordöstliche Schichtfallen dieser Gesteine ist zumindest teilweise im LFC Bild erkennbar, da ein eingeschalteter, härterer Kalkstein einen weiteren nordwest-streichenden Schichtkamm bildet, der südwestlich von Bear Butte und auch beim Flugplatz von Sturgis bei stereoskopischer Bildauswertung deutlich erkennbar ist. Die spektrale Reflexion der Kalke ist ebenfalls höher als die der umgebenden Tonschiefer.

Die monoklinalen Strukturen des Testgebiets werden von den tertiären Intrusionen des Bear Butte und des Bear Butte Circus zu umlaufenden Streichen modifiziert. Bear Butte besteht aus eozänem Rhyolit, der auf 51 Mio a.b.p. datiert worden ist (LISENBEE, 1985). Der Berg überragt die umgebenden Plains um rund 400 m

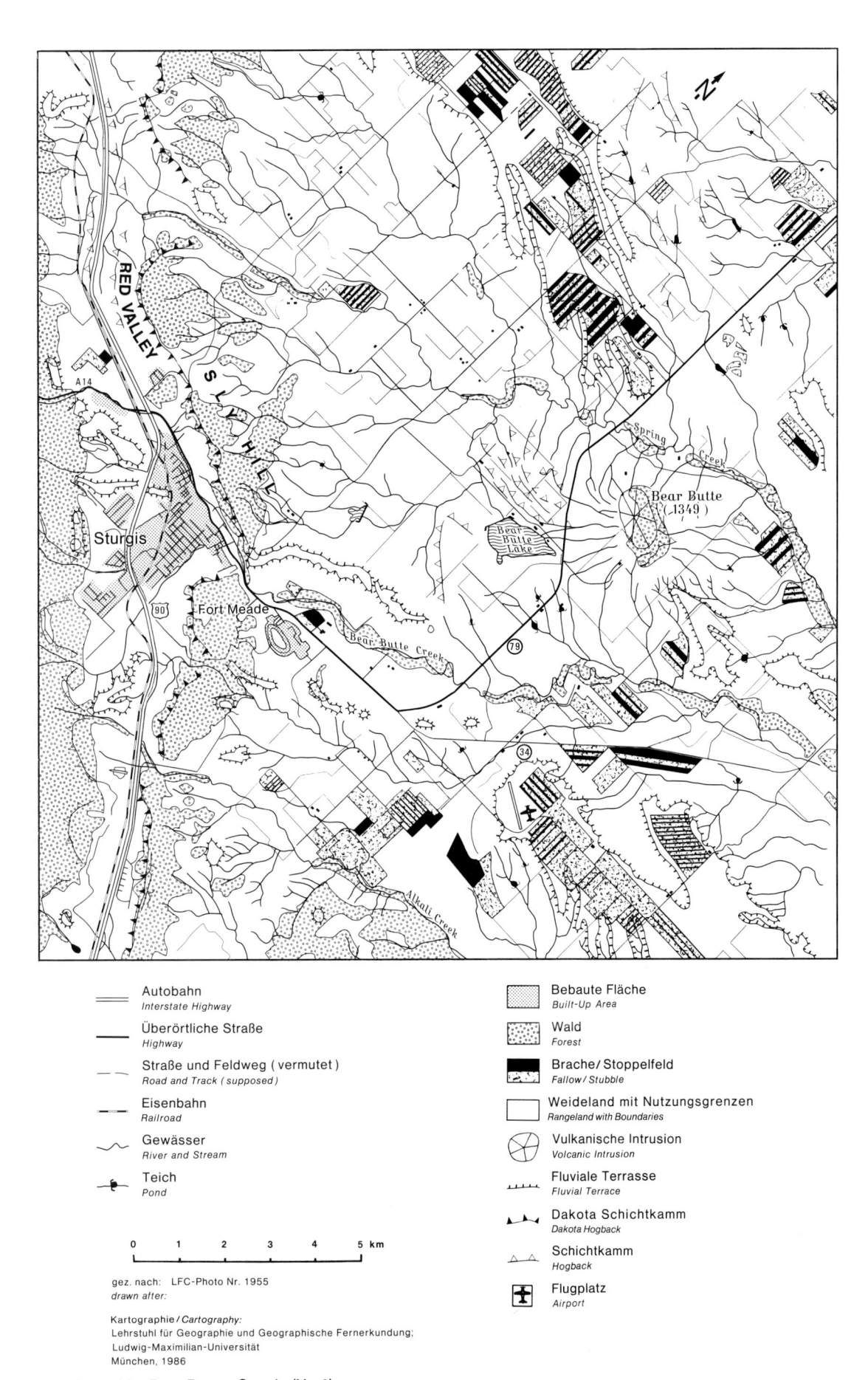

Fig. 7: Testgebiet Bear Butte - Sturgis (Nr. 2)

und ist im Bild deutlich zu erkennen. Infolge der Intrusion wurden auch die ursprünglichen Deckschichten, so z.B. der paläozoische Pahasapa Kalk, herausgehoben und tektonisch verstellt (Fig.10). Die Intrusion des Bear Butte Circus erreichte dagegen nicht die Erdoberfläche, sondern blieb im Untergrund stecken. Lediglich die Deckschichten wurden aufgewölbt und durch Erosionsprozesse zu umlaufenden Schichtkämmen herauspräpariert. Diese Aufwölbungsstrukturen, die häufig auch Erdöl- oder Erdgaslagerstätten anzeigen, sind im LFC Bild gut erkennbar.

Fig. 8: Red Valley mit Sturgis: Im Hintergrund die bewaldeten "inneren" Black Hills. Im Bildmittelgrund die Verebnungen der pleistozänen Terrassen, die bei stereoskopischer Auswertung gut zu erkennen sind.

Fig. 9: Blick vom Highway 79 auf Bear Butte: Die bei der Intrusion mit herausgehobenen paläozoischen Kalke sind in der rechten Flanke des Berges zu erkennen.

2.2.1.1 Ergebnis:

Gute Eignung zur Kartierung morphologischer Einheiten, geologische Einheiten nur z.T. erkennbar. Zusätzliche Geländeuntersuchungen erforderlich. Im Bereich von Waldgebieten aufgrund der Vegetationsbedeckung nur eingeschränkte Verwendbarkeit, da das Kleinrelief und auch die spektralen Eigenschaften des Substrats weitgehend überlagert werden.

2.2.2. Kartierung der Landnutzung/Vegetationsdecke

Die landwirtschaftlich genutzten Areale im Testgebiet Bear Butte - Sturgis gleichen denen des ersten Testgebiets. Ackerland mit Weizenanbau und Strip Cropping kann im LFC Bild deutlich vom Weideland unterschieden werden. Innerhalb des Weidelandes sind Parzellenstrukturen und zahlreiche kleine Teiche zu erkennen. Letztere lassen sich vom Grauton her auf der panchromatischen Emulsion jedoch nicht von Waldvegetation unterscheiden. Auch im Bereich der Talauen ist die Unterscheidung von Wald- und Wasserflächen nur eingeschränkt möglich. Eine Differenzierung des Waldbestandes in Laub- und Nadelwald ist bei der verwendeten Emulsion und im vorgegebenen Bildmaßstab nicht möglich.

2.2.2.1 Ergebnis:

Gute Erkennbarkeit der Landnutzungsstrukturen im Acker- und Weideland. Trennung von Wald- und Wasserflächen nur eingeschränkt möglich, Differenzierung der Waldgebiete nicht möglich. Verwendung für Kartierungen im Maßstab 1 : 100.000 machen zusätzliche Geländeuntersuchungen erforderlich.

2.2.3. Kartierung der Kartensituation

Der vierspurige Interstate Highway 90 mit drei Ausfahrten ist im gesamten Bereich des Testgebiets gut zu erkennen und eindeutig als autobahnähnliche Fernstraße zu identifizieren. Dies gilt auch für den Lokalflugplatz von Sturgis, der in der Nähe des unteren Bildrandes in Fig. 4 erkennbar ist. Eine Eisenbahnlinie, die in etwa parallel zum Highway verläuft, ist bei Auswertung des Diapositivmaterials unter dem Bausch & Lomb Stereo Zoom Transferscope bzw. dem Zeiss/Jena Interpretoskop erkennbar. Ein Vergleich mit Hochbefliegungsaufnahmen aus dem Jahr 1982 ergab, daß ca. 15 % der Nebenstraßen und Feldwege nicht erkannt wurden.

Knapp 3 % der kartierten Wege erwiesen sich als Fehlklassifikationen, da fälschlich Landnutzungsgrenzen und hell reflektierende Gerinnebetten als Wege kartiert wurden. Weitere Probleme ergaben sich bei der Kartierung des Straßennetzes innerhalb der Ortschaft Sturgis. Sturgis, mit ca. 5.200 Einwohnern Hauptort und County Seat von Meade County, ist aufgrund seines regelmäßigen Ortsgrundrisses sehr gut im LFC Bild zu erkennen. In Gebieten mit einstöckiger Wohnbebauung und einem relativ dichten Baumbestand (vgl. Fig. 4,9) ist das Straßennetz aufgrund des hohen Objektkontrasts gut zu erkennen. Im Bereich der stärkeren baulichen Verdichtung mit höherem Anteil an versiegelten Flächen ist dagegen keine Unterscheidung zwischen Straßen, versiegelten Flächen und überbauten Arealen möglich. Abgesehen von wenigen Ausnahmen sind keine einzelnen Gebäude erkennbar. Ein Sportplatz und ein Ausstellungsgelände sind dagegen aufgrund ihrer geometrischen Konfiguration erkenn- und identifizierbar. Als weitere Elemente der Siedlungsstruktur sind im Testgebiet das Fort Meade Veterans Hospital und ein Camping Gelände am Bear Butte Lake erkennbar. Eine Identifizierung dieser Objekte ist jedoch nur mit Hilfe von Zusatzinformationen möglich. Knapp 40 % aller isoliert stehenden Gebäude im Testgebiet wurden nicht erkannt, ca. 3 % erwiesen sich als Fehlklassifikationen.

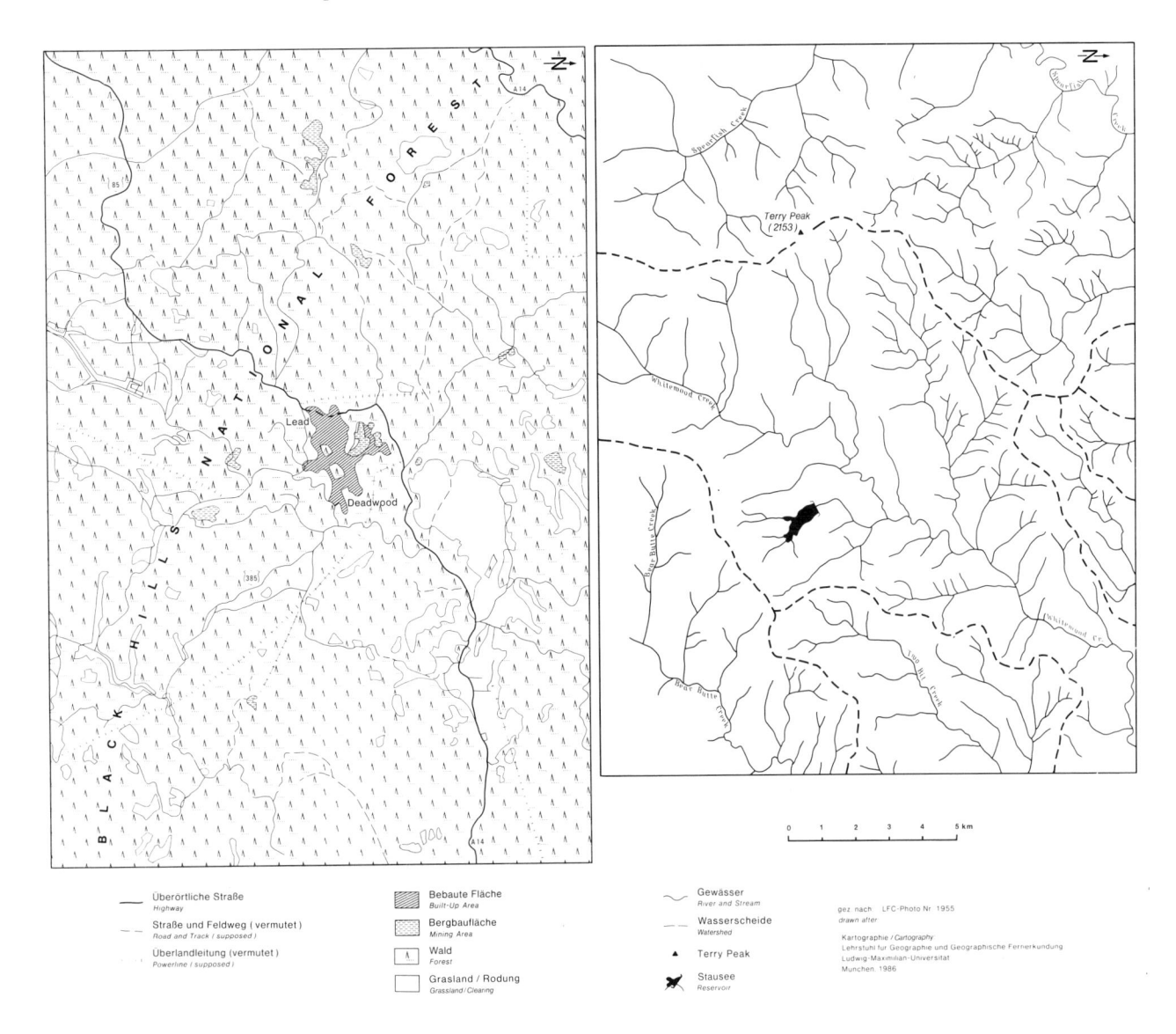

Fig. 10: Testgebiet Terry Peak - Lead (Nr. 3)

2.2.3.1 Ergebnis:

Eingeschränkte Kartiermöglichkeiten des Verkehrsnetzes und der Siedlungsstrukturen; nur mit Zusatzinformationen ausreichend für Kartierungen im Maßstab 1 : 100.000. Spektrale und geometrische Auflösung in dichter bebauten Arealen nicht hinreichend.

2.3. Testgebiet Terry Peak - Lead (Nr. 3)

Dieses Testgebiet von ca. 320 qkm in der Umgebung der Bergwerkstädte Deadwood und Lead wurde als typisch für die nördlichen, inneren Black Hills ausgewählt. Von der naturräumlichen Ausstattung ist dieses Gebiet repräsentativ für ein dicht bewaldetes Mittelgebirgsrelief.

2.3.1. Kartierung der Geomorphologie/Geologie

Im Vergleich zu den bisherigen Testgebieten besitzt das Gebiet um den Terry Peak eine bedeutend höhere Reliefenergie. Sie beträgt mehr als 800 m zwischen dem Gipfel des Terry Peaks und den Talböden von Spearfish und Whitewood Creek. Der durchschnittliche Betrag der Taleintiefung liegt laut vorliegender topographischer Karten bei ca. 200 m. Im LFC Bild sind alle größeren Täler, hochgelegene Verebnungen, Gipfel und Wasserscheiden zu erkennen, so z.B. die isolierte Kuppe des Terry Peak. Sie überragt hochgelegene Flachlandschaften, die nach der geologischen Karte (DARTON & PAIGE, 1925) im Westen als paläozoische Kalkplateaus, im Osten als Rumpfflächenreste über präkambrischen Gesteinen erklärt werden können. Infolge der dichten Bewaldung ist diese geologische Situation jedoch nicht dem LFC Bild zu entnehmen. Allenfalls könnte aus der unterschiedlichen Dichte des Gewässernetzes, das in Fig. 6 (rechts) dargestellt wurde, auf lithologische Unterschiede geschlossen werden. Bewaldung und reliefbedingter Schattenwurf erschweren/verhindern zudem die Erkennbarkeit des Kleinreliefs.

2.3.1.1 Ergebnis:

Sehr eingeschränkte Erkennbarkeit der Geologie. Mikro- und Mesorelief nur schwer oder nicht erkennbar.

2.3.2. Kartierung der Landnutzung/Vegetation

Abgesehen von einigen größeren Rodungen (Weideland) nordöstlich von Deadwood und Lead ist das Testgebiet dicht bewaldet. Nach der Literatur und den Geländebefunden handelt es sich vorwiegend um Gelbkiefern- *(Pinus ponderosa)*, daneben auch Fichten- *(Picea glauca)* und Espenbestände *(Populus tremuloides)* (FROILAND, 1978). Eine Differenzierung der Bestände ist im LFC Bild nicht möglich. Eine ackerbauliche Nutzung findet im Testgebiet nicht statt.

Fig. 11: Ortszentrum von Deadwood: Die großen Gebäude im Zentrum können im LFC Bild nicht gegenüber den Straße und den versiegelten Flächen abgegrenzt werden.

Fig. 12: Terry Peak: Die Skipisten am nordost-exponierten Hang des Berges sind im LFC Bild deutlich zu erkennen.

2.3.2.1 Ergebnis:

Abgrenzung von unbewaldetem gegen bewaldetes Gelände möglich. Eine weitere Differenzierung der Waldareale ist nicht möglich.

2.3.3. Kartierung der Kartensituation

Auch die Kartierung des Verkehrsnetzes ist in dieser Mittelgebirgsregion im Verhältnis zu den vorhergehenden Testgebieten deutlich erschwert. Dies liegt z.T. darin begründet, daß das Relief regelmäßige Strukturen ausschließt, zum anderen in der Tatsache, daß ein Teil des Verkehrsnetzes (Nebenstraßen und Forstwege) streckenweise von der Waldvegetation verdeckt wird. Die Erkennbarkeit der Straßen wird zudem durch die Verwechslungsmöglichkeit mit Gerinnebetten herabgesetzt, da beide ein vergleichbares Spektralverhalten aufweisen. Auch die Straßen in den Ortschaften Deadwood und Lead sind kaum zu erkennen. Trotz Straßenbreiten von 10 m und mehr sind diese nur bei Vergrößerung des Diapositivmaterials (virtuelle Bilder) erkennbar. Selbst große Gebäudekomplexe im Ortskern von Deadwood (Fig. 11) und die Gebäude der Homestake Goldmine in Lead lassen sich nicht eindeutig gegenüber der Umgebung abgrenzen. Andere anthropogene Strukturen sind dagegen leichter erkennbar, so z.B. die geradlinigen Schneisen von Überlandleitungen und ein Stausee südöstlich von Lead. Sehr gut erkennbar sind auch die hell reflektierenden Abraumhalden der Bergwerke und ein inzwischen aufgelassener Goldtagebau in Lead. Die Identifizierung dieser Objekte ist jedoch nur mit Hilfe von Zusatzinformationen möglich. Eine weitere, besondere Struktur in den nördlichen Black Hills, die auch im LFC Bild gut erkennbar ist, sind die Skipisten an den nordost-exponierten Hängen von Terry Peak und Deer Mountain.

2.3.3.1 Ergebnis:

Im Gegensatz zu den vorherigen Testgebieten nur eingeschränkte Kartiermöglichkeiten. Nicht ausreichend für eine Kartierung im Maßstab 1 : 100.000. Zusatzinformationen und Geländearbeiten erforderlich.

3. Zusammenfassung

Die LFC Bilder sind gut geeignet für Landnutzungs- und Vegetationskartierungen in den waldfreien Gebieten der Great Plains. Größe, geometrische Konfiguration und Einfachheit der Landnutzungsmuster gestatten Kartierungen im Maßstab 1 : 100.000, die jedoch durch Zusatzinformationen und/oder Geländeuntersuchungen ergänzt werden müssen. Ähnliches gilt für die Kartierung der Geomorphologie in diesen Gebieten. Die Erkennbarkeit geologischer Einheiten ist neben dem Vorkommen typischer Strukturen auch an das Vorhandensein von Objekt- /Bildkontrast geknüpft, daher nur eingeschränkt möglich. Die Kartierung der Kartensituation ist in diesen einfach strukturierten Gebieten wiederum gut möglich. Dennoch sind auch hier Zusatzinformationen für eine Kartierung im Maßstab 1 : 100.000 erforderlich.

Wesentlich ungünstigere Ergebnisse liefern bewaldete und stärker reliefierte Testareale, in denen Vegetationsdecke und Schattenwurf sowohl einen Teil des Kleinreliefs als auch des spektralen Signals der Erdoberfläche überlagern. Die Erkennbarkeit geologischer Einheiten ist daher stark eingeschränkt. Die Kartierung der Kartensituation ist ebenfalls nur z. T. möglich. Eine Differenzierung unterschiedlicher Waldbestände ist in den Testgebieten nicht möglich.

Es ist zu vermuten, daß ein Teil der bei der Kartierung aufgetretenen Probleme bei Auswertung von Bildern einer früheren Negativgeneration, wie sie von DOYLE (1985) vorgelegt wurden, vermieden werden könnte.

4. Literaturverzeichnis

DARTON, N.H. & PAIGE, S. (1925): Black Hills Folio, South Dakota, 1 : 125.000.- Geologic Atlas of the United States, Washington D.C., 34 S.

DIETZ, K.R. (1985 a): Analysis of Metric Camera Images from the USA and their Suitability for Topographic and Thematic Mapping. ESA SP-209, Paris, S. 75 - 80.

DIETZ, K.R. (1985 b): Bildanalyse: Metric-Camera-Aufnahmen "Black Hills" und "Mississippi", USA.- In: Münchener Geographische Abhandlungen, Band 33, München, S. 141 - 163.

DIETZ, K. R. (1986): Analysis of Large Format Camera Images from the Black Hills, USA, for Topographic and Thematic Mapping. - ESA SP-254, Paris, S. 1495-1501.

DOYLE, F. J. (1985): High Resolution Image Data from the Space Shuttle.- ESA SP-209, Paris, S. 55 - 58.

EARSeL (1985): NASA and NOAA News.- In: EARSeL News, Vol. 26, Paris, S. 19 - 23.

EROS Data Center (1985): Microfiche Catalogue of Large Format Camera Images.- Sioux Falls.

FELDMAN, R.M. & HEIMLICH, R.A. (1980): The Black Hills.- K/H Geology Field Guide Series, Dubuque, 190 S.

FROILAND, S.G. (1978): Natural History of the Black Hills.- Center for Western Studies, Sioux Falls, 174 S.

GIERLOFF-EMDEN, H.G., DIETZ, K.R. & HALM, K. (1985): Geographische Bildanalysen von Metric-Camera-Aufnahmen des Space- Shuttle-Fluges STS-9. Beiträge zur Fernerkundungskartographie.- Münchener Geographische Abhandlungen, Band 33, München, 163 S.

ITEK (1985): Large Format Camera. Mapping and Remote Sensing Systems.- In: EARSeL News, Vol. 27, Paris, S. 67 - 78.

LISENBEE, A.L. (1985): Tectonic Map of the Black Hills Uplift, Montana, Wyoming, and South Dakota. 1 : 250.000.- South Dakota School of Mines, Map Series 13, Rapid City.

NOAA (1984): Local Climatological Data, Monthly Summary, Rapid City, South Dakota.- Asheville.

RAYMOND, W.H. & KING, R.U. (1976): Geologic Map of the Badlands National Monument and Vicinity, West Central South Dakota, 1 : 62 500.- Reston.

U.S. Geological Survey National High Altitude Photography:

HAP 81 Schwarzweißluftbilder Nr. 428-15 bis 428-18 vom 5. Mai 1981, (Region Kube Table - Cheyenne River).

HAP 81 Schwarzweißluftbilder Nr. 258-175 bis 258-177 vom 20. September 1982, (Region Bear Butte - Sturgis).

Thematische Kartierung der östlichen Snake River Plain, Idaho

Klaus R. Dietz

SUMMARY

Large Format Camera (LFC) photos from the eastern Snake River plain, Idaho, which had been taken on 6th October, 1984, were analysed with regard to their suitability for thematical mapping in a scale of 1 : 200.000. The original photos were enlarged to a scale of approximately 1 : 100.000 (paper prints), and then evaluated stereoscopically. In addition, the original film transparencies were analysed by enlarging them up to 16 times by means of the Bausch & Lomb Stereo Zoom Transferscope and the Zeiss/Jena Interpretoskop, which provided virtual images of a better quality. The interpretation results are presented in a map, and related to existing topographical and thematical data.

The analysis was assisted by fieldwork in the test area in August, 1987.

Results: Possibilities to recognize and identify geological / geomorphological units from the LFC photos range from excellent to moderate. Young (Holocene) lavas can be clearly mapped. A dune area is well recognizable because of typical patterns and gray tone distribution. Loess areas are harder to detect and can be mapped only by the evaluation of land use patterns. Additional field work is necessary. Basin and Range structures and the related drainage pattern are clearly recognizable by stereoscopic interpretation. In some cases, relative chronologies of geological and geomorphological processes could be established.

Farmland can be clearly separated from range land. The distinction is possible because of the sizes and regular patterns of the fields. Center pivot irrigation and contour lines for the prevention of soil erosion are recognizable. The classification of individual crops requires additional fieldwork.

1. Einleitung

LFC Bilder, die am 06. 10. 1984 über dem südöstlichen Idaho aufgenommen wurden, erfaßten den Grenzbereich zweier geomorphologischer Großräume der Vereinigten Staaten, nämlich von Teilen der sog. "Columbia Intermontane" und der "Basin and Range" Provinz im Sinne von THORNBURY (1965).

Die östliche Snake River Plain als Teil der "Columbia Intermontane" Provinz mit im wesentlichen flachgelagerten Basaltdecken kann in den LFC Aufnahmen schon bei monoskopischer Auswertung aufgrund unterschiedlicher Grautöne und Texturen des Gewässernetzes gegen die Gebirgsketten des Great Basin, einem Teil der "Basin and Range" Provinz, abgegrenzt werden.

Aus dem vorliegenden Bildmaterial (vgl. Tab. 1) wurde daher ein Testgebiet ausgewählt, anhand dessen die Eignung der LFC Bilder für thematische Kartierungen der Geologie/Geomorphologie und der Landnutzung und Landbedeckung (land use / land cover) für den Maßstab 1 : 200.000 untersucht werden sollte.

Wie in den Beispielen aus den Black Hills sollte vorwiegend die Erkennbarkeit und Identifizierbarkeit kartographisch relevanter Objekte analysiert werden, die als Bildeigenschaften wie z.B. Grauton, Bildstruktur und -textur in Erscheinung treten. Da es sich um ein außereuropäisches Testgebiet handelt, werden auch die Objekte selbst anhand existierender Literatur, Karten und eigener Geländebefunde vorgestellt.

2. Methode

Aus den originalen LFC-Diapositiven wurden Ausschnitte auf photographischem Wege bis zum Maßstab von ca. 1 : 100.000 vergrößert (Papierabzüge) und dann mit Hilfe von Spiegelstereoskopen ausgewertet.

Zusätzlich erfolgte eine Kontrolle der Auswertungen durch eine bis zu 16-fache Vergrößerung der originalen Diapositive an den Stereoauswertegeräten Bausch & Lomb Stereo Zoom Transferscope und Zeiss/Jena Interpretoskop (virtuelle Bilder). Die Ergebnisse der Stereoauswertungen wurden anhand vorhandener topographischer und thematischer Karten überprüft und als Ergebnis in einer Kartierung im Maßstab 1 : 200.000 zusammengefaßt.

Geländearbeiten, die im September 1987 durchgeführt wurden, ergänzten die Bildauswertungen.

Fig. 1: LFC Ausschnittsvergrößerung aus Bild Nr. 0356 im Maßstab 1:200.000

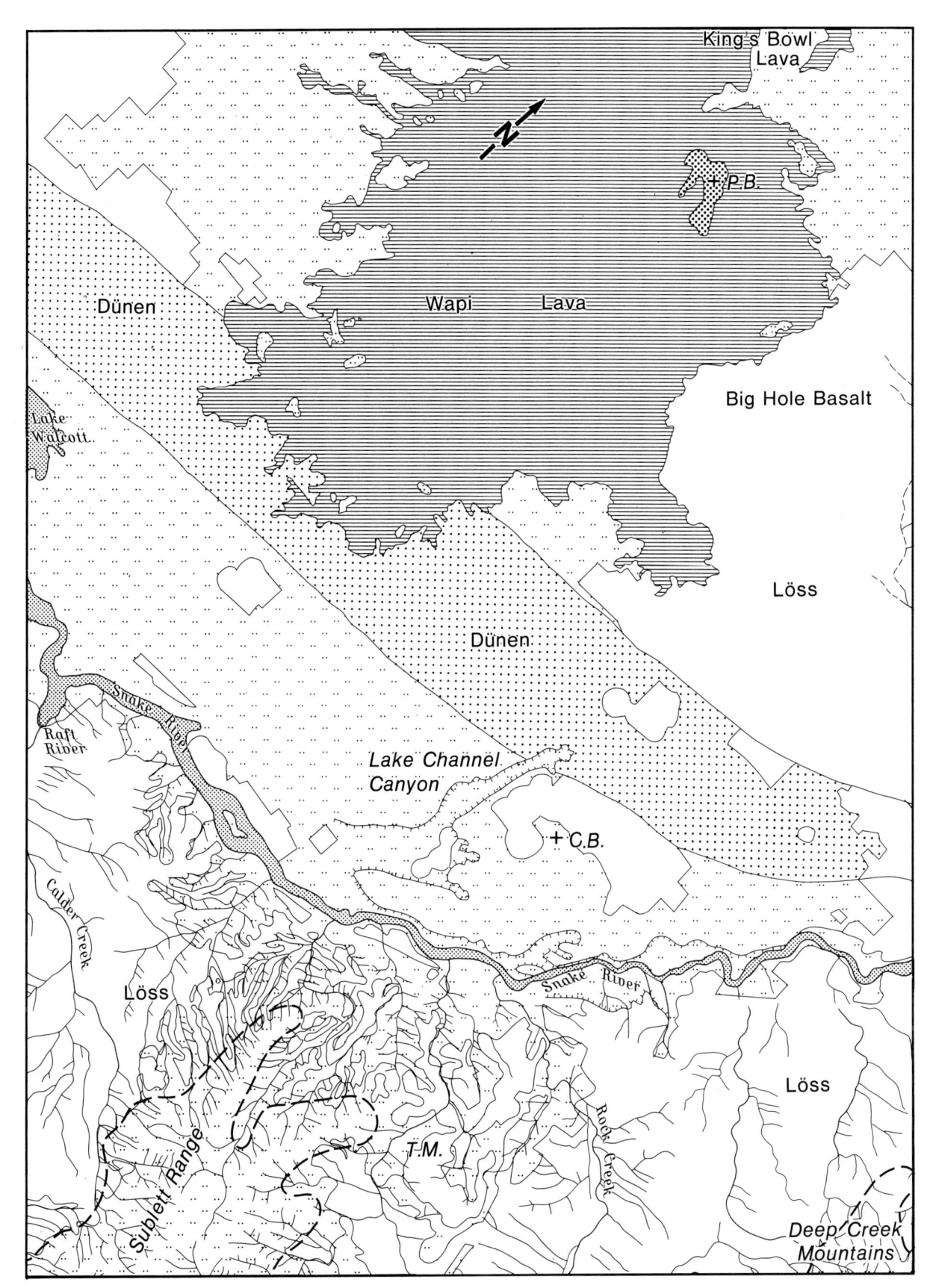

Fig. 2: Thematische Kartierung im Maßstab 1:200.000 nach LFC-Stereoauswertung; Legende umseitig.

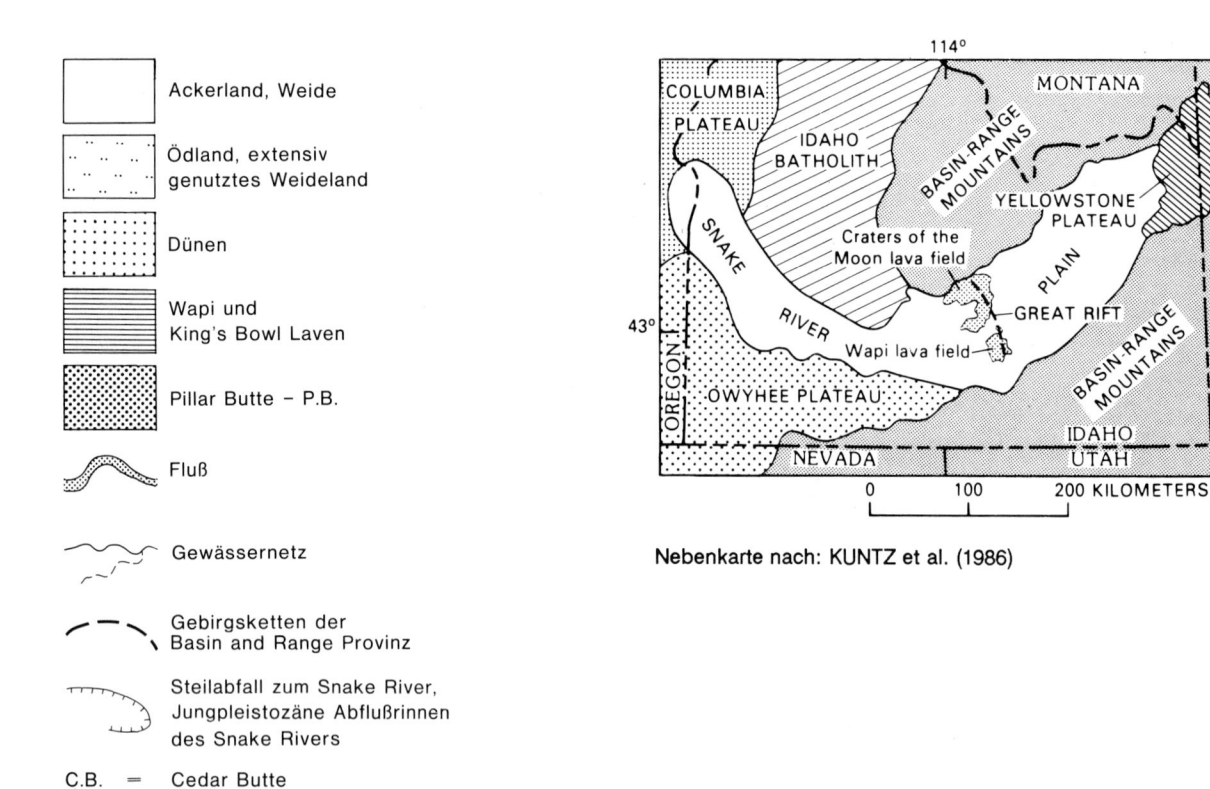

☐	Ackerland, Weide
▒	Ödland, extensiv genutztes Weideland
▦	Dünen
☰	Wapi und King's Bowl Laven
▓	Pillar Butte – P.B.
∽	Fluß
∼	Gewässernetz
⌢	Gebirgsketten der Basin and Range Provinz
⌢⌢	Steilabfall zum Snake River, Jungpleistozäne Abflußrinnen des Snake Rivers

C.B. = Cedar Butte
T.M. = Table Mountain
Maßstab 1 : 200.000

Entwurf: K.R. Dietz
Kartographie: Institut f. Geographie der LMU-München, 1988

Nebenkarte nach: KUNTZ et al. (1986)

3. Angaben zu den LFC-Bildern

Bild Nr.	H	Min	Sec	Bildkoord. N. Br.	W. L.	Flughöhe [km]	Sonnenhöhe [°]
		GMT					
0355	21	3	28.474	43.36	114.82	262.75	36.94
0356	21	3	43.461	42.68	113.87	262.47	37.14
0357	21	3	59.268	41.96	112.90	262.15	37.33

Die untersuchten Bilder wurden am 06. Oktober 1984 mit 70- prozentiger Überlappung auf Kodak 3414 High Definition Aerial Film aufgenommen. Dem Aufnahmezeitpunkt von 21 h GMT entspricht eine Ortszeit von 14 h (Mountain Time Zone). Die Bewölkung auf den Bildern wird mit aufsteigender Bildnummer zu 40, 20 und 10 % angegeben. Weitere Bilddaten sind in Tab. 1 vermerkt.

Aus der Brennweite der Aufnahmekammer von 305 mm und der Flughöhe von rund 262 km errechnet sich ein mittlerer Bildmaßstab der LFC Originale von ca. 1 : 859.000.

4. Geologisch/geomorphologische Einheiten im LFC-Bildausschnitt

4.1 Wapi- und King's Bowl Lava

Dunkle Grautöne und die unregelmäßige Begrenzung lassen nördlich des Snake Rivers als eindeutig abzugrenzende geologische Einheit die Verbreitung des Wapi-Lavafeldes erkennen. Petrographisch handelt es sich dabei um einen typischen Olivinbasalt der Snake River Plain (KUNTZ et al. 1986 a, S. 587), der als sehr dünnflüssige Pahoehoe Lava an Bruchbildungen des sog. Idaho Rifts (PRINZ 1970) aufgedrungen ist und sich dann in Form eines flachen Schildes ausgebreitet hat. Die Laven sind radiometrisch auf 2.270 +/- 50 a.b.p. datiert (KUNTZ et al. 1986 b, S. 166) und noch kaum von Bodenbildungen (Lithosols) und Vegetation bedeckt, so daß die dunkle Reflexion im LFC Bild in unmittelbarem Zusammenhang mit der Gesteinsfarbe steht (Fig. 3).

Die Basaltdecken des insgesamt ca. 330 km² großen Lavafeldes besitzen nur eine Mächtigkeit von wenigen Metern und sind daher im LFC-Bild stereoskopisch nicht gegenüber der Umgebung abzugrenzen. Die geringe Mächtigkeit der Basalte kann allerdings mittelbar dem Bild entnommen werden, da an zahlreichen Stellen Lavafenster (Kipukas) ausgebildet sind, an denen der ältere, ebenfalls basaltische Untergrund mit helleren Grautönen als Resultat einer Bodenbildung (Camborthids = graue Wüstenböden, SOIL Survey Staff, 1975) und Vegetationsbedeckung zu erkennen ist. Auch die Oberflächendeformationen des Wapi Lavafeldes, wie z.B. Spatter Cones, Aufstauchungen und Einsturzdepressionen, erreichen nur vertikale Ausdehnungen von 3 - 15 m (CHAMPION & GREELEY 1977, S. 136 ff), die bei stereoskopischer Auswertung nicht erkennbar sind (Fig. 4).

Eine einzige, stereoskopisch erkennbare Aufragung im Bereich des Wapi Lavafeldes befindet sich in dessen nördlichem Abschnitt am Pillar Butte, einem Schlot, der das Lavafeld um 18 m überragt (vgl. Fig. 5). Hier treten auch mit 5 - 7 die größten Hangneigungen im Bereich der Wapi Lava auf, die ansonsten unter 1 bleiben (CHAMPION & GREELEY 1977, S. 134).

Der Bereich um Pillar Butte ist im LFC Bild auch an dem im Vergleich zur restlichen Wapi Lava dunkleren Grauton zu erkennen, der möglicherweise auf ein noch jüngeres Alter der dort anstehenden Basalte hindeutet. Nach CHAMPION & GREELEY (1977, S. 140) existieren dagegen auch entgegengesetzte stratigraphische Befunde, die ein höheres Alter der umgebenden Lava zu belegen scheinen.

Ein zweites, mit nur ca. 3,3 km² bedeutend kleineres Lavafeld, ist gerade noch am oberen Rand des Bildausschnittes zu erkennen.

Es handelt sich um das King's Bowl Lavafeld. Absolute Datierungen ergaben hier ein mittleres Alter von 2.222 +/- 100 a.b.p. (KUNTZ et al. 1986 b, S. 166), also praktisch zeitgleiche Entstehung mit der Wapi Lava. Dies zeigt sich auch in den ähnlichen Grauwerten im LFC Bild.

Fig. 3: Wapi Lava (rechts) über Flugsand am Südrand des Lavafeldes. Grenze im LFC Bild eindeutig erkennbar.

Fig. 4: 3-4 m hoher Spatter Cone des Kings's Bowl Lavafeldes. Kleinrelief im LFC Bild nicht erkennbar.

4.2 Big Hole Basalt

Im Liegenden dieser beiden jungen Basaltdecken befindet sich der sogenannte Big Hole Basalt, der nach CARR & TRIMBLE (1963, S. 25) Mächtigkeiten zwischen 6 und 50 m aufweist und mittel- bis jungpleistozänen Alters ist: ca. 150.000 bis 300.000 a.b.p. (HACKETT, 1987, mündl. Mitt.). Infolge des höheren Alters haben sich auf diesem Basalt sowohl Böden (Camborthids und Calciorthids, BIGGERSTAFF et al. 1981, S. 205) als auch eine dichtere Vegetationsdecke entwickelt, die im LFC Bild im Bereich um das King's Bowl Lavafeld und auch im Westen der Wapi Lava an den mittleren Grautönen zu erkennen sind. Die natürliche Vegetation dieser Areale besteht zu über 50 % aus Gräsern (*Agropyron* = Wheatgrass, *Poa* = Bluegrass, *Stipa* = Needlegrass), 15 - 30 % *Artemisia*-Arten (Sagebrush), 5 % *Chrysothamnus* (Rabbitbrush) und weiteren krautigen Bestandteilen (BIGGERSTAFF et al. 1981, S. 139 f.).

Die Bereiche des Big Hole Basalts sind zudem durch unregelmäßige, fleckige Texturen charakterisiert, die auch im Ackerland östlich der Wapi Lava erkennbar sind und Oberflächenstrukturen dieser Basaltdecke (Pressure Ridges) darstellen.

Nach Süden auf den Snake River zu werden diese Texturen undeutlicher, da sie einerseits von zunehmend mächtiger werdenden Lössen (CARR & TRIMBLE, 1963, S. 26) und auch von einem im LFC Bild deutlich erkennbaren Dünengürtel überlagert werden, der in einer mittleren Breite von 4 km den Bildausschnitt von Westsüdwest nach Ostnordost quert. Eine eindeutige Abgrenzung des Big Hole Basalts nach Süden ist aus diesen Gründen im LFC Bild nicht möglich.

4.3 Löss

Die Lössgebiete, dies gilt auch für die südlich des Snake Rivers gelegenen Bereiche, sind im LFC Bild nur mittelbar abzugrenzen. Infolge der auf ihnen entwickelten günstigen Böden (Argi-, Calci-und Haploxerolls, BIGGERSTAFF et al. 1981, S. 205, d.h. kastanienfarbenen Steppenböden) stellen sie die am intensivsten landwirtschaftlich genutzten Bereiche dar. Im LFC Bild deckt sich ihre Verbreitung daher näherungsweise mit den akkerbaulich genutzten Flächen (Fig. 5).

4.4 Dünen

Das Dünengebiet ist im LFC Bild deutlich an den hellen, linearen Texturen der Längsdünen (Longitudinaldünen), vereinzelt auch an parabolischen Formen zu erkennen, die einen west-ost gerichteten Sandtransport belegen. Bei stereoskopischer Auswertung sind diese Formen jedoch nicht als Erhebungen kartierbar, da sie in der Regel nur 2 - 3 m, in wenigen Fällen auch 4 - 6 m Höhe erreichen (Fig. 6).

Aufgrund der ungünstigeren Boden- und Standortverhältnisse (Torripsamments, BIGGERSTAFF et al. 1981, S. 205) wird der Dünengürtel mit Ausnahme einiger weniger Felder vorwiegend als extensives Weideland genutzt. Die Vegetation, Gras- und Krautschicht mit hohem Anteil an Sagebrush, erreicht eine Höhe von 50 - 70 cm, ist jedoch nicht deckend ausgebildet. In der kurzen Siedlungsgeschichte dieses Raumes (seit ungefähr 1860 weidewirtschaftliche, seit 1880 auch ackerbauliche Nutzung (GLENN et al. 1980, S. 58) sind auch die Dünengebiete in den 30-er Jahren zeitweilig ackerbaulich genutzt worden. Dadurch kam es zu einer Reaktivierung der Dünensande, die letztlich wiederum zur Einstellung der ackerbaulichen Nutzung führte. Die heutige Vegetation stellt daher eine Sekundärvegetation dar, wobei vor allem der Anteil an Wheatgrass auf künstliche Aussaat zurückzuführen ist (SIMONSON 1987, mündl. Mitt.). Eine rezente Reaktivierung der Dünen ist an Weganschnitten zu beobachten.

Fig. 5: Landwirtschaftlich genutzte Flächen im Löss. Im Hintergrund Wapi Lavafeld mit Pillar Butte (Pfeil).

Fig. 6: Große Längsdüne, die von Quigley Road angeschnitten wird. Im Hintergrund Sublett Range, Blickrichtung nach Süden.

Die bislang beschriebenen geologischen Einheiten sind in einer zeitlichen Sequenz abgelagert worden, deren relative Chronologie auch dem LFC Bild entnommen werden kann:

- als jüngste Einheit hat die Wapi Lava Dünensande überdeckt, die über dem Löss abgelagert wurden. Der Löss schließlich überlagert den Big Hole Basalt.

4.5 Cedar Butte Basalt

Zwischen Dünengürtel und dem Snake River ist im Jungpleistozän ein weiterer Basalt aufgedrungen, der nach TRIMBLE & CARR (1976, S. 81) als Cedar Butte Basalt bezeichnet wird und der nach HACKETT (1987, mündl. Mitteilung) ein Alter von ca. 75.000 Jahren besitzen soll. Petrographisch ähnelt er dem Big Hole Basalt und zeigt auch im LFC Bild vergleichbare Grautöne. Der Basalt wird nach den Geländebefunden z.T. von Flugsanden überlagert, doch sind im LFC Bild keine Dünenbildungen zu erkennen.

Die Ablagerung des Cedar Butte Basalts verursachte einen Aufstau des Snake Rivers und die Bildung eines Sees, dessen Seespiegel bei 4450 ft (= 1356 m ü.M.) lag und der ca. 64 km flußaufwärts reichte (TRIMBLE & CARR 1961, S. 1744). Der Snake River verließ diesen See an zwei Stellen nördlich und südlich des Cedar Buttes (Fig. 9). Das Überlaufen des Lake Bonneville, des Vorläufers des heutigen Great Salt Lake in Utah, durch den Red Rock Paß südöstlich von Pocatello zum Snake River vor ungefähr 30.000 Jahren (TRIMBLE 1976, S. 75) verstärkte die Wasserführung und führte durch rückschreitende Erosion zur Ausbildung von Canyons, die auch im LFC Bild bei stereoskopischer Auswertung zu erkennen sind (vgl. Fig. 7). Besonders deutlich wird dies am Lake Channel Canyon, dessen oberes, von senkrechten Basaltwänden begrenztes Ende die Lage eines ehemaligen Wasserfalls markiert, über den der Snake River in den tiefer gelegenen Canyon stürzte. Der so entstandene Canyon hat in seinem oberen Abschnitt eine Breite von ca. 500 m und ist um 30 - 40 m in den Basalt eingetieft.

Die fortschreitende Tiefenerosion des Snake Rivers ließ in der Folgezeit zunächst den Abfluß über den Lake Channel Canyon trockenfallen, später dann auch die kürzeren südlichen Canyons.

Fig. 7: Lake Channel Canyon. Blickrichtung talaufwärts nach N.

Fig. 8: Table Mountain von E. Steilabfall des Oberhangs wird von Basaltdecke verursacht.

4.6 Ältere Vulkanite südlich des Snake Rivers

Auch südlich des Snake Rivers stehen vulkanische Gesteine an, deren genaue Verbreitung aber im LFC Bild wegen der überlagernden Lösse nicht erkennbar ist. Bei stereoskopischer Auswertung fällt jedoch der Bereich des Table Mountain auf, eines Plateaus mit steil abfallenden Flanken (Fig. 8). Es überragt die Talaue des Rock Creek um ca. 250 m. Der Geländebefund zeigt, daß seine steilen Oberhänge von einer Basaltdecke gebildet werden und somit ein strukturell bedingtes Plateau vorliegt. Das Alter dieses Olivinbasalts wird von TRIMBLE & CARR (1976, S. 56) mit oberpliozän bzw. altpleistozän angegeben.

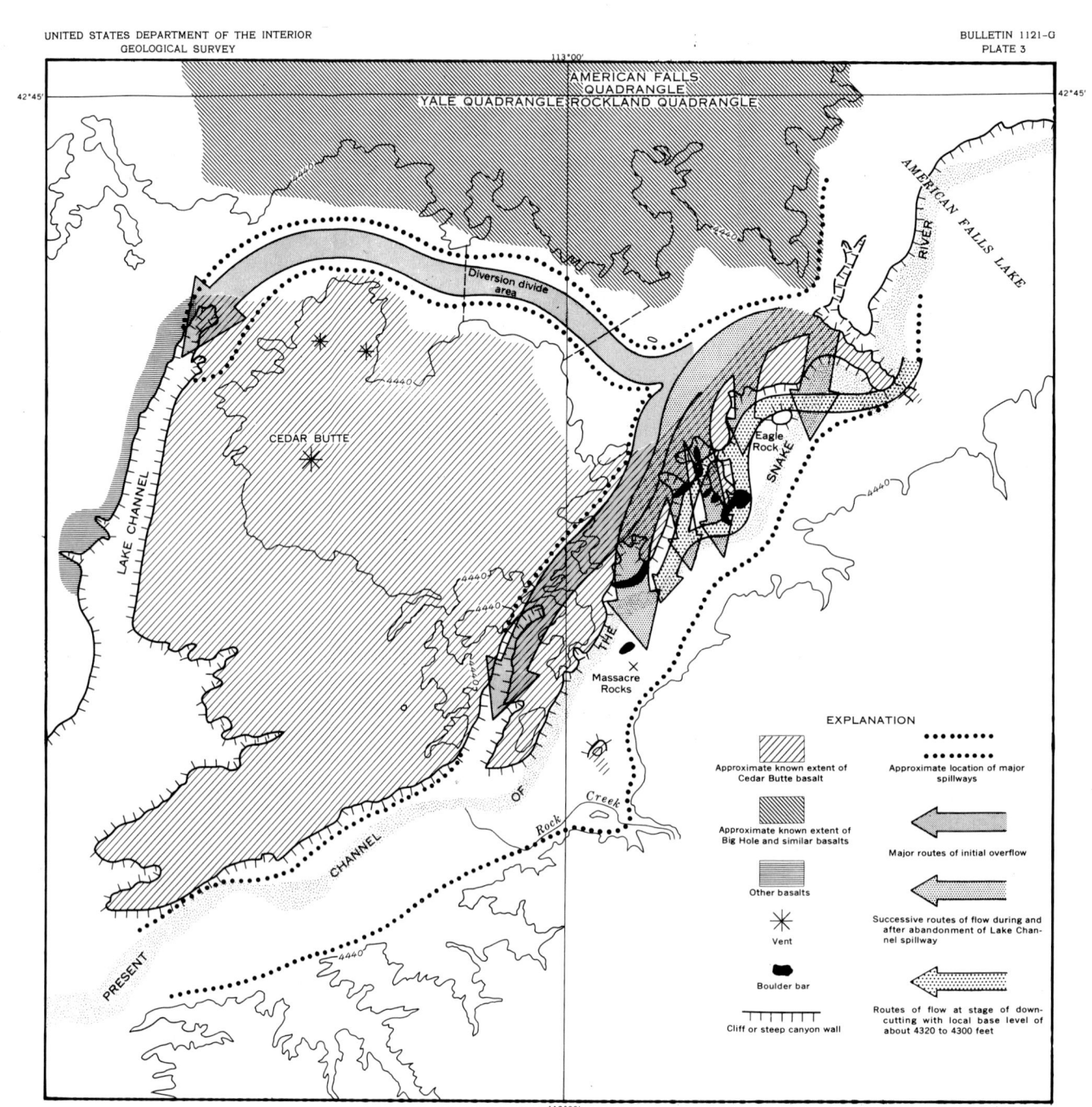

Fig. 9: Ehemalige Abflußrinnen des Snake Rivers (aus: CARR & TRIMBLE 1963)

4.7 Gebirgsketten des Great Basin

Sowohl bei monoskopischer als auch stereoskopischer Auswertung des LFC Bildes sind am Südrand des Bildausschnitts die nördlichen Ausläufer zweier nordnordwest-streichender Gebirgsketten zu erkennen, der Deep Creek Mountains im Osten und der Sublett Range im Westen. Sie bilden die Flanken einer 13 - 14 km breiten Talung, die vom Rock Creek zum Snake River hin entwässert wird. Im Gegensatz zu den bisher beschriebenen Gebieten werden die beiden Gebirgszüge, die die Talung um rund 700 m überragen, von einem dichten, annähernd parallelgerichteten Gewässernetz zerschnitten, das jeweils vom Hauptkamm in östlicher, bzw. westlicher Richtung verläuft. Diese Kerbtäler sind in das anstehende Festgestein eingetieft, bei dem es sich ausweislich der geologischen Kartierungen (CARR & TRIMBLE, 1963 und TRIMBLE & CARR, 1976) und der Geländebefunde vorwiegend um paläozoische Kalke und Dolomite handelt. Im Heglar Canyon, am Westabfall der Sublett Range, konnte ein Einfallen dickbankiger Dolomite mit 25° nach Osten gemessen werden. An der Talsohle dieses Canyons wurde darüberhinaus ein Basaltvorkommen gefunden, welches die teilweise Verfüllung der Talform mit Basalt belegt. Da die Basalte südlich des Snake Rivers wahrscheinlich altquartären bis pliozänen Alters sind, zumindest die östlich der Sublett Range kartierten Vorkommen (TRIMBLE & CARR, 1976), würde dies ein entsprechend hohes Alter der Talbildung und der Eintiefung bis in das Niveau des rezenten Talbodens belegen.

In ihren Unterläufen sind die Kerbtäler der Ranges auch noch in die Fußflächen eingetieft, die sich an die Gebirgsketten anschließen. Hier sind es dann eher Dellentalformen, die sich um 15 - 20 m in den oberflächennahen Untergrund aus Schwemmschutt und Löss eingetieft haben. Die Flanken der 50 - 100 m breiten Täler haben Hangneigungen von 15° bis 25°, die eine ackerbauliche Nutzung ausschließen. Im LFC Bild sind diese Formen daher auch deutlich an den im Verhältnis zu ihrer Umgebung dunkleren Grautönen zu erkennen, die von der natürlichen Buschvegetation hervorgerufen werden (Fig. 11).

Die natürliche Vegetation mit den dunkleren Grautönen ist im LFC Bild neben den Strukturen des Gewässernetzes auch kennzeichnend für die beiden Gebirgszüge. Zusätzlich treten hier Wacholder (= *Juniperus*) und auch noch vereinzelt Pinyon Kiefern (= *Pinus edulis*) an der nördlichen Verbreitungsgrenze dieser Art (SIMONSON, 1987, mündl. Mitt.) auf. Die Gebiete werden z.T. als extensives Weideland und als Jagdreviere genutzt.

Resultat:

Sehr gute bis mäßige Erkennbarkeit geologischer Einheiten. Junge Basaltdecken und Lavaströme sind deutlich abzugrenzen. Dünenareale sind aufgrund ihrer Strukturen und substratbedingten hellen Grautöne gut erkennbar. Die Verbreitung der Lössbedeckung im Testgebiet ist nur mittelbar über die Inwertsetzung der Landnutzungsstrukturen dem LFC Bild zu entnehmen. Zusätzliche Geländebefunde sind erforderlich. Gebirgszüge der Great Basin Landschaft sind deutlich bei stereoskopischer Auswertung und aufgrund der Strukturen des Gewässernetzes erkennbar. Das LFC Bild erlaubt z.T. die Erstellung einer relativen Chronologie des geologischen Werdeganges dieser Region und Rückschlüsse auf den Ablauf der geomorphologischen Entwicklung.

Fig. 10: Dellental in Fußfläche am Westrand des North Chapin Mountain, Sublett Range

Fig. 11: Trockenfeldbau (Getreide) auf Fußflächen westlich der Sublett Range

5. Landnutzungsstrukturen im Testgebiet

Aufgrund der regelmäßigen Landnutzungstrukturen mit quadratischen und rechteckigen Grundrissen, die auf das Schema der amerikanischen Landvermessung von 1785 zurückzuführen sind, können im LFC Testgebiet Snake River Plain die ackerbaulich genutzten Areale deutlich gegenüber den Gebieten mit natürlicher oder quasinatürlicher Vegetation (Sekundärvegetation) abgegrenzt werden. Jahreszeitlich bedingt wird dieser Gegensatz noch durch die unterschiedlichen Grautöne im LFC Bild verstärkt, da zum Aufnahmezeitpunkt ein Großteil der Felder bereits abgeerntet war. Daher bilden helle Stoppelfelder, abgeerntete Kartoffel- oder Zukkerrübenfelder und der unbedeckte Boden einen starken Kontrast gegenüber den dunkleren, allenfalls durch extensive Weidewirtschaft genutzten Arealen.

Aus dem LFC Bild läßt sich von Nord nach Süd eine Dreiteilung des Ackerlandes erkennen:

- Im Norden im Bereich der Big Hole Basalte mit fehlender oder geringmächtiger Lössbedeckung ein Gebiet mit undeutlicheren Feldstrukturen, das nach Auskunft ansässiger Farmer und nach den Geländebefunden vorwiegend als unbewässertes Ackerland dem Getreideanbau (Weizen und Gerste) dient. Als weitere Kultur wurde hier zum Zeitpunkt der Geländearbeiten der Anbau von Saflor, eines distelartigen Korbblütlers, dessen Samen zur Ölgewinnung verwendet werden, festgestellt.
- Daran nach Süden anschließend ein Gebiet mit deutlichen Feldstrukturen, die z.T. einen kleinräumigen Wechsel von hellen und dunklen Grautonstreifen erkennen lassen. Laut Auskunft handelt es sich dabei um Zuckerrübenfelder, die zum Aufnahmezeitpunkt des LFC Bildes gerade abgeerntet wurden. Während der Geländearbeiten am 29. und 30. August 1987 wurden in diesem Bereich noch zahlreiche Felder mit Zuckerrüben und kräftig grünem Kraut angetroffen. Dieser mittlere Bereich des Ackerlandes verfügt über die günstigsten Standorteigenschaften, da das Substrat aus Löss besteht und nur geringe Hangneigungen auftreten.

Ein großer Teil dieser Felder wird unter Ausnutzung der natürlichen Gefälle bewässert, da die mittleren Jahresniederschläge in diesem Teil der östlichen Snake River Plain nur ca. 260 mm - 300 mm betragen (Stationen American Falls, BIGGERSTAFF et al., 1981, S. 128, und Oakley, MAXWELL, 1981, S. 90). Ein Teil des für die Bewässerung benötigten Wassers wird dem 1925 angelegten American Falls Reservoir entnommen, das unmittelbar östlich des Bildausschnitts liegt. Ein zweiter Stausee des Snake Rivers oberhalb des schon in den Jahren 1904 -1907 errichteten Minidoka Damms, der Lake Walcott, ist gerade noch am westlichen Bildrand zu erkennen. Sein Wasser dient vor allem der Bewässerung der Felder um Rupert und Burley in den westlich angrenzenden Counties Minidoka und Cassia. Ein weiterer Teil des für die Bewässerung erforderlichen Wassers wird unmittelbar durch Brunnenbohrungen dem Snake River Plain Aquifer, nach HACKETT et al. 1986, S. 7 einem der größten durchlässigen Aquifers der Welt, entnommen. Das Grundwasser im Bereich nördlich des Dünengürtels wird aus einer Tiefe von 60 m unter Flur gefördert.

Vereinzelt sind im LFC Bild auch die kreisförmigen Feldstrukturen der rotierenden Sprinklerbewässerungsanlagen (Center Pivot Irrigation) zu erkennen, so z.B. unmittelbar östlich des Lake Channel Canyons. Dort ist unter anderem auch ein sehr dunkles, kreisförmiges Feld sichtbar, das zum Aufnahmezeitpunkt des LFC Bildes mit Alfalfa bewachsen war.

- Südlich des Snake Rivers befindet sich das dritte Teilgebiet. Die Felder liegen hier auf den mäßig geneigten ($1°$ bis $10°$) Fußflächenriedeln (Fig. 11) und den lössbedeckten höheren Basaltplateaus, wie z.B. auf dem Table Mountain. Dort sind im LFC Bild lineare, isohypsenparallele Strukturen sichtbar, die zur Verminderung der Bodenerosion angelegt worden sind (Konturpflügen). Mit Ausnahme der Felder auf einer Terrasse unmittelbar entlang des Snake Rivers und in der Talaue des Rock Creek wird das Ackerland in diesem Gebiet nicht bewässert, sondern im Trockenfeldbau durch Getreideanbau (Weizen und Gerste) genutzt. Zum Aufnahmezeitpunkt des LFC Bildes waren, wie auch zur Zeit der Geländeaufnahmen, die meisten Felder bereits abgeerntet. Sie zeigen daher sehr helle bis mittlere Grautöne.

Resultat:

Sehr gute Abgrenzung des Ackerlandes gegenüber dem Ödland bzw. dem extensiv genutzten Weideland möglich. Besonderheiten der Landnutzung wie z.B. kreisförmige Bewässerungsfelder und z.T. auch Strukturen zur Eindämmung der Bodenerosion erkennbar. Eine Klassifizierung der Anbauprodukte aufgrund der Grautonunterschiede im LFC Bild ist ohne zusätzliche Geländebefunde nicht möglich.

6. Literaturverzeichnis

BIGGERSTAFF, H.W. & McGRATH, C.L. (1981): Soil Survey of Power County Area, Idaho.- U.S. Department of Agriculture, Soil Conservation Service. Washington, 205 S.

CARR, W.J. & TRIMBLE, D.E. (1963): Geology of the American Falls Quadrangle Idaho.-Geological Survey Bulletin 1121-G, Washington, 44 S.

CHAMPION, D.E. & GREELEY, R. (1977): Geology of the Wapi Lava Field, Snake River Plain.- In: **GREELEY, R. & KING, J.S. (Eds.) (1977):** Volcanism of the Eastern Snake River Plain: A Comparative Planetology Guidebook.- NASA, Washington, S. 133 - 152.

EROS Data Center (1985): Microfiche Catalogue of Large Format Camera Images.- Sioux Falls.

GLENN, J., HAGELSTEIN, G. & MASON, D. (1980): Welcome to Main Street American Falls Idaho.- American Falls, 59 S.

GREELEY, R. & KING, J.S. (Eds.) (1977): Volcanism of the Eastern Snake River Plain: A Comparative Planetology Guidebook.- NASA, Washington, 303 S.

HACKETT, B., PELTON, J. & BROCKWAY, C. (1986): Geohydrologic Story of the Eastern Snake River Plain and the Idaho National Engineering Laboratory.- U.S. Department of Energy, Idaho Operations Office, Idaho National Engineering Laboratory, 32 S.

KUNTZ, M.A., CHAMPION, D.E., SPIKER, E.C. & LEFEBVRE, R.H. (1986 a): Contrasting Magma Types and Steady-state, Volume-predictable, Basaltic Volcanism along the Great Rift, Idaho.- Geological Society of America Bulletin, Vol. 97, Boulder, S. 579 - 594.

KUNTZ, M.A., SPIKER, E.C., RUBIN, M., CHAMPION, D.E. & LEFEBVRE, R.H. (1986 b): Radiocarbon Studies of Latest Pleistocene and Holocene Lava Flows of the Snake River Plain, Idaho: Data, Lessons, Interpretations.- Quaternary Research, Vol. 25, New York et al., S. 163 -176.

MAXWELL, H.B. (1981): Soil Survey of Cassia County, Idaho, Western Part.- U.S. Department of Agriculture, Soil Conservation Service. Washington, 150 S.

PRINZ, M. (1970): Idaho Rift System, Snake River Plain, Idaho.- Geological Society of America, Bulletin, Vol. 81, Boulder, S. 941 - 948.

SOIL Survey Staff (1975): Soil Taxonomy.- Agriculture Handbook No. 436, Washington, 754 S.

THORNBURY, W.S. (1965): Regional Geomorphology of the United States.- John Wiley & Sons, New York, London, Sydney, 609 S.

TRIMBLE, D.E. (1976): Geology of the Michaud and Pocatello Quadrangles, Bannock and Power Counties, Idaho.- Geological Survey Bulletin 1400, Washington, 88 S.

TRIMBLE, D.E. & CARR, W.J. (1961): Late Quaternary History of the Snake River in the American Falls Region, Idaho.- Geological Society of America Bulletin, Vol. 72, Boulder, S. 1739 - 1748.

TRIMBLE, D.E. & CARR, W.J. (1976): Geology of the Rockland and Arbon Quadrangles, Power County, Idaho.- Geological Survey Bulletin 1399, Washington, 115 S.

Danksagung:

Wichtige Hinweise zum Testgebiet Snake River Plain verdanke ich Dr. Bill Hackett vom Geologischen Institut der Idaho State University in Pocatello, Herrn Karl Simonson vom Bureau of Land Management in Burley und den Mitarbeitern des Soil Conservation Service in American Falls.

Tabellarische Übersicht der Ergebnisse

Autor	Methode	Verarbeitungsmethoden			
		Hardware	Software	Eignung für themat. Kartierungen	
				Vorteile	Nachteile
Kammerer	Computer-kartographie	PC mit Graphikbildschirm Digitalisiertisch Scanner Plotter	AutoCAD SCAN-GALLERY	Karte kann nach Geländebefunden einfach geändert werden. Verknüpfung mit anderen Daten möglich (Geogr. Informationssysteme) Einfache Maßstabsänderungen.	Bildaufbau dauert lange bei großen Datenmengen (>1MB). Füllung von unregelmäßigen Flächen mit Rastern ist umständlich.

Autor	Untersuchte Kartentypen u. Regionen	Objekte der Bildanalyse	Ergebnisse der Bildanalyse		Anwendungsmöglichkeiten in der Kartographie
			systembedingt	objektbedingt	
Gierloff-Emden	Top. Karten Them. Karten 1:25.000 bis 1:100.000 Region: Po-Ebene	Landnutzung Lagegenauigkeit Auflösung nach Punkt, Linie, Fläche	Zeiss-Interpretoskop: Bildmaterial gut auszuwerten. Reprotechnik: Informationsverlust durch Reproduktionsvorgang.	Hoher Aufwand zur Identifikation von Objekten (Geländearbeit, Zusatzinformationen). Kartierung ohne Generalisierung direkt möglich.	Bearbeitung von Top. Karten 1:100.000 und 1:50.000. Them. Karten 1:25.000 hinsichtlich des Landnutzungsmusters. Basiskarten Orthophotokarten
Mette	Top. Karten 1:50.000 u. 1:100.000 Region: Po-Delta	Lineare Elemente: Verkehrsnetz Gewässernetz Küsten- und Gewässerkonturen	Vorteile: Vergrößerung bis 1:25.000 möglich (Filmkorngrenze). Nachteile: Originalunterlagen von unterschiedlicher Qualität	Lineare Elemente >15 m bei gutem Kontrast kartierbar. Probleme: Bei geringem Kontrast Kartierung vielfach nicht möglich. Identifikation und Klassifikation häufig nicht möglich, daher hoher Aufwand an Zusatzinformationen.	Als zusätzliches Hilfsmittel zur Nachführung von Top. Karten bedingt geeignet, insbesondere zur Überprüfung relativer Lagegenauigkeiten von linearen Elementen (falls identifizierbar). Herstellung von Basiskarten.
Mehl	Top. Karte 1:50.000 und 1:100.000 Region: Po-Delta	Punktförmige Elemente Flächenhafte Elemente	Stereoskopische Betrachtung: (Zeiss-Interpretoskop) Infolge geringer Höhendifferenz keine Zusatzinformation. Monoskopische Betrachtung: Im Originalbildmaterial Qualitätsschwankungen infolge versch. Negativgenerationen. In Vergrößerungen 1:50.000 bis 1:25.000 beste Ergebnisse.	Punktförmige Elemente: Größtenteils erkennbar Selten identifizierbar Nicht klassifizierbar Flächenhafte Elemente: Größtenteils erkennbar Bedingt identifizierbar Bedingt klassifizierbar	Hilfsmedium zur Nachführung von Top. Karten
Stolz	Seekarten: Segelkarten Küstenkarten Region: Golf von Venedig	Küstenlinie Siedlungen Verkehr Hafenanlagen nach den Vorgaben der Karte 1 (DHI, 1987)	15-fache Vergrößerung am Zeiss-Interpretoskop gut möglich. Klare Grautonkanten. Keine Beeinträchtigung durch das Filmkorn.	Küstenlinie, Siedlungen u. Hafengelände gut kartierbar. Probleme: Objekterkennung vom Kontrast abhängig, Mehrdeutigkeit der spektralen Signaturen erfordert Zusatzinformationen und Geländearbeit.	Change detection Kartennachführung Unterstützung des Generalisierungsvorganges
Wieneke	Top. Karten 1:100.000, 1:50.000 Touristenkarte 1:50.000 Region: Küste der Romagna	Natürliche und anthropogene Küstenformen	Bei 13-facher virtueller Vergrößerung scharfe Kanten. Bei 16-facher Vergrößerung über Zwischennegativ brauchbar, teilweise Informationsverlust.	Natürliche Küstenformen nur teilweise differenziert, starke Überstrahlung durch Sandstrand. In virtueller Vergrößerung anthropogene Formen sehr gut erkennbar, bei reprotechnischer Vergrößerung unscharf.	Küstenkarten 1:100.000 gut, 1:50.000 nur bedingt geeignet. Für Touristenkarten 1:50.000 kaum brauchbar, bei kleinerem Maßstab bedingt brauchbar.
Bayer	Geomorphologische Kartierung Region: Gardasee	Moränenzüge Terrassenkanten Gewässernetz	Beleuchtungssituation unterstützt Erkennbarkeit der Moränen	Stereoanwendung: Moränenwälle gut kartierbar, geringe Reliefunterschiede innerhalb der Moränen können mit der vertikalen Auflösung von LFC nicht erfasst werden.	Orohydrographische Kartierung 1:100.000
Strathmann	Inselkarten Bildkarten Region: Kithira	Küstenlinie Landnutzung Straßen	Ungünstige Bildqualität	Küstenlinie sehr gut kartierbar. Probleme: Schlechte Kontrastverhältnisse bei Landnutzungen und Straßen.	Verbesserung der Küstenlinien-Darstellung. Herstellung von bildhaften Inselkarten.
Strathmann	Top. Karten Planungskarten Region: Boston	Gebäude- und Grundstücksstrukturen Verkehrsnetz Flächennutzungen	Vergrößerung bis zum Maßstab 1:50.000 brauchbar. Informationsverlust durch Zwischenvergrößerung.	Hauptstraßennetz eingeschränkt, wichtige Flächennutzungen und Wohngebietstypen gut kartierbar. Probleme: Starke Überstrahlungseffekte. Verschmelzung von Nutzungsarten.	Eingeschränkte Kartennachführung 1:100.000. Change detection. Realnutzungskartierung für die Regionalplanung.
Dietz	Top. Karten Geol. Karten Bodenkarten (Vergleich) Region: Black Hills South Dakota Snake River Plain, Idaho	Geologie Geomorphologie Landnutzung Vegetation Böden	15-fache Vergrößerung am Zeiss-Interpretoskop gut möglich. Keine Beeinträchtigung durch das Filmkorn.	Geologie u. Böden in Abhängigkeit vom Kontrast erkenn- u. kartierbar. Landnutzung u. Vegetation nach Geländebefunden. Erkennbarkeit des Reliefs gut.	Change detection Kartennachführung Unterstützung des Generalisierungsvorganges Naturräumliche Gliederung Thematische Karten 1:100.000, 1:200.000

Table of results

Author	Method		Processing methods			
		Hardware	Software	Suitability for thematical mapping		
				Advantages	Disadvantages	
Kammerer	Computer Cartography	PC with graphic screen and digitizing table	AutoCAD SCAN-GALLERY	Maps can be easily updated according to ground data. Correlation with other data is possible. (Geographical Information Systems) Scales can be easily changed.	Build-up of the screen for large data files (> 1 MB) takes too much time. The filling of irregularly-shaped areas with hatch patterns is complicated.	

Author	Analysed map types and regions	Objects of the photo analysis	Results of the photo analysis		Applicability in cartography
			concerning the system	concerning the objects	
Gierloff-Emden	Topogr. maps Themat. maps 1:25.000 to 1:100.000 Region: Po-river plain	Land use Position accuracy Resolution concerning point, line area	Zeiss-Interpretoskop: photo evaluation well possible. Repro-technique: information loss by reproduction process	Great efforts to identify objects are necessary (ground truth, additional information). Mapping without generalization is directly possible.	Revision of topogr. maps 1:100.000 and 1:50.000. Themat. maps 1:25.000 with regard to land use patterns. Basic maps. Orthophotomaps.
Mette	Topogr. maps 1:50.000 and 1:100.000 Region: Po-Delta	Linear elements: Traffic network Drainage pattern Coast- and water lines	Advantages: Enlargement up to 1:25.000 possible (film grain limit). Disadvantages: Original photos of varying quality.	Mapping of linear elements > 15m with high contrast is possible. Problems: With low contrast mapping often impossible. Identification and classification frequently impossible, much additional information necessary.	As additional tool for the updating of topogr. maps of limited applicability; especially for examination of relative position accuracy of linear elements (if identifiable). Production of basic maps.
Mehl	Topogr. maps 1:50.000 and 1:100.000 Region: Po-Delta	Point-shaped elements Areal elements	Stereoscopic analysis: (Zeiss-Interpretoskop) Due to small height differences no additional information. Monoscopic analysis: Quality variations of the original photos because of different negative generations.	Point-shaped elements: Mostly recognizable, seldom identifiable, not classifiable. Areal elements: Mostly recognizable, limited identification, limited classification.	Additional means for the updating of topographical maps.
Stolz	Naut. charts Small scale Medium scale Region: Gulf of Venice	Coast line Settlements Traffic Harbour facilities acc. to Map No. 1 (DHI, 1987)	15-fold enlargement with Zeiss Interpretoskop well possible. Distinct gray tone boundaries. No influence of film grain.	Coast line, settlements, and harbour facilities well to map. Problems: Identification of objects depends on contrast. Ambiguity of spectral signatures makes additional information and field work necessary.	Change detection. Updating of maps. Assistance for generalizations.
Wieneke	Topogr. maps 1:100.000 1:50.000 Tourist map 1:50.000 Region: Coast of the Romagna	Natural and man-made coastal elements	Sharp boundaries with 13-fold virtual magnification. 16-fold magnification via intermediate negative is useful, in some parts loss of information.	Natural coastal elements only in parts differentiated. Strong irradiation by sandy beach. Man-made elements well recognizable by virtual magnification, blurred on photographic enlargements.	Well suited for coastal maps 1:100.000, limited suitability for maps 1:50.000. Hardly usable for touristical maps 1:50.000, limited applicability for smaller scales.
Bayer	Geomorphol. maps Region: Lake Garda	Moraines Terraces Drainage pattern	Illumination assists detectability of the moraines.	Stereoscopic evaluation: Moraine ridges well to map. Micro-relief of moraines due to small vertical resol. of LFC not detectable.	Orohydrographic maps 1:100.000
Strathmann	Island maps Photo maps Region: Kithira	Coast line Land use Roads	Unfavourable photo quality.	Coast line excellently to map. Problems: Low contrast conditions for land use and roads.	Improvement of the presentation of coast lines. Production of photo island maps.
Strathmann	Topogr. maps Planning maps Region: Boston	Patterns of buildings and estates Traffic nets Land use	Enlargements to the scale 1:50.000 usable. Loss of information due to intermediate negative.	Network of main roads limited, important land use and housing types well to map. Problems: Strong irradiation, mixed land use categories.	Limited updating of maps 1:100.000. Change detection. Mapping of real land use for regional planning.
Dietz	Topogr. maps Geol. maps Soil maps (Comp.) Region: Black Hills S. Dakota Snake River Plain, Idaho	Geology Geomorphology Land use Vegetation Soils	15-fold enlargement by Zeiss Interpretoskop is well possible. Not influenced by film grain.	Geology and soils can be recognized and mapped depending on contrast. Land use and vegetation according to ground truth. Relief is well detectable.	Change detection. Updating. Assistance of generalization process. Delimitation of natural regions. Thematical maps 1:100.000 and 1:200.000.

INDEX

Adriaküste	*98, 99*	Bodentestareale	44
Agro Patavino	*37*	*Boston*	
Anwendungsspektrum	11	* *Downtown*	*134*
Arbeitsmethodik	11, 35, 56, 58,	* *Metropolitan Area*	*133*
	63, 68, 70, 84,	* *SMSA*	*135*
	117, 123, 149, 163		
Auflösung	46	CAD-Programme	23, 25, 27
* Geometrische A.	37	*Cambridge*	*134*
* Höhenkartierung	121	*Camposampiero*	44
* Spektrale A.	34, 72	*Casal Borsetti*	*101, 110*
Auflösungsvermögen	84, 94	Cedar Butte Basalt	170
Aufnahmebasis-Flughöhen-		Census-Daten	146
Verhältnis	14	*Cesenático*	*102, 106, 111*
Aufnahmemaßstäbe	36	Change Detection	60
Aufnahmezeitpunkt	85, 167	*Cheyenne River*	*151*
Ausgleichsküste	98, 103	*Chiesa di Massanzago*	44
Auswertegeräte		Computerkartographie	23, 24
* Interpretoskop	57, 163		
* Stereo Zoom Transfer Scope	82, 163	Densitometrie	60, 126
Auswertemethodik	107	Detailunschärfe	138
Auswerte- und Meßinstrumente	107	Digitalisierung	27
AutoCAD	31	Diskriminanzprinzip	113
		Dünen	169
Barene	81, 88		
Bauleitplanung	146	Eigencharakteristika	44, 137
Bear Butte	*155*	Erdkrümmung	15
Beleuchtungssituation	120		
Bevölkerungsdichtekarten	146	Fehlerklassifikation	136, 139
Bewertung der Bildanalysen	46, 66, 78, 94,115,	Filmtypen	14
	121, 130, 146, 161	Filmempfindlichkeit	14, 85
Big Hole Lava	168	Flächenäquivalente	14, 16
Bilddaten	34, 50, 104, 117, 124,	Flächengrößen	138
	132, 150, 167	Flächennutzungsklassen	130, 142
Bildgeometrie	35, 132	Flächennutzungsmuster	138
* Entfernung zum Bildnadir	82, 126		
* Maßstabsfehler	82	*Gabicce Monte*	*98, 111*
Bildkarte	46, 123, 144	*Gardasee*	*118*
* Anwendungsbereiche	143	Geländebeleuchtung	132
* Herstellung	127, 143	Geländedokumentation	123
* Touristische B. 1:100.000	129	Geländevergleich	84
Bildmaßstabsbestimmung	81	Generalisierung	84
Bildmaßstabsfolge	46	Geometrische Information	138
Bildmuster	137, 139	Gezeiten	85, 86, 99
Bildobjekt		Grautonfrequenz	34, 70
* Messung	108, 112	Grautongemenge	137, 146
* Vergesellschaftung	137	Grauwertdifferenzierung	63
* Verschmelzung	137	*Great Basin*	*172*
Bildphysiognomie	123, 131, 139, 146	Ground Check (Ground Truth)	35, 46, 70, 121,
Bildqualität	35, 61, 81, 132		124, 142
Bildwanderungskompensation	13, 81		
Black Hills	*149*	Hochbefliegung	36, 137
Bodenfläche	131		
Bodenreferenz	11, 103, 107	*Idaho*	*163*

Identifizierung	61, 77, 107, 154	* Anbauprodukte	173
Informationsvergleich		Kontrast	59, 70, 85, 90, 108, 124
* LFC - Census-Daten	146	* Bestimmung	64
* LFC - Geomorph. Karte	119	* Überhang	65
* LFC - Hochbefliegung	77, 134, 138, 150	* Verhältnis	137
* LFC - Inselkarte	128	* Verminderung	85
* LFC - Luftbild 1:50.000	42	*Kreta*	*123*
* LFC - Seekarte 1:100.000	88	*Kube Table*	*151*
* LFC - Topographische Karten	35, 138	Küstenformen	
* LFC - TK 25.000	44, 142	* Adria	99
* LFC - TK 1:50.000	41, 43, 72	* Anthropogene K.	101
* LFC - TK 1:100.000	40, 60, 73	Küstenkarte	91, 114
* LFC - TK 1:250.000	142	Küstenschutzmaßnahmen	103
Informationslücken	143	Küstensümpfe	56
ITEK Optical Systems	13	Küstenveränderung	97
Kartenlegende	113	Lageänderung der Wasserlinie	87
* Spektrale K.	130, 143	Lagefehler	82, 126, 132
Kartenmaterialien (verwendet)	96, 116, 130, 147	Lagemerkmale	138
Kartennachführung	55, 66, 72	*Lagune von Venedig*	*80*
* 1:100.000	70, 114	Landnutzungskarte 1:200.000	104, 114
Kartierung		Landnutzungsmuster	41
* Ackerland	77	Large-Format-Camera	
* Autobahnen	90, 139	* Brennweite	13
* Eisenbahnlinien	142	* Bildformat	13
* Flächenhafte Elemente	40, 73	Large-Format-Camera-Mission	
* Flächennutzung	141, 142	* Bewölkung	18
* Gebäude	68, 69	* Bildmaßstabszahlen	14
* Geologie	151, 155, 160, 167, 172	* Filmtypen	14
* Geomorphologie	120, 151, 155, 160, 167, 169	* Flughöhen	13, 14
		* Flugstreifen	18
* Gerippelinien	127	* Längsüberlappung	13
* Gewässerflächen	77	* Microfiche-Katalog	18
* Gewässernetz	59, 61, 121	* Preisliste	19
* Grenzlinie Land-Meer	87	* Produkte	19
* Hauptverkehrsstraßen	139	* Spektralbereich	13
* Kanalnetz	91	* Verfügbarkeit der Bilder	18
* Küstenbereich	89	* Vertrieb der Bilder	19
* Küstenkonturen	61	*Lead*	*160*
* Küstenlinie	63, 85, 123, 127	*Lido degli Estensi*	*101, 109*
* Lagetreue K.	70	*Lido delle Nazioni*	*100, 109*
* Landnutzung	158, 173	*Lido di Volano*	*100*
* Lineare Elemente	29, 40, 55, 57, 59	*Lidi*	*80*
* Moränenwälle	120	Literatur	21, 47, 54, 66, 78, 95, 115, 121, 130, 147, 161, 174
* Punktförmige Elemente	40, 68		
* Siedlungen	77	Lockermaterialküsten	103
* Situationsdarstellung	154, 158, 160	Löss	169
* Straßen	136	Luftbildmaterialien	147
* Straßennetz	90, 127, 140		
* Sumpf/Schilf	77	Macchie	126
* Vegetation	120, 152	*Marina di Ravenna*	*105, 110*
* Verkehrsnetz	59, 61, 92	*Massachusetts*	*132*
* Waldflächen	77	*Mazzacavallo (Zeminiana)*	*45*
* Wohngebietsstraßen	139	*Mésola*	*56, 59, 69*
Kithira	*125*	Meteorologische Daten	50, 104, 126, 135, 150
Klassifikationsschlüssel	112, 113		
Klassifizierbarkeit	70	Meteosat-Aufnahme	51
Klassifizierung	77	Metric-Camera-Aufnahmen	11, 149

Mimikry-Effekt	124, 137	Sedimentbilanz	99
Mischsignale	137	Sedimenttransport	99
Moränenwälle	120	Seekarte	
Musone Vecchio	42	* Aktualisierung	79, 83, 90
		* Informationsgehalt	82
Naturräumliche Gliederung	52	* Küstenliniendarstellung	80, 84
Norwood	*140, 143*	* 1:100.000	79, 87, 88, 92
Nutzungsklassen	146	* 1:250.000	90
		* 1:750.000	89
Oberflächenbeschaffenheit	65	Segelkarte	89
Oberflächenmaterialien	137	*Snake River Plain*	*163*
* Reflexion	132	Spektrale Information	135
Objekt		Statistische Erhebungen	146
* Breite	65	Steilküste	126
* Erkennbarkeit	63, 64	Stereoskopische Auswertung	11, 14, 35, 117, 127, 149, 170
* Größenabschätzung	108		
* Identifikation	70	Strandwälle	63
* Inventar (mediterran)	123	Strandwallzone	55, 98, 103
* Klassen	107	Streifentest	43
* Klassifikation	97	Strip Cropping	152
Ostpadan. Tieflandsdreieck	52	Stützlinien	130, 143
		Sturgis	*155*
Padua	*37*		
Paßpunktkontrolle	82	Terrassenkanten	120
Peabody	*139, 143*	*Terry Peak*	*160*
Pedemonte Riminese	*114*	Testkartierungen	139
Piano	*68, 73*	Touristenkarte 1:50.000	104, 114, 127
Pineten	103	Transmissionswerte	126
Planerische Verwendbarkeit	114		
Planungskartographie	131	Überstrahlung	70, 108, 114, 135, 137
Plotter	24		
Po di Volano	*98*	*Valle Bertuzzi*	*56, 61*
Porto Corsini	*100*	Vegetationszonen	94
Porto Garibaldi	*100*	*Venedig*	*81, 84*
Porto Verde	*102*	Verdrängungsprobleme	63, 108
Po-Delta	98	*Volano*	*68, 76, 77*
* Bodennutzung	53	Vulkanite	170
* Feldformen	54		
* Flurformen	68	Wahrnehmung	107
* Geologie	54	Wapi- und King's Bowl Lava	167
* Kartenübersicht	30	Wasserstandsdaten	104
* Landwirtschaft	54		
* Strandzone	78	Zeitplan der Studie	20
Po-Ebene	29	Zenturiate	37, 39
* Landnutzungsmuster	37	Zusatzinfomationen	113
Radialverschiebung	15, 16, 17		
Radiometrische Werte	59		
Randschärfe	34		
Realnutzungskartierung	145, 146		
Reflexionscharakteristika	135		
Reflexionswerte	138		
Regionalplanung	143		
Reprotechnik	56, 58, 68, 104, 126, 132		
Sandstrandküste	99		
Schatten	60, 91, 124, 137		
Schwemmfächerzone	98		